供电企业基建现场作业
风险管控

李天友　主编

中国电力出版社
CHINA ELECTRIC POWER PRESS

内 容 提 要

本书是总结电网企业多年的工作经验与实践的总结。全书共 10 章，第 1 章安全风险管控概述，介绍安全风险管理的基本内容、安全风险辨识的基本方法以及安全风险管控基本措施；第 2 章人身安全风险管理，介绍电网企业人身伤害的类型，人身安全风险防控的基本要素和底线措施，以及借助"互联网＋"技术开发的"作业风险管控平台"；第 3 章输变电工程施工安全风险管控，介绍输变电工程施工安全风险管控的基本方法和流程，以及从作业计划、作业队伍、作业现场三个方面制订覆盖全面且重点突出的管控措施；第 4～10 章依次介绍基建施工用电、变电站土建工程、变电站电气工程、架空输电线路工程、电力沟道和隧道工程、电缆线路工程、基建现场小型分散作业的安全管控等施工的关键风险及相应的管控措施，配有大量的现场照片，方便读者阅读；同时每章列举典型人身事故（事件）案例并分析，辅以实训习题，强化安全意识和技术技能的训练。

本书实践性、针对性强，可直接应用指导现场作业，可作为供电企业、输变电施工企业和相关监理单位等从事电气施工现场作业的技术、技能及管理人员的工作指导书和业务培训书，也可供高等院校相关专业的师生学习参考使用。

图书在版编目（CIP）数据

供电企业基建现场作业风险管控 / 李天友主编 . —北京：中国电力出版社，2021.5（2022.5重印）
ISBN 978-7-5198-5387-7

Ⅰ . ①供… Ⅱ . ①李… Ⅲ . ①电力工程—工程施工—安全管理—研究 Ⅳ . ① TM7

中国版本图书馆 CIP 数据核字（2021）第 033885 号

出版发行：中国电力出版社
地　　址：北京市东城区北京站西街 19 号（邮政编码 100005）
网　　址：http://www.cepp.sgcc.com.cn
责任编辑：丁　钊（010-63412393）
责任校对：黄　蓓　郝军燕
装帧设计：王红柳
责任印制：杨晓东

印　　刷：北京天宇星印刷厂
版　　次：2021 年 5 月第一版
印　　次：2022 年 5 月北京第二次印刷
开　　本：787 毫米 ×1092 毫米　16 开本
印　　张：14.75
字　　数：291 千字
定　　价：59.00 元

本书编写组

主　　编　李天友

主　　审　郑家松

参编人员　王家兴　张　雄　纪绿泓　欧阳杰　王静达

　　　　　　罗文灵　刘　源　李　棣　陈　宏　郭清滔

序

　　党的十八大以来，以习近平同志为核心的党中央，把安全生产纳入全面建成小康社会和全面深化改革的总体布局，作为推进国家治理体系和治理能力现代化的重要内容，做出了一系列重大决策部署，推动了安全生产工作的创新发展。"十四五"期间，电网建设要服务"碳达峰、碳中和"及乡村振兴等一系列中央战略部署，建设任务将更加艰巨繁重。国家电网有限公司在今年基建工作会议上明确提出"把安全第一的理念贯穿工程管理全过程，确保安全稳定局面"，对基建安全工作提出了新的更高要求。

　　输变电工程建设点多、面广、战线长，现场作业的人员结构复杂，高空作业、近电作业、大件吊装等高风险作业多，人身安全风险较为突出。本书理论联系实际，认真贯彻国家相关安全工作要求，总结电网企业在输变电工程施工人身安全风险管控方面的探索和实践做法，同时引入国际先进的管理理念和方法，内容涵盖了输变电工程建设各专业工序，突出安全关键风险辨识、预警及管控措施，并注重现场实践，针对性、实用性强。

　　本书主编李天友现为厦门理工学院电气工程与自动化学院教授，长期从事电网企业安全生产和基建管理工作，理论基础扎实，管理经验丰富；主审郑家松是省级电网企业安全生产和基建管理的领导，他们都担任过安全总监的岗位工作，对安全管理与监督有着丰富的经验。本书凝聚了编写人员的辛勤付出，作为基建系统的一员，能为本书作序，我感到非常荣幸，同时，希望这本书能有助于提升电网企业输变电工程施工安全管控能力，能对读者有所裨益。

陈玉树
2021.4

前言

供电企业输变电工程施工现场作业环境复杂多变，涉及高风险作业的项目较多，如临近带电施工、线路跨越施工、深基坑开挖、脚手架搭拆、土石方爆破等，加上现场施工队伍能力水平参差不齐，施工作业过程人身安全风险较为突出。此外，部分基建工程还存在工期安排不合理、资源投入不足、施工队伍超承载力承接任务等问题。部分基建施工现场仍然存在安全措施执行不到位、风险管控不严格、安全责任不落实、违章作业未禁止等问题，导致基建施工现场人身伤害事件（事故）时有发生，基建作业现场的安全管控是供电企业安全管理的难点和痛点。本书结合国网福建省电力有限公司的实际情况，经过近几年来的实践应用和不断完善，对覆盖基建的施工用电、变电土建、变电电气、架空输电线路、电缆沟道、电缆线路工程以及基建现场小型分散作业等66大类210项作业，按作业工序进行人身安全风险的辨识，梳理出触电、高处坠落、机械伤害、物体打击等16类近460余处关键风险点，并针对性地提出相应的管控措施，便于作业人员掌握，确保作业安全。此外，本书还收录了近年来电网企业在输变电工程施工过程发生的部分典型人身伤害案例，通过"血的教训"加强对读者的安全教育。

本书共10章，第1章安全风险管控概述，理论性地介绍安全风险管理的基本内容，安全风险辨识的方法，安全风险管控基本措施；第2章人身安全风险管控，介绍电网企业人身伤害的类型，人身安全风险防控的基本要素和底线措施，介绍借助"互联网＋"技术开发的"作业风险管控平台"及应用；第3章输变电工程施工安全风险管控，介绍输变电工程施工风险管控方法与流程，关键风险管控措施；第4～10章依次按专业分别介绍输变电工程现场施工的作业类型、关键人身风险及重点管控措施，列举典型人身事故（事件）案例进行分析，每章还配套编纂了实训题库，方便读者学习和培训。

书中介绍的"作业风险管控平台"，是从安全管理信息化、自动化的角度，借助"互联网＋"技术研发的，已经过三年多的实践与完善。该平台导入了行为识别、交互感知等功能，实现作业安全可视化、智能化管控。平台从建立统一的作业计划管理流程，并以作业计划为基础，开展高风险作业的智能预警、工作关键节点的图文记录、作业过程的实时视频监控、小型分散作业的人员定位、违章行为的动态纠正、管理人员的到岗到位监督、作业人员信息的智能管理以及安全规范的自主学习等关键内容。通过北斗定位、智能判别功能，跟踪现场作业人员的实时状态，进行作业全过程（或关键节点）跟踪，利用视频、照片等手段开展作业风险的安全监督，彻底改变传统"人盯人"的安全监督模式。

本书的编写过程中，陶华、高漩、肖仙富、陈光灿等高级工程师对本书的编写提供宝贵资料，陈许议、刘松喜高级工程师等提出了宝贵意见，编写过程中也得到王智敏、余朝樟、罗克伟等高级工程师的支持，在此一并表示衷心感谢。基于输变电工程施工作业环境复杂多变等特点及作业方式的不断创新，管控措施需要不断完善，加上作者的水平有限，书中不妥之处在所难免，恳请广大读者批评指正。

编者

目录

安全风险管控概述

安全风险存在于生产经营的全过程，安全风险管控是通过采取系统化管理方法和手段，减少和控制生产过程中的各类风险因素，有效预防和减少生产安全事故的发生。随着社会的进步，电力对经济发展和人民生活的影响越来越大，电力系统的事故可能成为社会的灾难，加强电力安全风险管理，维护电力系统的安全稳定，是电力企业最基本的社会责任。

1.1 安全风险管理的基本内容

安全风险管理的基本对象是企业的员工，涉及企业中所有人员、设备设施、物料、环境、财务、信息等各个方面。电网企业安全管理的内容主要包括人身安全、电网安全、设备安全和信息安全四个方面。

1.1.1 人身安全

人身安全是电力安全的重要组成部分，关系到家庭幸福和社会稳定。人身安全事故的发生，一方面使本来一个完整的、幸福美满的家庭变得支离破碎，给亲人的心灵带来创伤；另一方面会影响其他员工的工作积极性，甚至产生不良的社会影响和政治影响，并会消耗不必要的人力、物力、财力，给国家、企业带来经济损失。由于电力行业的生产特点，电力生产作业环境中的电力设备、运行操作、带电作业、高处作业等，风险大量存在，涉及专业非常多，发生人身事故的风险较大。因此，如何避免人身伤亡事故，是电网企业安全工作的首要内容，也是"以人为本"安全管理思想的根本要求。

1.1.2 电网安全

由于电网的公用性特点，电网事故影响面大、蔓延速度快、后果严重。大的电网事故可能造成几个区域全部停电，进而带来社会、经济混乱，甚至危及国家安全。而且大电网事故从开始发生到电网崩溃瓦解，一般在几分钟甚至几秒钟即告结束。此外，电力客户分布在各行各业、千家万户，电网安全的最终目的是为广大客户提供安全、可靠、优质的电力供应。保障客户特别是高危和重要客户的安全可靠供电，防止因电网安全事故引发的次生灾害，是电网企业安全工作的重要内容。随着电网企业设备规模的不断扩大，特高压网架结构的逐步形成，发生电网事故的风险始终存在。因此，在安全工作中，电网企业应将防止电网事故作为安全工作的重中之重。

1.1.3 设备安全

电力是资金和技术密集性产业，电力设备价格昂贵，技术成本高，电力系统运行中，任何设备发生事故，都可能造成供电中断、设备损坏、人员伤亡，使国民经济、人民生活遭到严重干扰，同时也会直接导致电网事故。所以，健康、完好的电力设备是电网安全运行的物质基础和重要保证。随着社会发展、科技进步和人民生活水平的提高，对电力的需求和依赖性越来越大，对安全可靠供电的要求越来越高，因此，保证设备安全也是电网企业安全工作的重要内容。

1.1.4 信息安全

电力作为国民经济的基础设施行业，在国内较早开始了信息化建设工作。随着电力信息化建设和应用高潮的到来，信息安全问题已日益突出，并成为国家安全战略的重要组成部分。2003年，电力信息网络的安全运行被电网企业纳入安全生产管理范畴，信息网络的安全管理被纳入电力安全生产体系。信息安全的内涵也随着计算机技术的发展而不断变化，进入21世纪以来，信息安全的重点放在了保护信息，确保信息在存储、处理、传输过程中及信息系统不被破坏，确保对合法用户的服务和限制非授权用户的服务，以及必要的防御攻击措施等方面，即强调信息的保密性、完整性、可用性、可控性。同时，信息安全也关系到电网安全，如通过信息网络系统的病毒入侵，使电网二次保护系统失效而造成电网大面积停电事件，2015年，乌克兰电网遭"黑客"攻击引发大面积停电，140万用户供电受到影响，因此，保证电网企业信息安全也事关电网的安全稳定运行，是电网企业安全管理的重要组成部分。

1.2 安 全 风 险 辨 识

1.2.1 安全风险辨识基本内容

电力企业安全风险辨识，主要针对现场作业安全风险的辨识，主要包括以下四个方面：①人的素质风险；②现场管理风险；③设备风险；④作业环境风险。

1.2.1.1 人的素质风险辨识

人的素质风险辨识是针对作业人员安全素质的风险辨识，人的安全素质是存在于人的思想之中无形的特性。无形的特性难以观察和辨识、量测，但是任何无形的特性都会自然地导出有形的表现。例如，误操作事故在电力的运行检修和安装中都时有发生，是导致发生电力生产事故的最大威胁，现场作业中需要重点防范的人的风险行为就是误操作。防范误操作的关键是准确辨识操作者的安全素质，以做到有针对性地提升素质和岗位任用。人的素质风险辨识的主要内容包括员工岗位安全资质、安全知识技能水平、安全生理素质和安全心理素质等四个关键环节。

1.2.1.1.1 员工岗位安全资质

包括是否受过职业技能教育，以及有无相应的学历证明和职业资格证书。要保证安全生产，就要保证各个工种都要持证上岗；特种作业人员必须接受与本工种相适应的、专门的安全技术培训，经安全技术理论考核和实际操作技能考核合格，并取得特种作业操作证后，才能持证上岗作业。

1.2.1.1.2 安全知识技能水平

包括掌握安全科学知识、安全生产技能、安全生产的法律法规等。电力企业是知识密集型、技术密集型企业，知识技能水平要求必须高标准，不符合安全要求的危险设备操作行为将会导致损害设备或威胁人员。所以要制订学习计划，做好新上岗人员培训和班组培训，通过事故预演和事故预想提升员工的安全知识技能。

1.2.1.1.3 安全生理素质

包括身体健康情况和知觉技能、动作技能等。电力生产的精确性要求职工生理素质能胜任相应岗位能力要求，应具备较强的知觉和动作等技能。根据岗位需要辨识员工的操作协调性，是合理配置人力资源，科学规避安全风险必要的预测因子。电力企业需要员工拥有强健的体魄。一般而言，每个班次在经过3/4的工作时间后，事故率的增加将超过工作时数的增加，特别是24h不间断运行的工种对身体生理素质有更高的要求。

1.2.1.1.4 安全心理素质

包括情绪和情感等心理状态是否适应现场工作要求，以及意志品质、认知能力、气质、性格等个人心理素质方面的特征与工作岗位是否协调，其中包括主动心理机理和被动心理机理。两类心理的关联方式不同，需要准确辨识。主动心理机理指在生产过程中明知不该，为了省时、省力、炫耀、逆反等目的，有意识地不严格遵守或违反安全操作规程和有关法律法规的动作或行为，例如，故意不佩戴安全防护用品导致事故；高处作业，工具材料不用绳索上下传递，随意乱扔，砸伤甚至砸死下方作业的人员等。此类违章行为往往是明知故犯，多是习惯性违章。

1.2.1.2 现场管理风险的辨识

现场管理风险的辨识包括生产秩序正规化、操作技术规范化、场地管理合理化、物件摆放整齐化、杂物清理及时化等。生产现场管理的井然有序，可有效降低和减少事故发生和不安全行为。电力生产现场安全管理主要有三类，其特点为：①24h不间断运行，要随时排除异常，保证连续生产；②现场操作，场地紧凑，交叉作业多，要管理有条不紊、不出差错；③危险性较大，技术含量高，作业准确度高，要求精细化组织，配合密切。现场管理风险辨识的主要内容是科学组织作业、落实安全制度和保证安全生产氛围等三个关键环节。

1.2.1.2.1　科学组织作业

包括提高职工安全意识、控制和约束职工不安全行为等，这是现场安全管理的首要条件。辨识现场管理风险时要看是否做好现场安全策划，关注和控制生产现场的风险因素，实行标准化作业，做好安全防护，严防误操作，做好作业现场应急预案，一旦发生紧急状态及时处理，要避免出现违章指挥、指挥失误和人员不到位、进度不合理等问题。

1.2.1.2.2　落实安全制度

电力生产过程每项作业是由一系列的步骤按部就班完成的，只有一步一步地按程序展开作业，才能避免危险点的产生。贯彻和落实安全制度，特别是加强反事故措施与安全技术劳动保护措施"两措"❶ 管理的落实情况，是现场安全管理的法治保证。安全措施漏项之处，就会形成潜在风险点。辨识安全制度能否落实，主要看能否全面落实安全责任制、能否制订与执行好规章制度、能否强化现场安全管理与监督。在运行管理方面，对"两票三制"❷ 执行要进行危险因素辨识，要避免无章可循、有章不循的问题，避免监督不到位，各类制度和措施的贯彻落实走过场。

1.2.1.2.3　保证安全生产氛围

包括改善工作环境，以及保障职工有效运用安全技术，这是现场安全管理的重要内容。这里所说的环境主要指的是安全管理氛围的软环境，即要树立正确的安全理念，增强群体的安全意识，形成人人讲安全的文化氛围，杜绝习惯性违章的组织土壤。例如，在固定工作场所悬挂有助于安全生产的《工作流程图》《易发事故预防图》，在重要部位设置警示标志。

1.2.1.3　设备风险的辨识

电力设备风险辨识是针对设备疲劳损坏、性能下降、非正常停运等可能危及安全的风险进行辨识。电力设备的可靠性对于安全生产具有重要意义，是电力生产本质安全的保证。可靠性低的设备存在事故隐患，对生产作业构成很大的安全风险。设备风险辨识要结合企业点检定修对设备状态诊断来进行，按照规范化和标准化运作，通过编制和逐步完善技术标准，分析设备劣化趋势，准确确定设备隐患所在，使生产设备稳定、可靠运行，使保护装置功能正常，避免事故或异常的扩大化，保证人身安全。设备按照规定配备和使用，防止操作失误或引发事故。设备风险的辨识对象包括生产设备、防护设备和工器具三个因素。

---

❶ 两措：反事故措施与安全技术劳动保护措施。
❷ 两票三制：工作票、操作票；交接班制、巡回检查制、设备定期试验轮换制。

1.2.1.3.1 生产设备

电力生产设备是指在发电、输电、供电、配电等生产环节中发挥能量转换和传输作用的设备。设备风险辨识的主要对象包括发电机、变电站、输电线路、杆塔等有关设备。辨识重点要放在变压器和开关等绝缘损坏、储油设备火灾、线路断线、压力容器爆破、继电保护事故和杆塔倒塌等危险因素。

1.2.1.3.2 防护设备

防护设备指在生产中防止设备误动作、人员误操作和人员伤害的设备。防护设备是安全生产中对于作业人员和设备保护的最后一道防线，也是习惯性违章者经常忽视的环节，所以必须严格注意，要认真辨识防护设备是否符合有关安全标准。辨识的对象包括防误闭锁装置、报警装置、验电器、绝缘隔离防护用具、屏蔽服、安全带、安全帽、防坠保险绳、防坠自锁装置等。

1.2.1.3.3 工器具

工器具指现场作业使用的工具和机具。由于工器具与作业人员接触频繁、密切，所以要高度重视其安全状况，避免漏电、滑脱等故障出现，辨识是否符合安全管理要求。需要辨识风险的工器具很多，例如机动和手动车辆、升降机、带电作业工具、手持电动工具、手持机械工具、电焊机、气焊机、电动葫芦、手动葫芦、卷扬机等。辨识的要点是绝缘是否良好、安装是否稳固、性能是否正常等。

设备风险的辨识要体现本质安全的理念，要视设备为安全生产的基础，从源头杜绝事故。要通过身边风险辨识，及时发现设备本体和防护装置的缺陷，避免设备可能受损或设备可能伤害人员。

1.2.1.4 作业环境风险的辨识

电力生产作业是在一定的设备环境和一定的自然环境中进行的。这些环境中的不安全因素对于电力安全生产有着直接的影响。有些环境可能影响人的行为，导致误操作；有些环境可能因能量的异常释放导致作业者伤害，作业环境风险辨识的对象包括影响作业行为的环境因素和危及人身安全的环境因素两类。

1.2.1.4.1 影响作业行为的环境因素

按照人机工程理论，人的生产操作都需要有一定的环境条件保障，条件具备操作准确率高，条件不具备则事故容易发生。因此，及时发现并改善现场的工作条件是安全生产的必要前提。影响电力生产作业行为的环境风险因素辨识对象，包括作业现场的场地是否平整便于操作、自然及人工照明是否适当、通风条件和室温是否有利于劳动活动、工作场地通道（包括平面交叉运输和竖向交叉运输等几方面）是否乱堆乱放、通道是否畅通，要从运输、装卸、消防、疏散、人流、物流多方面进行分析、识别。此外，不良的天气情况可能成为作业的风险点，恶劣自然环境会影响正常工作，例如：遇有六级以上的大风天气，禁止露天进行起重工作，起重机必须安装可靠的防风夹轨器和锚定装置；在雷雨天进行设备巡视，应注意预防和控制气候造成的危险点。

1.2.1.4.2 危及人身安全的环境因素

事故是由一种能量或有害物质的不正常释放导致的。通过控制现场环境中的能量源，使其正常释放做功，避免能量异常释放或切断异常释放的路径，即可有效预防事故的发生。

风险辨识中要重点对存在火灾隐患区域的火源类别、防火间距、安全疏散等方面进行分析识别。对存放危险有害物质设施、动力设施的氧气站、乙炔气站、压缩空气站、锅炉房、液化石油气站等道路、储运设施方面进行分析、识别。

1.2.2 安全风险辨识方法步骤

电力安全风险辨识的方法步骤主要分为：①风险信息资料收集；②风险信息资料分析；③风险信息库建立。

1.2.2.1 风险信息资料收集

风险信息资料的收集包括两个步骤：①搜集电力系统和本单位安全生产的文献资料，并进行分类、归纳、整理；②对照有关安全生产标准、法规编制检查表进行现场检查，填写风险数据清单。

1.2.2.1.1 文献资料收集

收集企业安全生产方面的文献资料是风险信息收集工作的重要环节，主要包括两个方面的内容：①收集电力企业和本单位有关安全生产制度、规定、计划等安全生产假设条件和约束因素，为正确辨识风险因素做好基础工作；②查阅其他企业和本企业的事故、职业病记录，将历史和现实资料统计以后进行归类、筛选、分析比较，以便发现本单位存在的危险源并采取相应措施

1.2.2.1.2 现场信息收集

除了收集文献资料，还要对电力安全风险进行现场信息收集。工程技术人员要运用所掌握的丰富生产经验，通过现场检查和问卷调查，按一条线路、一座变电站、一个生产车间、一类安全工器具等分类划分单元，根据单元对象的特点，尽量详细列举出企业安全生产可能面临的所有风险，细化为便于识别的内容，建立风险数据清单，以便为下一步风险信息的分析与识别奠定基础，保证风险辨识系统化、规范化。

1.2.2.2 风险信息分析

通过历史资料和现场所收集到的风险信息是纷繁复杂的，如果事无巨细全部列入风险数据库，将使风险管理陷入太多的头绪而无法操作，所以，必须进行深入细致的归类、整理和分析。风险信息分析是依靠生产技术人员和专家通过对收集到的风险信息进行分析、判断来辨识、确定风险的来源。在风险信息分析中，必须对获得的资料认真研究，

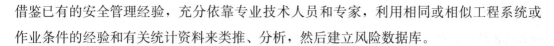

借鉴已有的安全管理经验，充分依靠专业技术人员和专家，利用相同或相似工程系统或作业条件的经验和有关统计资料来类推、分析，然后建立风险数据库。

1.2.2.3　建立安全风险数据库

通过对安全风险有关历史资料和现场资料的排查、登录和专业人员分析，可得到企业安全生产中可能涉及的风险数据清单，按照清单中所列举的风险信息，制订相应的控制措施，即可形成安全风险数据库。建立风险数据库要注意与传统安全管理相结合，按照首次全面识别和日常动态识别的方式开展。各责任人对照设备单元风险库，结合巡视、检修等日常工作开展风险辨识，将发现的危险因素填入风险库，并制订控制措施，建立并动态维护设备单元的风险库。

风险库的建设既不可能一蹴而就，建设好以后也不可能一成不变，要根据实际进行动态管理维护，及时对照风险库开展风险辨识，识别结果及时录入风险库，保证风险库内容与实际相符。风险数据库的持续改进需要做好两方面的工作：①结合日常巡视、检修工作，随时发现问题，随时改进；②结合春检、秋检活动，把改进风险数据库纳入每个阶段性活动的工作日程。

为了保证风险数据库切合实际，要建立自愿报告机制，鼓励员工积极主动发现问题，自觉暴露日常工作中的偏差（包括未遂事故、风险事件），并在此基础上不断补充修改风险数据库，将员工个人工作中的无意失误转化为对集体、团队和组织的贡献，通过分析原因并制订控制措施，以达到提高系统安全性和安全风险预警的效果，提高企业风险管理能力，避免和减少事故的发生。

1.3　安　全　风　险　控　制

企业在安全风险发生前采取必要的风险控制措施，可避免安全风险事件的发生，避免发生事故和安全生产严重偏离安全生产目标，最大限度地减少人员伤亡、财产损失和不良社会影响。一般来讲，安全风险控制措施可分为安全技术措施和安全管理措施。

1.3.1　安全技术措施

1961 年，吉布森提出了解释事故发生物理本质的能量意外释放论。他认为事故是一种不正常的或不希望的能量释放，各种形式的能量是构成伤害的直接原因。因此，应通过控制能量或控制作为能量达及人体媒介的能量载体来预防伤害事故。电力企业经常采用的控制能量意外释能释放的安全技术措施主要有：能量替代、能量限制、能量释放和能量隔离四种。

1.3.1.1　能量替代

电力生产企业从安全和效益的目的出发，在条件允许的情况下，用低风险、低故障率的装备技术代替高风险装备技术，在保证增强设备运行可靠性的前提下，减少运行人员操作的风险。第一种方法是针对具有构成危险能量的设备进行更新改造，在不降低设备功能前提下采用先进的安全能量技术产品替换。如将手动调节改造为全自动控制系统以减少人为失误，将电力动力改为液压动力以减少触电危险等。第二种方法是采用自动化、智能化设备的机械能量替代人工（含半人工）能量操作。通过采用改进设计、改造系统等工程方法及措施来降低风险程度。

1.3.1.2　能量限制

能量限制就是采取措施将能量限制在一定范围内。一些场地、设备存在的能量异常释放问题，可通过限制措施降低风险程度，将能量控制在安全允许的范围内。如采用安全电压设备、降低设备的运转速度、安装减振装置吸收冲击能量、安装防坠落安全网、安全带、防坠绳等。

1.3.1.3　能量释放

能量释放即采取一定的手段，把危险能量安全释放出来，如消除静电蓄积、电气接地线、压力容器安全阀、通风控制易燃易爆气体的浓度、放水、放气等。通过时间和空间调整，将人与设备的能量释放错位，如交通信号灯、冲压间隔设置等。停电线路的非正常带电是十分危险且经常被忽视的问题，必须注意对停电线路做好验电和挂接地线的工作。另外，雷电天气时架空线路因雷击产生感应电压，致使架空线路的非正常带电也会对工作人员造成意外伤害。预防和消除架空线路非正常带电的主要手段就是严格落实保证安全的组织措施和技术措施，停电线路按照带电线路对待，作业之前一定要验电，按正确方法挂好接地线，释放电能。

1.3.1.4　能量隔离

能量隔离就是将危险能量与人员、设备等利用各种手段对其进行有效的隔离和控制，确保危险源在指定区域或范围内处于可控、在控状态。能量隔离通常采用源头屏障和隔离屏障两类方法，使危险能量与人或设备保持安全距离。源头屏障是在危险能量的源头设置隔离屏障，避免伤害人员或设备，例如运动部件防护罩、电器外绝缘层、消声器、排风罩、危险品仓库等。电力设备进行检修作业时，应将检修设备按"工作票制度"[1]要求从正常运行的生产系统中隔离出来；线路施工前应先拉开隔离开关，把检修设备和运行设备隔离；管道施工前应先关闭阀门并在法兰处加上堵板，把检修的系统和运行中的系统隔离等。

1.3.2　安全管理措施

安全管理措施是通过法律法规、制度、规程、规章等，用行政监督、专业培训、人

---

[1]　工作票制度：保证电力系统安全生产的根本制度，主要是明确工作中的职责和评估危险作业时可能发生的问题点后采取必要的措施，避免事故发生。

力调配、工作制度等行政手段，来规范人员在安全生产过程中的行为，推动和加强安全管理，实现降低安全生产风险的目的。行政管理的方法涉及电力企业的内部机制，主要是针对人这一重要生产要素进行的管理，建立科学、合理、有效的管理制度和激励机制，充分调动和合理分配电力企业内的人力资源，并通过培训、监督和考核等手段提高员工的综合素质和约束员工的不规范行为，是解决人的不安全因素的根本方法。

多年来，电力企业在总结经验和事故教训的基础上形成了系统的安全管理制度和方法，形成了以各级行政正职为安全第一责任人的安全责任制，建立并健全安全保证体系和安全监督体系，并充分发挥作用，使得电力企业安全管理更加科学、系统。

1.3.2.1　安全生产的法规制度

安全生产是一个系统工程，需要建立在各种支持基础之上，而安全生产的法律法规制度体系尤为重要。按照"安全第一，预防为主，综合治理"的安全生产方针，国家制定了一系列的安全生产、劳动保护的法律法规，主要包括综合类、安全卫生类、伤亡事故类、职业培训考核类、特种设备类、防护用品类和检测检验类等，与电力行业息息相关的有：《中华人民共和国安全生产法》《中华人民共和国消防法》《中华人民共和国网络安全法》《中华人民共和国劳动法》《中华人民共和国职业病防治法》等。与此同时，国家还制定和颁布了数百余项安全生产方面的安全条例、安全规程、技术标准等。电网企业根据自身行业特点，也建立了一套完整的规章制度体系，如《安全工作规定》《安全工作奖惩规定》《电力安全工作规程》《事故调查规程》《应急工作管理规定》等，从工作规程规定、安全奖惩、事故调查、应急管理等方面规范完善了安全风险管理制度体系，构建了事前预防、事中控制、事后查处的工作机制，形成科学有效并持续改进的制度体系。

1.3.2.2　安全生产管理机构及人员

完善的安全生产管理机构和合格、足够的安全生产管理人员是确保安全生产，避免发生安全生产风险和化解安全生产危机的最关键因素之一。企业各级生产人员应知道本岗位的安全生产风险、预防与化解安全生产危机的措施。

通过建立安全生产责任制，明确每一个员工的安全生产职责，使其在各自的职责范围内对安全生产负责，建立、健全和贯彻执行安全生产责任制的要求。

（1）提高企业员工的安全意识和能力，增强员工贯彻执行安全生产各项规章制度的自觉性。

（2）认真总结安全生产工作的经验教训，按照不同人员、不同工作岗位和生产活动的情况，明确规定其具体的职责范围。

（3）在执行过程中要随着生产的发展和科学技术水平的提高，不断地修改和完善。

（4）企业各级管理者和职能部门必须经常或定期检查安全生产责任制的贯彻执行，

发现问题及时解决。对执行好的单位和个人，应给予表扬和奖励；对于没有达到责任目标要求的，应给予批评和处分。

（5）在安全生产责任制的制订和贯彻执行过程中，要广泛争取员工的参与，听取员工的意见和建议。在制度审查批准后，要使每一个员工都知道其责任和义务，并认真接受监督检查。

1.3.2.3　安全生产检查制度

制定安全生产检查制度、实施安全生产检查是及时发现和处理安全生产危机的重要手段。在安全生产检查制度中应明确实施安全生产检查的方式、内容和检查发现问题的处理方法。

（1）安全生产检查方法。按照目的、要求、时间、内容、对象不同，安全生产检查可分为经常性安全检查、定期安全检查和专项安全检查。

1）经常性安全检查。经常性安全检查是指企业各类人员对本岗位、本职责范围的生产工作进行日常检查，如上岗（班前）安全检查、离岗（班后）安全检查、定时巡回安全检查、岗位安全检查、生产过程中相互安全检查和重点安全检查等。

2）定期安全检查。定期安全检查是按照规定的时间和周期，按照预定的目标和检查内容进行的安全检查。为了全面了解安全生产情况，国家、地方政府和企业都要进行定期安全检查，如年度安全大检查、月安全检查、周安全检查等。国家和地方政府进行的定期安全检查应以安全法律法规、各项安全生产政策的落实以及安全生产的总体形势和发展趋势为重点；企业的定期安全检查重点，则应放在企业安全生产目标落实方面。

3）专项安全检查。专项安全检查是针对一个专项或一个特定的目标进行的安全检查。如国家组织的危险化学品专项整治安全大检查、小煤矿专项整治安全大检查、企业在生产装置停产时的安全检查、矿山企业为了预防降雨导致的水灾事故进行的安全检查等。

按照检查人员与检查对象的关系可分为自我安全检查、相互安全检查和专业人员安全检查等。

（2）安全生产检查的内容。由于检查的目的不同，安全生产检查内容也有所差异，概括起来包括查思想、查领导、查管理、查制度、查隐患，简称安全检查"五查"。

1）查思想。检查各类生产人员对安全生产工作的认识是否正确，在生产过程中是否坚持"安全第一、预防为主、综合治理"的安全生产方针，是否切实将"以人为本"的理念落实到了安全生产的实际行动中，每一个安全生产相关人员是否具备了安全生产基本素质和能力的要求。

2）查领导。各级单位、部门的领导是安全生产的核心，一个单位的领导对安全生产工作的重视程度，决定了该单位的安全生产总体情况。只有领导重视，才能在安全生产方面投入足够的经费，才能建立完善的安全生产管理体系，才能使安全生产工作纳入可持续发展过程。

3）查管理。检查各安全保证体系是否贯彻落实"管业务必须管安全"❶ 的要求，检查各级单位是否把安全纳入重要议事日程，是否在计划、布置、检查、总结、考核业务工作的同时，是否计划、布置、检查、总结、考核安全工作，检查安全生产责任制落实情况，检查安全例行工作执行情况等。

4）查制度。检查各项安全生产规章制度的建立、健全及其落实情况。即检查在生产过程中各项安全生产规章制度是否建立、健全，已经建立的各项安全生产规章制度是否执行以及执行效果如何。

5）查隐患。采用多种方式查找生产过程中设备（设施）、环境的事故隐患以及人的不安全行为，对可能造成重大人员伤亡和财产损失的重大危险源实施重点管理，特别是对发现的重大事故隐患要实施监控措施。

---

❶ 管业务必须管安全：谁管生产就必须在管理生产的同时，管好管辖范围内的安全工作，并负全面责任，是安全生产管理的基本原则之一。

2

人身安全风险管控

人的生命是最为珍贵的，"发展决不能以牺牲人的生命为代价"。强化人身安全防护，确保作业人身安全，是企业安全生产的首要任务。电网企业生产、基建任务一直处于高位，现场作业风险点多，对人身安全风险管控提出很大挑战。

2.1 电力人身伤害类型

根据事故产生原因以及电网作业特点，电网企业主要人身伤害有触电伤害、高空坠落伤害、物体打击伤害、机械伤害、特殊环境作业伤害、烧伤或灼烫、交通事故伤害、火灾伤害、坍塌伤害、淹溺伤害、爆炸伤害等类型。

2.1.1 触电伤害

触电是导致电力企业人身伤亡的主要类型，根据统计，电力生产触电人身伤亡事故占比54%。

2.1.1.1 误入、误登带电设备

误入、误登带电设备主要是作业人员安全意识淡薄、注意力不集中、危险点不清楚造成误入、误登带电设备，使工作人员与带电部位的安全距离小于规定值，导致人员触电，主要包括：

1) 作业走错间隔或杆塔，误入带电设备区域，将带电设备作为停电设备开展作业。

2) 因措施不完善造成带电区域和停电区域未完全分开。

3) 停电设备因反送电或人为因素造成突然来电。

2.1.1.2 误碰带电设备

1) 作业人员在作业中，身体或携带的工器具因注意力不集中忽视带电部位等原因造成误碰带电设备。

2) 现场使用吊车、斗臂车时，对吊车、斗臂车司机现场危险点告知及检查不规范。

3) 现场临时电源管理不规范。

2.1.1.3 电动工器具类触电

因电动工器具的使用不规范、电动工器具绝缘不合格、电动工器具金属外壳无保护。

2.1.1.4 倒闸操作触电

1）不具备操作条件进行倒闸操作。

2）倒闸操作及安全措施布置过程中未执行《国家电网公司电力安全工作规程》，接触周围带电部位。

3）操作过程中发生设备异常擅自进行处理，误碰带电设备触电。

2.1.1.5 运行维护工作触电

1）运维过程中注意力不集中，失去监护，人员误入、误登、误碰带电设备。

2）高压设备发生接地时，巡视人员与接地之间小于安全距离，没有采取防范措施。

3）雷雨天巡视设备时，靠近避雷针、避雷器，遇雷反击。

2.1.1.6 低压触电

1）因作业人员工作中误触、误碰交流低压电源。

2）直流回路上工作未采取防护措施。

3）直流回路上工作，应断开电源的未断开。

2.1.1.7 感应触电

1）因感应电造成人员触电，如未装设临时接地保护线或无其他保护措施等。

2）因跨步电压造成人员触电。

2.1.1.8 其他类触电

1）变电站内一次高压设备拆、接引线不规范，如引线未接地、未戴绝缘手套、引线甩动、反弹幅度过大等。

2）因雷击等原因造成的触电。

3）进行设备验收工作时，人与带电部位距离小于安全距离。

4）绝缘斗臂车工作位置选择不当，绝缘部位与带电距离不够导致相间短路。

5）带电作业人员不熟悉带电操作程序。

2.1.2 高处坠落伤害

高处作业过程中，作业人员需要用双手操作设备和完成工作，根据不同的作业支撑物和工作任务，有着不同的危险因素和安全风险。根据统计，电力行业高处坠落人身伤亡事故占比29％。高处坠落伤害主要有：

1）登塔、登杆作业，防止高处坠落的安全控制措施不充分、个人安全防护用品使用不当、高处作业时失去监护或监护不到位。

2）绝缘子、导线上工作，金具断裂、绝缘子锁紧销脱落、绝缘子掉串、滑轮组使用不规范等。

3）构架上工作，构架上有影响攀登的附挂物、爬梯金属件或支撑物不牢固、攀登爬梯方法不正确、构架上移位方法不正确导致失去防护。

4）使用梯子攀登或在梯子上工作，梯子本身不符合要求、梯子使用方法不正确或上下梯子防护措施不当。

5）使用软梯在软母线上工作，梯头及软梯本身不符合要求、软梯架设不稳固或攀登方法不正确、梯头挂接不可靠或防护措施不当。

6）脚手架上工作，脚手架本身不符合要求、脚手架搭设不符合要求、脚手架上工作面湿滑及防护措施不当。

7）斗臂车（含曲臂式升降平台）上工作，斗臂车本身不符合要求造成工作斗下落、斗臂车不稳固造成倾覆、工作方法不正确。

8）电缆竖井作业，电缆竖井内设施不符合要求，工作方法不正确。

9）变压器顶盖上工作，变压器顶盖工作面湿滑或防护措施落实不到位，在斜盖上或在顶盖的边缘上工作、移位防护不当。

10）成品或半成品上工作，设备加工、检验过程中，产品侧面、顶部工作面或边缘狭窄、湿滑或防护措施落实不到位。

11）直升机飞行作业，直升机故障或其他意外发生航空器坠落，造成的人员伤害，或安全防护措施不到位造成机上人员高处坠落。

2.1.3 物体打击伤害

物体打击伤害是指作业过程中的工具、材料、零部件、跳板、模板、输电铁塔构件等在高处落下，以及崩块、锤击、滚石、滚木等对人体造成的伤害。物体打击伤害主要有：

1）高处作业现场高空落物，人员未戴安全帽、安全帽佩戴不正确或佩戴不合格的安全帽造成落物伤人。

2）电气操作时操作隔离开关过程中，瓷柱折断伤人，操作把手断裂伤人，安全工器具掉落伤人。

3）安装检修变电设备时，设备支柱绝缘子断裂或倾倒砸伤人；搬运设备及物品时，重物失去控制伤人。

4）更换绝缘子时，绝缘子掉串伤人。

5）压力容器喷出物或容器损坏伤人。

6）装运水泥杆、变压器、线盘时，水泥杆、变压器、线盘砸伤、挤伤人员。

7）立、撤杆塔时，由于吊车操作不当，造成杆塔失控伤人。杆塔倾倒或落物砸伤人。

8）砍剪树木，树木失控倒落伤人等。

9）工作平台及脚手架垮塌或落物伤人。

10）线路拆旧时，倒杆塔或断线时伤人。放、紧线时，导线伤人。

2.1.4 机械伤害

对设备检修、加工工艺以及检修、加工设备的构造不熟悉，使用的工器具不符合国家要求，使用方法不正确，设备的维护检修质量差或不及时等，均有可能对人员造成机械伤害。机械伤害类型包括夹挤、碾压、剪切、切割、缠绕或卷入、刺伤、摩擦或磨损、飞出物打击、高压流体喷射、碰撞或跌落等。机械伤害主要有：

1）操作机械设备，设备防护设施不全或操作不当造成伤人。

2）机械故障导致的能量非正常释放造成伤人。

3）使用的工器具质量不合格、操作不当或失控，展放电缆挤压伤人，或使用刀具剥导线时伤人。

4）直升机运行状态下，人员误入直升机危险区域而造成旋翼、尾桨伤人。

2.1.5 起重伤害

起重伤害事故是指在进行各种起重作业（包括吊运、安装、检修、试验）中发生的重物（包括吊具、吊重或吊臂）坠落、夹挤、物体打击、起重机倾覆、触电等事故。起重伤害主要有：

1）起重设备带病运行或指挥不当造成伤人。

2）起重作业措施不当，脱钩、钢丝绳断裂伤人，移动吊物撞人以及车体倾覆砸人。

3）超负荷或歪拉斜拽工件造成伤人。

4）起重设备误触高压线、感应带电体或碰撞建筑物及其他大型车辆造成伤人。

5）吊物上站人，吊臂下有人造成伤人。

6）带棱角、缺口物体无防割措施造成伤人。

7）起重机安装、检修、调试过程中，因安全措施落实不到位而发生的挤压、坠落等人身伤害。

2.1.6 特殊环境作业伤害

恶劣气候条件下作业，或人员进入有限空间即封闭或部分封闭、自通风不良、易燃易爆物质积聚、含氧量不足等特殊环境场所作业，存在极大的人身风险。特殊环境作业伤害主要有：

1）夜晚、恶劣天气下作业。工作场所照明不足，低温或高温作业，在杆塔上作业或开展带电作业未采取有效的保障措施，造成伤人。

2）未对从业人员进行安全培训，或培训教育考试不合格；未严格实行作业审批制度，擅自进入有限空间作业，导致人身伤害。

3）有限空间内作业未做到"先通风、再检测、后作业"，或通风、检测不合格，照明设施不完善，导致人身伤害。

4）有限空间内作业未配备氧量仪、防中毒窒息防护设备、安全警示标识，无防护监护措施，导致人身伤害。

5）有限空间内作业未制订应急处置措施，作业现场应急装置未配备或不完整，作业人员盲目施救等，导致人身伤害和衍生事故。

2.1.7 灼烫或烧伤伤害

作业人员在进行断路器、隔离开关操作过程中，发生电弧烧伤，以及从事焊接、切割等动火作业过程中，未严格遵守动火作业安规要求，未履行动火作业组织措施、技术措施、安全措施，而引发火灾、爆炸，将给作业人员造成不同程度的烧伤、灼烫，甚至是人身伤亡。作业人员在使用化学物质时，化学物质直接接触人体造成体内外化学灼伤。作业人员在进行试验与检测时，因防护不当，放射性物质引起体内外物理灼伤。灼烫或烧伤伤害主要有：

1）带负荷分、合隔离开关，带地线送电、带电挂（合）接地线（接地开关），操作中出现瓷柱断裂等设备异常情况，造成电弧伤人。

2）巡视或作业中，发生开关（开关柜）、互感器、组合电器爆炸等情况，导致人员烧伤、灼伤。

3）动火作业前未检测是否有易燃易爆有害物质，盲目作业。动火点周边有易燃物，或设备、设施本身易燃，防火不达标等。

4）动火作业未履行工作票制度，未履行作业许可、审核、批准制度，作业过程未履行监护、间断和终结制度，动火作业未按动火区级别落实风险控制措施，作业人员基本条件不达标，作业监护人员工作不到位等。

5）动火作业未对易燃易爆风险的管道、设备、容器等进行隔离、封堵、拆除、阀门上锁、挂牌等风险管控措施。对存有或存放过易燃易爆品的管道、设备、容器进行动火作业前，未对可燃气体、易燃液体的可燃蒸气含量进行检测。

6）对存有或存放过易燃易爆品的管道、设备、容器进行动火作业前，未按要求进行清洗［蒸气（碱水）冲洗］、置换［用惰性气体（或氮气）置换］。

7）风力大于5级的露天环境下动火作业，压力容器或管道未泄压前进行动火作业，喷漆现场或遇有火险异常情况未查明原因和消除前进行动火作业。

8）因作业人员防护不到位或操作不当，或因设备、管道、容器发生腐蚀、开裂、泄漏等情况，造成具有酸性、碱性、氧化、还原等特性的化学物质与皮肤或眼睛直接接触。

9）使用射线或放射源对设备或材料进行探测时，作业人员或其他无关人员安全防护不到位。

2.1.8 交通事故伤害

电网企业电力设备设施遍布城乡，点多面广、线路长、布局分散、运维检修任务重，车辆利用率高、驾驶员工作量大，由于驾驶员状态不佳、车况不良、违章驾驶等原因，容易造成交通事故。交通事故伤害主要有：

1）驾驶员管理不到位。包括未对驾驶员定期进行培训，对于新驾驶员未达到安全里程即单独驾驶车辆，未对特种车辆驾驶员进行专业技术培训，并取得相应特种设备操作证。

2）车辆管理不到位。包括未履行车辆使用申请和派车单制度，车辆调配混乱。未严格履行车辆钥匙管理制度，未设置专人统一管理钥匙。车辆日常保养、维护不到位、不及时，存在应报废而未报废车辆。未履行特种车辆管理制度，对特种车辆操作机构、部件等缺乏日常保养维护。

3）行车管理存在问题。包括驾驶员身体与精神状态不佳，疲劳驾驶、酒后驾驶。驾驶员违章驾驶、危险驾驶。恶劣天气下，驾驶员未对车辆落实相应安全措施，未能根据天气及时调整驾驶方式方法，规避安全风险。

2.1.9 火灾伤害

施工现场使用的可燃、易燃物品存放、管理不当，临时用电敷设和使用不规范造成超负荷、短路或接触不良，动火作业未严格遵守相关安全规定和操作要求，均极易引发火灾。火灾伤害主要有：

1）现场临时用电管理不规范，大功率电器集中用电，超出电源容量用电，电源线接触不良引起局部温度过高。

2）动火作业前未检测是否有易燃易爆有害物质，盲目作业。动火点周边有易燃物，或设备、设施本身易燃，防火不达标等。

3）动火作业未对易燃易爆风险的管道、设备、容器等进行隔离、封堵、拆除、阀门上锁、挂牌等风险管控措施。对存有或存放过易燃易爆品的管道、设备、容器进行动火作业前，未对可燃气体、易燃液体的可燃蒸气含量进行检测。

4）加热电缆本体，周边有易燃物和设备，或看护不到位。

5）可燃气体、易燃液体等危险化学品未规范存放、管理。

6）油罐、油管未可靠接地，产生静电。

2.1.10 坍塌伤害

坍塌伤害事故是指建筑物、构筑物、堆置物、土石方、搭设的脚手架等，在外力或重力作用下，超过自身的强度极限或因结构稳定性破坏造成的人身伤害事故。坍塌伤害主要有：

1）开挖沟槽或基坑时，没有进行边坡防护，土方严重松动、裂纹、涌水。

2）开挖基坑时，弃土堆放不符合要求引起塌方。

3）操作机械设备、车辆，挖掘、停放位置选择不当。

4）泥沙坑、流沙坑未采用挡泥沙板或护筒。

5）基坑等未按设计施工，未设置截水沟、排水沟，边坡处理不当。

6）基坑、隧道开挖工作方法不当。

7）工地运输设备承力索、支架、构件等不牢固。

8）大雨等恶劣天气冲刷基坑或孔洞引起护壁坍塌。

9）工作平台、脚手架、跨越架、模板支撑架本身质量不良，装设或拆除工作方法不当引起的垮塌。

2.1.11 淹溺伤害

淹溺伤害指因大量水经口、鼻进入肺内，造成呼吸道阻塞，发生急性缺氧而窒息死亡的事故伤害。施工人员水上作业、涉水作业或使用水上交通工具因操作不当、防护措施不足失足落水均可能造成淹溺。淹溺伤害主要有：

1）涉水作业，作业人员不习水性、未穿救生衣等情况下意外落水。

2）水上交通工具操作不当或超载造成倾覆，未配备救生设备。

3）水上载人船只上下船跳板搭设不稳、船只边缘防滑措施不到位。

4）恶劣天气下进行水上运输，防范措施不到位。

5）水上作业，水深段未设置防护网。

2.1.12 爆炸伤害

作业人员在施工过程中对土石方、岩石等进行爆破作业时安全措施不到位造成的人身伤害事故。爆炸伤害主要有：

1）爆破作业，人员未及时撤离到安全区。

2）爆破警戒区内违规携带火源。

2.2 人身安全风险防控

2.2.1 人身安全风险防控要素

实践证明，任何一起事故的发生都不是单一原因的结果，同样任何一类现场人身安全风险的控制也不可能依靠单一因素来解决。不论现场的作业人员及场所如何复杂，从安全风险的系统控制内容来看，人身安全防护都应包括个人能力要求、个体防护要求、安全作业现场、安全作业行为四个要素。

2.2.1.1 个人能力要求

个人能力要求是指个人从事本项工作的自身能力，包括身体条件、文化程度、专业技能等。由于从事的专业或工种不同，对个人能力的要求不同。作业人员在每次接收工作任务时，必须检查个人能力能否满足此项工作的要求，这是作业前的必备条件。

2.2.1.2 个体防护要求

个体防护要求是指防御物理、化学、生物等外界因素对人体造成伤害所需的防护用品。通常情况下，采取安全技术措施消除或减弱现场安全风险是企业控制现场安全风险的根本途径。但是在无法采取安全技术措施或采取安全技术措施后仍不能避免事故、伤害发生时，就应采取个体防护措施，如安全帽、安全带、防护眼镜、防护手套、防护鞋、防护服、正压式呼吸器、防毒面具等。由于工作任务或作业环境不同，对个体防护的要求不同。作业人员进入现场前，必须根据工作任务或作业环境做好个体防护，并对照着装要求进行检查，保证满足作业现场的个体防护要求。

2.2.1.3 安全作业现场

安全作业现场是对作业环境的安全基本要求，主要包括现场安全措施、安全警示标识、周边环境等。作业前，必须对现场安全设施、周边环境进行检查，确认满足安全作业现场的基本要求，方可作业。

2.2.1.4 安全作业行为

安全作业行为是指人员从事作业过程中的安全行为。根据统计，由人的不安全行为引发的事故占 $70\%\sim75\%$。规范现场作业人员行为是所有人身安全防护手段中内容最丰富、难度最大的工作。此项工作应以杜绝"违章指挥、违章作业和违反劳动纪律"为突破口，同时加强对遵守安全生产规程、制度和安全技术措施、安全工艺和操作程序，人员资质与持证上岗等内容的监督管理，提高作业人员安全意识的思想转变，杜绝无知性违章和习惯性违章的发生。

2.2.2 人身安全风险现场防控的底线措施

为了提升员工自我保护意识和执行电力安全工作规程力度，保障生产作业人身安全，应制订并严格执行防控人身事故的底线措施，这是确保作业人身安全的底线思维。以下是根据电网企业基建专业的现场作业实际，编制基建现场作业"十不干"条款，便于现场作业人员掌握，作为管控现场作业人身安全的底线措施。

（1）无票的不干。即在电气设备上及基建施工现场作业时，正确填用工作票、作业票是保证安全的基本组织措施。无票作业容易造成安全责任不明确，保证安全的技术措施不完善、组织措施不落实等问题，进而造成管理失控发生事故。在电气设备上工作，应填用工作票或事故紧急抢修单，并严格履行签发许可等手续，不同的工作内容应填写对应的工作票；动火工作必须按要求办理动火工作票，并严格履行签发、许可等手续；基建施工作业按风险等级填写作业票，并严格履行审核和签发制度。A 票由施工项目总工程师签发，B票由施工项目经理签发。

（2）工作任务、危险点不清楚的不干。即在电气设备上（操作）及基建施工现场作业时，做到工作任务明确、作业危险点清楚，是保证作业安全的前提。工作任务、危险点不清楚，会造成不能正确履行安全职责、盲目作业、风险控制不足等问题。基建施工作业前，施工人员（包括监护人）应了解作业目的、人员分工、安全注意事项，对作业中有疑问时应向工作负责人询问清楚无误后执行。持工作票及作业票工作前，工作负责人、专责监护人必须清楚工作内容、监护范围、人员分工、带电部位、安全措施和技术措施，清楚危险点及安全防范措施，并对工作班成员进行告知交底。工作班成员工作前要认真听取工作负责人、专责监护人交代，熟悉工作内容、工作流程，掌握安全措施，明确工作中的危险点，履行签字确认手续后方可开始工作。检修、抢修、试验等工作开始前，工作负责人应向全体作业人员详细交代安全注意事项，交代邻近带电部位，指明工作过程中的带电情况，做好安全措施。

（3）危险点控制措施未落实的不干。采取全面有效的危险点控制措施，是现场作业安全的根本保障，分析出的危险点及预控措施也是"两票"❶中的关键内容，在工作前向全体作业人员告知，能有效防范可预见性的安全风险。项目部成立后，项目部要开展现场初勘，编制项目施工安全风险识别、评估清册，作为施工方案及施工安全管控措施的编制依据；施工作业前必须办理施工作业票，填写作业票时，从施工安全风险识别、评估清册中选取该作业的风险等级后，根据现场实际复测情况及风险管控关键因素评估当前风险等级，并在施工作业票上载明，确保工作的实效性、针对性。工作负责人在办理作业票完成后，组织作业人员统一进入作业现场，通过站班会进行全员安全风险交底，全体作业人员签字确认。作业过程中，工作负责人按照作业流程对施工作业票中的作业过程风险控制措施逐项确认，并随时检查有无变化；每天召开站班会，检查风险控制措施落实情况，填写每日站班会及风险控制措施检查记录表。危险点控制措施未落实到位或完备性遭到破坏的，要立即停止作业，按规定补充完善后再恢复作业。

（4）超出作业范围未经审批的不干。在作业范围内工作，是保障人员、设备安全的基本要求。擅自扩大工作范围、增加或变更工作任务，将使作业人员脱离原有安全措施保护范围，极易引发人身触电等安全事故。增加工作任务时，如不涉及停电范围及安全措施的变化，现有条件可保证作业安全，经工作票签发人和工作许可人同意后，可使用原工作票，但应在工作票上注明增加的工作项目，并告知作业人员。如果增加工作任务时涉及变更或增设安全措施时，应先办理工作票终结手续，然后重新办理新的工作票，履行签发、许可手续后，方可继续工作。

---

❶ 两票：工作票、操作票。

（5）未在接地保护范围内的不干。在电气设备上工作，接地能有效防范检修设备或线路突然来电等情况。停电作业未在接地保护范围内作业，如果检修设备突然来电或临近高压带电设备存在感应电，容易造成人身触电事故。检修设备停电后，作业人员必须在接地保护范围内工作。禁止作业人员擅自移动或拆除接地线。高压回路上的工作，必须要拆除全部或一部分接地线后始能进行工作应征得运维人员的许可（根据调控人员指令装设的接地线，应征得调控人员的许可），方可进行，工作完毕后立即恢复。

（6）现场安全措施布置不到位、安全工器具不合格的不干。安全工器具能有效防止触电、灼伤、坠落、摔跌等，保障工作人员人身安全。合格的安全工器具是保障现场作业安全的必备条件，使用前应认真检查无缺陷，确认试验合格并在试验期内，拒绝使用不合格的安全工器具。悬挂标识牌和装设遮拦（围栏）是保证安全的技术措施之一。标识牌具有警示、提醒作用，不悬挂标识牌或悬挂错误存在误登、误碰带电设备的风险。围栏具有阻隔、截断的作用，如未在工作地点四周装设至出入口的围栏、未在带电设备四周装设全封闭围栏或围栏装设错误，存在误入带电间隔，将带电体视为停电设备的风险。又如未在基坑四周装设硬围栏、高处作业平台临边未设置防护栏杆，存在作业人员高处坠落的安全风险。

（7）杆塔根部、基础和拉线不牢固的不干。近年来，电网企业多次发生因倒塔导致的人身伤亡事故，教训极为深刻。确保铁塔稳定性，对于防范铁塔倾倒造成作业人员坠落伤亡事故十分关键。因此作业人员在攀登铁塔作业前，应检查铁塔根部、基础和拉线是否牢固，铁塔塔材是否缺少，螺栓是否齐全、匹配和紧固。铁塔组立后，地脚螺栓应随即加垫板并拧紧螺母及打毛丝扣。

（8）高处作业防坠落措施不完善的不干。高处坠落是高处作业最大的安全风险，防高处坠落措施能有效保证高处作业人员人身安全。高处作业均应先搭设脚手架、使用高空作业车、升降平台或采取其他防止坠落措施方可进行。在没有脚手架或在没有栏杆的脚手架上工作，高度超过 1.5m 时，应使用安全带，或采取其他可靠的安全措施。在高处作业过程中，要随时检查安全带是否挂牢。高处作业人员在转移作业地点过程中，不得失去安全保护。在线路立塔、架线高空作业时，铁塔应设置攀爬绳，高空作业人员必须使用全方位安全带、速差自控器和攀登自锁器，确保作业人员人身安全。

（9）有限空间内气体含量未经检测或检测不合格的不干。有限空间进出口狭小，自然通风不良，易造成有毒有害、易燃易爆物质聚集或含氧量不足，在未进行气体检测或检测不合格的情况下贸然进入，可能造成作业人员中毒、有限空间燃爆事故。电缆井、电缆隧道、深度超过 2m 的基坑、沟（槽）内等工作环境比较复杂，同时又是一个相对密闭的空间，容易聚集易燃易爆及有毒气体。在上述空间内作业，为避免中毒及氧气不足，应配备使用鼓风机等排除浊气，经气体检测合格后方可工作。

（10）工作负责人（专责监护人）不在现场的不干。工作监护是安全组织措施的最基本要求，工作负责人是执行工作任务的组织指挥者和安全负责人，工作负责人、专责监护人应始终在现场认真监护，及时纠正不安全行为。作业过程中工作负责人、专责监护人应始终在工作现场认真监护。专责监护人临时离开时，应通知被监护人员停止工作或离开工作现场，专责监护人必须长时间离开工作现场时，应变更专责监护人。工作期间工作负责人若因故暂时离开工作现场时，应指定能胜任的人员临时代替，并告知工作班成员。

2.3　安全风险管控平台

2.3.1　安全风险管控平台概述

从安全管理信息化、自动化的角度，借助"互联网＋"❶ 技术，组织开发"作业风险管控平台"（Operation Risk Manage，简称：ORM），同时导入交互感知、行为识别等功能，实现作业安全可视化、智能化管控。

建立统一的作业计划管理流程，并以作业计划为基础，开展高风险作业的智能预警、工作关键节点的图文记录、作业过程的实时视频监控、违章行为的动态纠正、安全规范的自主学习、管理人员到岗到位监督、作业人员信息智能管理、偏远地区作业的人员定位等关键内容。通过北斗定位、智能判别功能，跟踪现场作业人员的实时状态，进行作业全过程跟踪，利用视频、照片等手段开展作业风险监督。同时充分利用现有摄像头设备，通过软件实现智能分析视频和图像，代替人员监督，一是可实现人性化办公，通过个人手机实现流程审批、资料查询等，随时随地处理业务；二是通过系统预配置，实现作业现场工作流程化、规范化、智能化；三是实时生成统计分析报表、智能识别分析报告等，有效定位安全管理薄弱环节。

ORM平台设计根据电网企业的实际分为内网平台、外网平台，两个平台都包括服务器及数据存储设备，相互之间通过安全交互平台进行数据通信，如图 2-1 所示。内网前端数据采集设备主要包括便携式录像仪、变电站视频监控摄像头；外网前端数据采集设备主要包括便携式录像仪、AR智能眼镜、智能安全帽等。

成立企业现场风险管控中心，固定人员实时监控各类风险作业的开展情况，同时针对大型作业、新进队伍、违章较为突出的施工队伍进行现场作业全过程视频监控，重点检查现场安全措施布置、关键作业工序等，确保现场安全风险可控在控。

---

❶　"互联网＋"："互联网度＋各个传统行业"，利用信息通信技术以及互联网平台，让互联网与传统行业进行深度融合，创造新的发展生态。

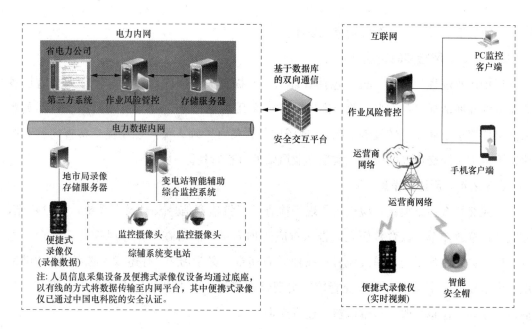

图 2-1　ORM 平台结构图

2.3.2　安全风险管控平台的功能

2.3.2.1　基础信息管理

在电网公司系统建立统一的作业人员信息数据库，杜绝高违章人员流窜。涵盖公司主业及所属的相关企业，进一步拓宽管控企业的范围，将劳务分包单位、监理企业、勘察设计企业等社会承包商全面纳入平台，实现各类企业安全诚信全覆盖。在全公司系统范围内共享人员信息，采用违章累计分值，对累计违章超过一定分值，禁止进入电网作业。

以此建立人员诚信档案，实现"一人一档一码"❶，包含人员基本信息、专业资质证书、违章情况、所在机构变更记录、二维码信息等，即便跨地区工作，档案也是始终伴随。

2.3.2.2　作业信息管理

现场作业计划遵循"周计划、日管控"的要求进行设计，除了月、周、日计划录入、完善、审核、发布流程外，也允许周、日新增非停电计划，包括临时计划和抢修计划。周计划、日计划可通过"月＞周＞日"层层审批细化生成，也可独立新增或导入产生。形成作业计划信息后，班组人员开展风险辨识，平台提供风险控制措施，部门负责人（或安全员）评估风险、安排到岗到位人员等。

作业信息通过"一次录入、多处共享"的方式，月作业信息、周作业信息、日作业信息关联变化，避免信息重复录入，最大限度减少一线人员工作量。明确审批和审核流

---

❶　一人一档一码：一人一个档案一个二维码，通过扫描二维码可调取人员档案。

程，作业班组、部门等分级分别审批发布。

2.3.2.3　风险实时管控

现场作业过程，现场人员（包括管理人员）提交关键风险点照片，管理人员监控各类作业的开展情况。对大型作业、高风险作业采用现场作业全过程视频监控（若不具备条件可使用小型移动录像设备录制），现场监督人员（管理人员）现场提交检查内容和照片，平台记录提交信息的位置，实现作业风险的过程管控。

2.3.2.4　反违章管理

参照交警查违章模式，检查人员现场检查后，将违章信息及时录入系统，实时曝光，形成"违章通知单"教育责任人，告知对应管理人员，同时在"作业风险管控平台"主页面展示；建立违章闭环整改流程，按照"有违章、必学习""有违章、必考核""谁发现、谁审核"三个原则实现流程管控。实现督查督纠、自查自纠反违章全流程管理，包括违章录入、违章整改、违章审核、违章查询。

2.3.2.5　统计分析

建立到岗到位、督察督纠、作业信息管控、人员违章、单位违章等数据分析，从不同角度评估各单位、人员的工作质量，通过不同单位之间的评比，找出工作质量不足的责任单位，督促其提升。

2.3.3　安全风险的智能管控

2.3.3.1　智能安全帽

智能安全帽系统是通过实时定位与轨迹回放，跟踪和分析现场人员动态；同时结合智能应用，加入姿态检测分析，实现脱帽报警、近电报警、碰撞报警、跌倒报警、区域报警以及手动紧急报警（SOS）等功能，如图2-2所示。相关负责人通过短信平台实时接收报警信息，布置相应防范措施，全方面降低现场施工人员安全风险。

2.3.3.2　微信平台对接

以微信公众平台为基础，通过微信公众号接口实现个人微信与作业风险管控平台对接，让使用者使用微信即可接收通知、查阅资料甚至进行简单的操作。

2.3.3.3　人脸识别

实现人脸识别应用，检查人员可随时随地使用个人手机录入违章、核验人员、查询个人诚信档案等，如图2-3所示。

2.3.3.4　作业违章行为的自动识别

建立着装、戴帽、登高、越限等作业典型违章行为数据库，通过AI智能系统对比分析现场作业实时状况、现场过程录像、现场图片等图像数据，对作业过程中违章行为进行智能识别，及时纠正，提高作业违章查纠的效率和覆盖面。

图 2-2　智能安全帽

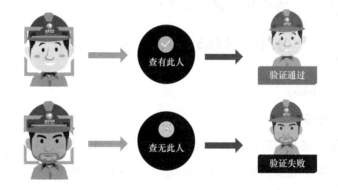

图 2-3　人脸识别示意图

输变电工程施工安全风险管控

输变电工程是输电（电缆）线路工程及变电站工程的统称。输变电工程施工安全管理工作的重心在现场，安全风险管控的重点在于防范人身伤害。

3.1 风险管控方法与流程

3.1.1 施工安全风险

3.1.1.1 风险等级

输变电工程施工安全风险，是指在输变电工程施工作业中，对某种可预见的风险情况发生的可能性、发生频度和后果严重程度三个指标的综合描述。

美国安全专家 K. J. 格雷厄姆和 K. F. 金尼提出的 LEC 评价法，是对具有潜在危险性作业环境中的危险源进行半定量的安全评价方法，用于评价操作人员在具有潜在危险性环境中作业时的危险性和危害性。该方法用与系统风险有关的三种因素指标值的乘积来评价操作人员伤害风险大小，这三种因素分别是：L（likelihood，事故发生的可能性）、E（exposure，人员暴露于危险环境中的频繁程度）和 C（consequence，一旦发生事故可能造成的后果）。给这三种因素的不同等级分别确定不同的分值，再以三个分值的乘积 D（danger，危险性）来评价作业条件危险性的大小。

输变电工程施工安全风险评定参照 LEC 安全风险评价法，将风险从小到大分为五级。

五级风险（稍有风险）：指作业过程存在较低的安全风险，不加控制可能发生未遂人身事件的施工作业。

四级风险（一般风险）：指作业过程存在一定的安全风险，不加控制可能发生人身轻伤事件的施工作业。

三级风险（显著风险）：指作业过程存在较高的安全风险，不加控制可能发生人身重伤或死亡事故。

二级风险（高度风险）：指作业过程存在很高的安全风险，不加控制容易发生人身死亡事故。

一级风险（极高风险）：指作业过程存在极高的安全风险，即使加以控制仍可能发生人身重伤或死亡事故。

3.1.1.2 建立关键风险库

采用"施工班组全员讨论、部门集中审核、专业协同会审、专家团队审定"的风险库辨识模式，逐级把关，确保风险库能够切合现场、指导现场；同时，组建输变电工程人身安全关键风险库梳理审核专家团队，通过系统分析基建工程施工环境、施工方法、机械机具、设备材料等因素对施工安全的影响，综合近年来基建领域发生的人身安全事件和现场典型违章，深入研究内在成因，总结辨识出施工现场易导致事件（事故）发生的风险因素。根据事故发生的概率及严重程度，梳理出触电、高处坠落、物体打击等人身伤害的关键工序环节风险点，形成规范统一的涵盖输变电工程各个专业施工安全关键风险库，并制订风险库修编完善周期，定期组织修订完善。

3.1.2 风险识别与评估

施工安全风险管控是通过现场勘察、风险识别、评估、预控等系统而科学的管理方法来实现，依托管理方法建立完善的管理流程并全面执行，保证输变电工程施工安全风险始终处于可控、在控状态。

3.1.2.1 现场勘察

现场勘察作为施工安全风险防控的首要环节，是具体施工的重要依据，直接影响到后续施工的安全。现场勘察由业主、施工、监理等相关人员共同参与，采用文字、图片或影像等相结合的方式，记录各项风险因素。

输变电工程施工应遵循"静态识别、动态评估"原则，通过收集与施工安全风险相关的各种数据，形成静态识别；同时，在过程中实地复测分析风险因素，开展动态评估。

3.1.2.2 风险初识建档

在工程开工前，业主项目部组织施工、监理项目部、设计单位进行项目交底及风险初勘，根据项目交底及风险初勘结果，逐一筛选、识别、评估与本工程相关的风险作业，并形成"施工安全风险识别、评估及预控措施清册"，清册由施工项目部编制，经监理项目部审核，业主项目部审批，确保不遗漏风险。

3.1.2.3 风险复测评估

在施工作业前，施工项目部组织监理项目部、设计单位进行实地勘察复测，按照风险管控因素进行评估核实，与"施工安全风险识别、评估及预控措施清册"进行对比分析，确定安全风险及管控措施是否准确，确保每项作业根据实际落实风险管理要求。根据风险复测评估结果和采取的安全措施，由施工项目部填写施工作业票，监理项目部审核，业主项目部批准。

3.1.2.4 关注重大安全风险

二级及以上和重要的三级施工安全风险，由于风险危害较大，一般称为基建重大安全风险。施工项目部根据工程进度，针对已建立的"三级及以上施工安全风险固有风险识别、评估和预控措施清册"。对即将开始的重大安全风险提前开展复测，重点关注地形、地貌、土质、交通、周边环境、临边、临近带电体或跨越等情况，初步确定现场施工组织形式、可采用的施工方法和动态评估风险等级修正意见，明确现场主要安全风险和补充控制措施。

3.1.3 重大安全风险预警

风险预警的目的是将施工安全事故的预防关口前移，把事故的管理方式从以应急为主的静态安全管控转变为以事前风险监控、预防为主的动态安全管控。

3.1.3.1 预警条件

施工作业前基于风险评估结果，对超过预警值的风险隐患进行预报。安全风险评估为重要的三级风险、全部二级风险，以及在动态评估时曾经达到一级风险的施工作业，需进行预警，主要有以下作业类型：

1）土石方工程爆破作业，人工挖孔灌注桩施工深度 15m 及以下逐层往下循环作业，高度超过 8m 或跨度超过 18m 的模板支撑系统作业。

2）地下变电站土建施工中钢筋笼吊装、基坑开挖、高大模板支撑系统施工、基坑钢筋混凝土支撑爆破拆除作业，电气安装施工中大型设备（30t 及以上）起吊作业。

3）搭设高度超过 24m 的落地钢管脚手架、附着式升降脚手架、悬挑式脚手架、门形脚手架、悬挂脚手架、吊篮脚手架、卸料平台搭设和拆卸作业。

4）跨越 66kV 及以上带电线路（或同塔扩建第二回，另一回不停电）作业，跨越Ⅰ级及以上公路（含高速）作业、Ⅱ级及以上铁路（含高铁）作业，跨越主通航河流、海上主航道作业。

5）盾构隧道施工端头加固和盾构出洞施工作业。

6）大跨越组塔、放线施工作业；邻近带电体组塔、放线施工作业。

7）变电站格构式构架或 A 型构架吊装施工作业。

8）扩建或改建变电站过程中大型机械近电施工作业。

9）大型起重机械、运输索道的安装、拆卸及首次使用。

3.1.3.2 预警编制

按月梳理在建工程施工计划和重大风险作业计划，对达到预警条件的施工作业，建设管理单位应编制《输变电工程施工安全风险预警通知单》，在预警信息中明确工程项目名称、作业内容、风险等级、预警起止时间等基础信息，以及安全保障、到岗到位、协调配合、应急处置、监督检查等方面的预警管控措施和要求，确保风险预警单内容具体且具有指导作用。

3.1.3.3　预警发布

建设管理单位初步形成风险预警通知单后，通过基建例会、周生产例会、日生产早会等各级例会将风险预警及时告知各相关专业部门和参建单位项目部负责人签收，完善有关管控措施。

风险预警通知单经完善后，由建设管理单位分管负责人签发，并在作业实施前提前不少于 5 日发布。发布接收对象为需要采取预警管控措施的施工、监理、业主项目部，同时也应将风险预警单送达需告知有关单位（部门）和涉及的配合单位（部门），确保风险预警信息能传达到位。

3.1.3.4　预警反馈

施工及监理项目部填报《输变电工程施工安全风险预警反馈单》，在反馈信息中明确到岗到位、现场指挥、监护巡视等关键人员信息，外部协调、方案审批、安全措施落实等关键环节管控情况，承力部件、起重机械、脚手架（跨越架）等关键设施设备参数，逐项向建设管理单位反馈落实情况。

3.1.3.5　预警解除

施工作业完成后，经建设管理单位确认后解除预警。对于已发布预警通知，但不能按计划作业的，可暂时解除预警，并通知相关单位（部门），本项作业重新开始后，按新的时间段重新发布预警。

3.2　关键风险管控措施

施工安全风险管控的核心在于制订并落实全面覆盖且重点突出的管控措施，基于风险分析的结果，从作业计划、作业队伍、作业现场三个方面制订针对性措施，实现安全关键风险的有效管控。

3.2.1　作业计划

作业计划管理是施工安全管控的龙头，抓好作业计划是有序组织施工、做好风险管控、开展监督检查的必要条件。

3.2.1.1　计划编制

一般按照"周计划、日管控"原则，施工单位根据施工进度，逐日制订作业计划，明确作业地点、作业内容和作业人员、安全风险点，提前部署安全管控措施，严格按照作业计划组织施工。各类施工作业均应纳入计划管控，严禁无计划作业。

3.2.1.2 计划发布

首先，确定的作业计划，建设管理单位需要提前下达至各项目部及单位内部各相关管理及监督部门，做好规范发布、信息共享，将输变电工程施工作业全部纳入计划管理。发布的作业计划信息除作业时间、作业地点、作业内容、作业单位、安全风险点及管控措施等基本信息外，还应发布作业计划的管控信息，包括作业票种类、现场地址、到岗到位人员、工作负责人及联系方式等。

3.2.1.3 计划管控

1）严格计划刚性执行。常态化跟踪前一天作业计划完成情况，在作业计划表"计划执行情况"栏注明完成情况。作业计划一经下达要严格执行，不允许随意变更。特殊情况需要变更的作业计划，应履行审批手续。

2）作业计划按"谁管理、谁负责"的原则。实行分级管控，施工项目部按日向业主项目部反馈作业计划完成情况，业主项目部汇总统计、分析执行情况，并每周向建设管理单位报备。

3）作业计划严格执行"日管控"原则。建设管理单位、监理单位密切跟踪作业计划，对作业计划和执行情况开展检查，并将结果进行通报；对无计划作业、随意变更作业计划等问题实施考核。

3.2.2 作业队伍

3.2.2.1 作业层班组建设和人员管控

施工作业层班组是指在输变电工程施工中，具备独立完成相应作业能力，在施工项目部的直接管理下开展标准化作业的基本施工组织单元。通过作业层班组对每个作业实施有力的组织、指挥和监护，对全体作业人员作业行为实施有效管控，从根本上防止以包代管和现场管理失控。

3.2.2.1.1 人员配置

施工单位应按专业作业开展的必备要求组建作业层班组，足额配齐合格的班组负责人、安全质量管理人员、技术人员等骨干及技术工人。班组成员必须经考核合格，保持人员相对稳定，并按建制发布，按照"实名制"要求进行管理。工程项目招投标时，将计划投入的作业层班组纳入评标范畴。工程项目在专业作业开展前，业主和监理项目部应对实际投入的班组进行复核。

3.2.2.1.2 作业管控

作业层班组以专业作业为中心，以施工作业票为主要管理工具，落实作业票签发、交底、实施、销票等要求，每日按作业前离开驻地、召开站班会进行"三交三查"❶、作

---

❶ 三交三查：工作任务、安全措施、技术措施交底，人员工作着装、精神状态、个人安全用具检查。

业条件复核、作业过程中风险控制措施落实和检查监护、班后会总结、返回驻地等程序进行标准化管理，将安全管理要求落实到每个作业环节，并利用作业点实时监控、录像手段进行记录，确保施工作业风险始终处在受控状态。

3.2.2.2 分包队伍管控

3.2.2.2.1 施工队伍和人员"双准入"

把好队伍准入关，将企业资信、人员能力、违章记录、安全记录等作为准入条件，以安全积分等形式进行动态管理；把住人员准入关，将人员的考试成绩、违章记录、安全记录作为重要条件，对进入现场人员实现动态管理。

建立安全信用记录，开展施工人员和队伍安全状况大数据分析，坚决查处转包、违规分包、严重违章作业、发生安全事故等，对不合格队伍实施停工、停结算、停招标，实行"黑名单"和"负面清单"处罚等措施。

3.2.2.2.2 施工人员"实名制"管理

建立"一人一卡"❶身份识别机制，新进分包人员进场前，由施工单位与分包队伍人员当面核对信息，考试合格后收集上报信息。组织对人员信息进行复核。复核完成后为分包人员确定唯一编码，并统一组织制作发放人员身份识别卡。

施工过程中，利用身份识别卡进行分包人员身份识别，按照分包人员唯一编码对分包人员的基本信息、从业记录、培训情况、职业技能、履职评价、违章记录和权益保障等相关信息进行实时记录、查询、统计。

3.2.3 作业现场

施工现场作业应开具施工作业票，实行"一票式"管控。施工作业票在落实安全技术交底、风险等级识别和评估、风险管理措施等管理要求的基础上，具体明确了作业必备条件、任务分工、技术要点和管控措施等内容。

3.2.3.1 应用范围

将风险管理与施工作业票紧密结合，根据安全风险识别、评估及复测结果，填写施工作业票，其中五、四级风险作业填写"输变电工程施工作业 A 票"，三级及以上风险作业填写"输变电工程施工作业 B 票"，若复测结果需提高风险等级则同时完善相应控制措施，按新的风险等级进行管控，确保每项作业根据实际落实风险管理要求。

3.2.3.2 办理流程

施工作业票应按程序办理。施工作业票由工作负责人填写，"输变电工程施工作业 A票"经作业层班组技术员和安全员审核，由施工项目总工程师签发；"输变电工程施工作业 B 票"经施工项目部技术员和安全员审核，由施工项目经理签发。通过作业票填写人、

---

❶ 一人一卡：一人一张身份信息卡，通过扫描身份信息卡，可实时查看人员信息。

审核及签发人层层把关，确保施工作业票准确完备。

3.2.3.3 执行要求

工作负责人在每日开工前，对照施工作业票复核风险管控措施是否准确，确认后在每日站班会上宣读施工作业票有关内容，进行安全交底，向全体作业人员讲清楚任务分工、技术要点、管控措施并做好记录，作业人员签名后实施，确保所有作业人员能听懂弄通、入脑入心，确保相关要求有效落实到作业现场。

3.2.4 创新风险管控方式

运用"作业风险管控平台"，搭建输变电工程作业现场安全管控信息化平台，全面实现作业人员实名制管理、现场作业全过程管控、风险视频在线监控，精准管控每个现场人员、每项施工计划、每项施工风险。利用移动互联技术，通过各类终端、App，实施现场风险精准管控。在作业风险管控平台上，利用个人单兵系统（行政执行记录仪）、车载移动视频、高清布控球等远程视频监控系统，可实现对施工作业全过程在线管控，较好解决作业现场安全监督困难的问题。利用远程视频监控系统，可对施工作业的工前准备、安全交底、措施布置执行、到岗到位等情况进行远程移动视频在线或回放监控。

对于小型分散的零星施工作业依托"微信"管控风险，分专业、分层级建立施工人员微信群，班组工作负责人、专业管理人员按要求加入，及时发布、共享零星施工作业信息。将作业现场位置、工作许可、安全交底、接地线安装、近电作业、旁站监护等关键风险管控信息及时拍照或视频上传微信群监控，实现小型分散的零星施工作业现场人身安全风险的远程监控。

4

基建施工用电

施工用电部分涉及人身安全风险的作业类型有施工用电线路架设（电缆敷设）、总配电箱接火、配电箱安装、临时用电布设、保护接地或接零、发电机的使用和管理六大项。

4.1　关键风险与防控措施

4.1.1　线路架设（电缆敷设）施工作业

架空线路架设或直埋电缆敷设全过程主要存在触电、机械伤害、高处坠落三类人身安全风险。

4.1.1.1　触电风险

在架空线路架设或直埋电缆敷设过程有临近带电或交叉跨越的作业工序环节存在触电的风险。

主要防控措施为：①低压架空线必须使用绝缘线，架设在专用电杆上，严禁架设在树木、脚手架及其他设施上；②低压架空线路（电缆）架设高度不得低于2.5m，交通要道及车辆通行处，架设高度不得低于5m；③临近带电或交叉跨越的线路要满足相应电压等级的安全距离要求；④电缆通过道路敷设时应采取保护措施，设置通道走向标志，严禁沿地面明敷设；⑤直埋电缆的接头应设在防水接线盒内；⑥作业人员应着工作服，戴好纱手套。

4.1.1.2　机械伤害风险

在架设架空线的放紧线作业工序环节存在落物伤人的风险。

主要防控措施为：作业人员不得站在可能坠物的下方，高处作业应使用工具袋或绳索传递物件。

4.1.1.3　高处坠落风险

在架设架空线的杆上作业工序环节存在人员高处坠落的风险。

主要防控措施为：高处作业应正确使用安全带且在转移作业位置时不得失去安全保护；使用梯子作业时应使用两端装有防滑套的合格梯子，单梯工作时，梯与地面的斜角度约 60°，并专人扶持。

4.1.2 总配电箱接火作业

在搭接电源作业工序环节存在低压触电的风险。

主要防控措施为：按要求办理工作票（单），接火前，检查总配电箱可靠接地；接入、移动或用电设备时，必须断开电源。

4.1.3 配电箱安装作业

现场配电箱安装布设如图 4-1 所示，在搭接电源作业工序环节存在低压触电的风险。

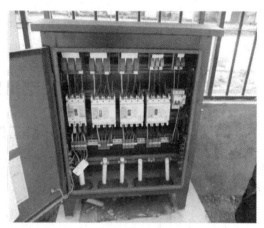

(a) 配电箱安装　　　　　　　　　　　　　(b) 临时用电配置

图 4-1　现场配电箱安装布设

主要防控措施为：①要有三级配电/两级漏电保护（首级、末级）；②配电箱、开关箱的电源进线端，严禁采用插头和插座进行活动连接；③各级配电箱必须加锁。

4.1.4 临时用电布设作业

在工地临时生产生活设施如活动板房等的用电施工及日常用电过程中主要存在触电、火灾、高处坠落三类人身安全风险。

4.1.4.1 触电风险

在用电施工布设全过程及日常用电环节存在低压触电的风险。

主要防控措施为：①在活动板房、集装箱等金属外壳内穿越的低压线路应用绝缘管保护；②活动板房、集装箱等金属外壳应可靠接地；③严禁私自布设线缆。

4.1.4.2 火灾风险

在工地临时生产生活设施的日常用电存在因超容量用电和用电设施接触不良产生火灾的风险。

主要防控措施为：①电源箱应设置在户外，并有防雨措施；②在活动板房、集装箱等金属外壳内穿越的低压线路应用绝缘管保护，金属外壳应可靠接地；③集中使用的空调、取暖、蒸饭车等大功率电器应设置专用开关和线路；④严禁私自布设线缆。

4.1.4.3 高处坠落风险

在高处用电布设作业工序环节存在人员高处坠落的风险。

主要防控措施为：高处作业应正确使用安全带，作业人员在转移作业位置时不得失去安全保护；若使用梯子应使用两端装有防滑套的合格梯子，单梯工作时，梯与地面的斜角度约 60°，并专人扶持。

4.1.5 保护接地 （接零） 作业

在带电的配电设备（箱）外壳进行保护接地（接零）作业工序环节中主要存在触电人身安全风险。

主要防控措施为：①接地前，应断开电源；②作业人员应佩戴纱手套作业。

4.1.6 发电机的使用和管理

施工工地的备用发电机使用过程中主要存在触电、火灾两类人身安全风险。

4.1.6.1 触电风险

主要防控措施为：①供电系统要设置电源隔离开关及短路、过载保护；②发电机金属外壳应有可靠的接地措施；③发电时，应设置封闭式围栏且悬挂警示标识牌。

4.1.6.2 火灾风险

主要防控措施为：①燃料必须存储在危险品仓库内，发电机与燃料必须分开存放；②作业现场必须配置灭火器，周边禁止存放易燃易爆物品；③供电系统应设置短路、过载保护。

综合上述的 6 项基建施工用电作业风险及防控措施见表 4-1。

表 4-1   基建施工用电作业风险及防控措施表

序号	作业类型	作业工序	风险类型	防控措施	风险等级	备注
1	施工用电布设	架空线路架设及直埋电缆敷设	触电	1. 低压架空线必须使用绝缘线，架设在专用电杆上，严禁架设在树木、脚手架及其他设施上。 2. 低压架空线路（电缆）架设高度不得低于 2.5m，交通要道及车辆通行处，架设高度不得低于 5m。 3. 临近带电或交叉跨越的线路要满足相应电压等级的安全距离要求。 4. 电缆通过道路敷设时应采取保护措施，设置通道走向标志，严禁沿地面明敷设。 5. 直埋电缆的接头应设在防水接线盒内。 6. 作业人员应着工作服，戴好纱手套	4	
			机械伤害	1. 作业人员不得站在可能坠物的下方。 2. 高处作业，应使用工具袋或绳索传递物件		
			高处坠落	1. 高处作业应正确使用安全带，作业人员在转移作业位置时不准失去安全保护。 2. 使用梯子作业时应使用两端装有防滑套的合格梯子，单梯工作时，梯与地面的斜角度约 60°，并专人扶持		

序号	作业类型	作业工序	风险类型	防控措施	风险等级	备注
2		总配电箱接火	触电	1. 按要求办理工作票（单）。 2. 接火前，检查总配电箱接地可靠。 3. 接入、移动或检修用电设备时，必须切断电源	3	
			火灾	检查总配电箱周围无易燃易爆等物品		
3		配电箱安装	触电	1. 要有三级配电/两级漏电保护（首级、末级）。 2. 配电箱、开关箱的电源进线端，严禁采用插头和插座进行活动连接，移动式配电箱、开关箱进、出线的绝缘不得破损。 3. 各级配电箱必须加锁。 4. 人员要戴好纱手套	4	
4	施工用电布设	临时用电布设	触电	1. 在活动板房、集装箱等金属外壳内穿越的低压线路应绝缘管保护。 2. 活动板房、集装箱等金属外壳应可靠接地。 3. 严禁私自布设线缆	4	
			火灾	1. 电源箱应设置在户外，并有防雨措施。 2. 在活动板房、集装箱等金属外壳内穿越的低压线路应绝缘管保护，金属外壳应可靠接地。 3. 集中使用的空调、取暖、蒸饭车等大功率电器应设置专用开关和线路。 4. 严禁私自布设线缆	4	
			高处坠落	1. 高处作业应正确使用安全带，作业人员在转移作业位置时不准失去安全保护。 2. 若使用梯子应使用两端装有防滑套的合格梯子，单梯工作时，梯与地面的斜角度约60°，并专人扶持		
5		保护接地或接零	触电	1. 接地前，应断开电源。 2. 人员要戴好纱手套	4	
6		发电机的使用和管理	触电	1. 供电系统要设置电源隔离开关及短路、过载保护。 2. 使用前必须确认用电设备与系统电源已断开，并有明显可见的断开点。 3. 发电机金属外壳和拖车应有可靠的接地措施。 4. 发电时，应设置封闭式围栏且悬挂标识牌	4	
			火灾	1. 必须配置灭火器，周边禁止存放易燃易爆物品。 2. 燃料必须存储在危险品仓库内，发电机与燃料必须分开存放。 3. 供电系统应设置短路、过载保护		

4.2 典型案例分析

【例4-1】 电源线接头只用电工胶布包扎就放在路中间。

（一）案例描述

××220kV变电站改扩建作业现场，安全督查人员检查发现一起现场在用的三级用电箱电源线接线不规范的违章，电源线中间接头采取电线铰接的方式进行连接且简单用电工胶布包扎，在没有采取任何保护措施对接头进行保护就放置路中间，极易引起线路短路及过往人员触电伤害，如图 4-2 所示。

（二）原因分析

该案例是架空线路架设及直埋电缆敷设作业类型，工作人员对"架空线路架设及直埋电缆敷设"工序环节中"触电"的人身伤害风险点辨识不到位。现场作业人员随意连接低压用电电缆接头且没有采取架空线路的方式进行布线，电缆和接头没有采取任何保护措施直接暴露在行人通道上，极易发生因带电电缆或接头破损导致过往作业人员触电的人身事故。

采取简单铰接方式连接电源线且无保护措施放置在路中。

图 4-2　现场电源线中间接头

【例 4-2】 临时用电电缆直接搭在金属脚手架上。

（一）案例描述

××110kV 变电站基建现场，督查人员发现现场临时用电电缆采取直接搭设在金属脚手架上的方式进行搭设，极易导致因电缆破损漏电引起脚手架带电造成作业人员触电事故，如图 4-3 所示。

施工用电电缆无绝缘保护，直接搭设在脚手架上

图 4-3　临时用电电缆直接搭在金属脚手架上

（二）原因分析

该案例是施工用电布设作业类型，工作人员对"架空线路架设及直埋电缆敷设"工序环节中"触电"的人身伤害风险点辨识不到位。现场施工用电电缆未按规范架空搭设，未架设在专用电杆上且无保护或绝缘支撑直接搭设在金属脚手架上，若电缆绝缘破损发生漏电，极易造成脚手架上作业人员触电事故。

【例 4-3】 牵张机用燃油放置在配电箱旁边。

（一）案例描述

检查××输变电工程现场临时物资仓库，该仓库存放着牵张机用燃油，同时该仓库还用做材料加工点，配置有加工设备用配电箱。但施工单位将牵张机用燃油存放在配电箱以及加工用电设备周边，若发生电气设备短路，极易引发火灾事故，如图4-4所示。

图 4-4 输变电工程现场临时仓库

（二）原因分析

该案例是施工用电布设作业类型，工作人员对"总配电箱接火"工序环节中的"火灾"人身伤害风险点辨识不到位。现场配电箱以及用电设备周边存放易燃品且未设置隔离措施、警告标识及消防措施，一旦发生电气设备短路拉弧或接触不良打火，将可能引燃周边易燃品，造成火灾事故。

4.3 实 训 习 题

一、单选题

1. 低压架空线路（电缆）架设高度不得低于（　　）m，交通要道及车辆通行处，架设高度不得低于____ m。

　　A. 2.5，3　　　　B. 2.5，5　　　　C. 3，5　　　　D. 3，6

2. 高处作业时，应正确使用（　　），作业人员在转移作业位置时不准失去安全保护。

　　A. 安全带　　　　B. 脚扣　　　　C. 脚踏板　　　　D. 安全绳

3. 配电箱、开关箱的电源进线端，严禁采用（　　）进行活动连接，移动式配电箱、开关箱进、出线的绝缘不得破损。

　　A. 插头和插座　　　B. 插头　　　　C. 插座　　　　D. 电线

4. 集中使用的空调、取暖、蒸饭车等大功率电器应用电分置，并设置（　　）开关和线路。

　　A. 共用　　　　B. 公用　　　　C. 专用　　　　D. 混用

5. 接入、移动或检修用电设备时，必须（   ）。

A. 切断开关　　　B. 切断电源　　　C. 关闭箱门　　　D. 打开箱门

6. 燃料必须存储在（   ）内，发电机与燃料必须分开存放。

A. 工器具室　　　B. 仓库　　　C. 危险品仓库　　　D. 工棚

二、多选题

1. 架设架空线时，应使用（   ）或（   ）传递物件。

A. 布袋　　　B. 工具袋　　　C. 绳索　　　D. 钢丝绳

2. 在活动板房、集装箱等金属外壳内穿越的低压线路应用（   ）保护，活动板房、集装箱等金属外壳应可靠（   ）。

A. 绝缘管　　　B. 线管　　　C. 接地　　　D. 接零

3. 保护接地或接零前，应（   ），人员要戴好（   ）。

A. 断开设备　　　B. 断开电源　　　C. 纱手套　　　D. 绝缘手套

4. 现场使用发电机时，要采取（   ），防止触电。

A. 供电系统要设置电源隔离开关及短路、过载保护

B. 使用前必须确认用电设备与系统电源已断开，并有明显可见的断开点

C. 发电机金属外壳和拖车应有可靠的接地措施

D. 发电时，应设置封闭式围栏且悬挂标识牌

5. 配电箱的安装应采取（   ）措施以防止触电？

A. 要有三级配电/两级保护（首级、末级）

B. 配电箱、开关箱的电源进线端，严禁采用插头和插座进行活动连接，移动式配电箱、开关箱进、出线的绝缘不得破损

C. 各级配电箱必须加锁

D. 人员要戴好纱手套

三、判断题

（   ）1. 低压架空线必须使用绝缘线，架设在专用电杆上，也可架设在树木、脚手架及其他设施上。

（   ）2. 低压架空线路（电缆）架设高度不得低于 2.5m。

（   ）3. 施工用电要有三级配电/两级保护（首级、末级）。

（   ）4. 配电箱、开关箱的电源进线端，可采用插头和插座进行活动连接。

（   ）5. 集中使用的空调、取暖、蒸饭车等大功率电器应用电分置，并设置专用开关和线路。

（   ）6. 燃油发电机燃料应与发电机一同存放，以便应急使用。

变电站土建工程

变电站土建工程部分涉及人工挖孔灌注桩施工、地基强夯施工、混凝土基础工程土方开挖、主建筑物工程模板工程、吊装（通用于起重机吊装相关作业）、钢管/水泥杆构支架组立、站区"四通一平"/站区道路工程、钢结构彩板安装、钢结构安装、钢管脚手架搭设、脚手架拆除等十一大类。

5.1 关键风险与防控措施

5.1.1 人工挖孔灌注桩施工

人工挖孔灌注桩如图 5-1 所示，其施工风险与挖孔深度密切相关。

(a) 人工开挖　　　　　　　　　　　　(b) 混凝土灌注

图 5-1 人工挖孔灌注桩

5.1.1.1 深度 5m 以内循环作业

在深度 5m 以内循环作业工序环节存在坍塌、物体打击、触电三类人身安全风险。

5.1.1.1.1 坍塌风险

主要防控措施为：①开挖桩孔应从上到下逐层进行，每节筒深不得超过 1m，先挖中间部分的土方，然后向周边扩挖；②根据土质情况采取相应护壁措施防止塌方，第一节护壁应高于地面 150～300mm，壁厚比下面护壁厚度增加 100～150mm，便于挡土、挡水；③挖出的土石方应及时远离孔口，不得堆放在孔口四周 1m 范围内，堆土高度不应超过 1.5m；④开挖过程中如出现地下水异常（水量大、水压高）时，立即停止作业并报告施工负责人，待处置完成合格后，再开始作业；⑤开挖过程中，如遇有大雨天气，应做好防止深坑坠落和塌方措施后，迅速撤离作业现场。

5.1.1.1.2　物体打击风险

主要防控措施为：①在桩孔内上下递送工具物品时，严禁抛掷，严防其他物件落入桩孔内；②吊运弃土所使用的电动葫芦、吊笼等应安全可靠并配有自动卡紧保险装置。

5.1.1.1.3　触电风险

主要防控措施为：桩孔内照明应使用 12V 及以下的带罩、具备防水功能的安全灯具。

5.1.1.2　深度 5m 及以上逐层往下循环作业

在深度 5m 及以上逐层往下循环作业工序环节存在高处坠落、坍塌、物体打击、触电、中毒窒息五类人身安全风险。

5.1.1.2.1　高处坠落风险

主要防控措施为：①下孔作业人员均需戴安全帽，腰系安全绳，必须从专用爬梯上下，严禁沿孔壁或乘运土设施上下；②收工前，应对挖孔桩孔洞做好可靠的安全措施，并设置警示标识；③桩孔口安装水平推移的活动安全盖板，当桩孔内有人挖土时，应盖好安全盖板，防止杂物掉下砸伤人，吊运土时，再打开安全盖板。

5.1.1.2.2　坍塌风险

主要防控措施为：①开挖桩孔应从上到下逐层进行，每节筒深不得超过 1m，先挖中间部分的土方，然后向周边扩挖，每节的高度严格按设计施工，不得超挖，同时每节筒深的土方量应当日挖完；②根据土质情况采取相应护壁措施防止塌方，第一节护壁应高于地面 150～300mm，壁厚比下面护壁厚度增加 100～150mm，便于挡土、挡水，桩间净距小于 2.5m 时，须采用间隔开挖施工顺序；③距离桩孔口 3m 内不得有机动车辆行驶或停放；④开挖过程中如出现地下水异常（水量大、水压高）时，立即停止作业并报告施工负责人，待处置完成合格后，再开始作业；⑤开挖过程中，如遇有大雨天气，应做好防止深坑坠落和塌方措施后，迅速撤离作业现场。

5.1.1.2.3　物体打击风险

主要防控措施为：①在桩孔内上下递送工具物品时，严禁抛掷，严防其他物件落入桩孔内；②吊运弃土所使用的电动葫芦、吊笼等应安全可靠并配有自动卡紧保险装置。

5.1.1.2.4　触电风险

主要防控措施为：桩孔内照明应使用 12V 及以下的带罩、具备防水功能的安全灯具。

5.1.1.2.5　中毒窒息风险

主要防控措施为：①每日作业前，检测桩孔内有无有毒、有害气体，禁止在桩孔内使用燃油动力机械设备；②桩孔深度大于 5m 时，作业前使用风机或风扇向孔内送风，不少于 5min。桩孔深度超过 10m 时，设专门向桩孔内送风的设备，风量不得小于 25L/s。

5.1.2 地基强夯施工

地基强夯施工如图 5-2 所示，其风险主要集中在地基强夯作业工序环节，存在机械伤害、起重伤害、触电三类人身安全风险。

图 5-2 地基强夯施工现场照片图

5.1.2.1 机械伤害风险

主要防控措施为：①强夯前清除场地上空和地下障碍物；②强夯作业必须由专人统一指挥；③吊锤机械驾驶人员应佩戴防护眼镜。

5.1.2.2 起重伤害风险

主要防控措施为：①作业前检查吊锤机械部位完好、制动正常，钢线绳无磨损断股、插接长度≥300mm；②夯锤起吊后，吊臂及夯锤下 15m 内严禁站人，非工作人员要远离夯击点 30m 以外。

5.1.2.3 触电风险

主要防控措施为：①作业前应认真核查电缆、管线等；②严禁在高压输电线路下方作业，严禁夯击电缆。

5.1.3 变电站混凝土基础工程土方开挖施工

变电站混凝土基础工程土方开挖如图 5-3 所示，其风险主要集中在深度超过 5m（含 5m）的深基坑挖土或未超过 5m 但地质条件与周边环境复杂作业工序环节，存在高处坠落、坍塌、机械伤害三类人身安全风险。

5.1.3.1 高处坠落风险

主要防控措施为：①正确佩戴安全帽，系安全带或安全绳；②上下基坑应使用安全通道或梯子；③开挖深度 1.5m 及以上时，应设置钢管安全围栏，并悬挂安全警示标志，围栏离坑边不得小于 0.8m。

5.1.3.2 坍塌风险

主要防控措施为：①基坑边缘有裂缝、

图 5-3 变电站混凝土基础工程
土方开挖现场照片

渗水等异常时，应立即停止作业；②大雨天气应立即做好防止塌方措施，人员迅速撤离作业现场；③各种机械、车辆不得在开挖的基础边缘 2m 内行驶、停放；④一般土质条件下弃土堆底至基坑顶边距离不小于 1m，弃土堆高不大于 1.5m，垂直坑壁边坡条件下弃土堆底至基坑顶边距离不小于 3m，软土场地的基坑边则不应堆土；⑤基坑周边要有排水措施，基坑内宜设置集水井。

5.1.3.3 机械伤害风险

主要防控措施为：①挖掘机旋转范围内，不允许人员逗留或进行其他作业；②有两台挖掘机同时作业时，应保持 3m 以上安全距离；③人机配合开挖和清理基坑底余土时，设专人指挥和监护。

5.1.4 变电站主建筑物工程模板施工

变电站主建筑物工程模板施工如图 5-4 所示，其风险主要集中在模板安装、模板拆除、高度超过 8m 或跨度超过 18m 的模板支撑系统三种作业工序环节。

(a) 建筑物高支模　　　　　　　　　　　(b) 建筑物模板安装

图 5-4　建筑物工程模板施工现场照片

5.1.4.1 模板安装

在模板安装作业工序环节存在高处坠落、坍塌两类人身安全风险。

5.1.4.1.1 高处坠落风险

主要防控措施为：①高处作业人员必须穿防滑鞋，正确使用安全带，作业人员在转移作业位置时不准失去安全带保护；②高度 4m 以上的立柱模板和梁模板安装时，应站在工作平台上作业；③支设梁模板时，严禁站在柱模板上操作，严禁在梁的底模板上行走；④在高处安装、拆除模板时，周围应设防护网或搭设脚手架。

5.1.4.1.2 坍塌风险

主要防控措施为：①模板支撑处地基必须坚实并加垫木，木楔应钉牢；②采用钢管脚手架兼作模板支撑时，模板内支撑立柱必须设水平拉杆、扫地杆及剪刀撑。

5.1.4.2 模板拆除

在模板拆除作业工序环节存在高处坠落、坍塌、物体打击三类人身安全风险。

5.1.4.2.1 高处坠落风险

主要防控措施为：①高处作业人员必须穿防滑鞋，正确使用安全带，作业人员在转移作业位置时不准失去安全带保护；②六级及以上大风或雷暴、冰雹、大雪等恶劣天气时，停止露天高处作业。

5.1.4.2.2 坍塌风险

主要防控措施为：①拆模前，应保证同条件试块试验满足强度要求；②模板拆除应按顺序分段进行，拆除时不能猛撬、硬砸、大面积撬落或拉倒；③拆下的模板不得堆放在脚手架或临时搭设的工作台上。

5.1.4.2.3 物体打击风险

主要防控措施为：①作业人员必须正确佩戴安全帽；②高处拆模应划定警戒范围，设置安全警戒标志并设专人监护，在拆模范围内严禁非操作人员进入；③拆除的模板严禁抛扔，应用绳索吊下或由滑槽、滑轨滑下；④作业人员应佩戴好工具袋，将物品放在工具袋内，不得随意抛掷。

5.1.4.3 高度超过 8m 或跨度超过 18m 的模板支撑系统

在高度超过 8m 或跨度超过 18m 的模板支撑系统作业工序环节存在高处坠落、坍塌、物体打击三类人身安全风险。

5.1.4.3.1 高处坠落风险

主要防控措施为：①高处作业应脚穿防滑鞋、佩戴安全带并保持高挂低用；②恶劣天气后，必须对支撑架全面检查维护后方可恢复使用；③作业人员在架子上进行搭设作业时，不得单人进行装设较重构配件和其他易发生失衡、脱手、碰撞、滑跌等不安全的作业。

5.1.4.3.2 坍塌风险

主要防控措施为：①模板顶撑应垂直，底端应平整并加垫木，木楔应钉牢，支撑必须用横杆和剪刀撑固定；②采用钢管脚手架搭设模板支撑时，模板内支撑立柱必须设水平拉杆、扫地杆及剪刀撑。

5.1.4.3.3 物体打击风险

主要防控措施为：①作业人员应佩戴好工具袋，将物品放在工具袋内，不得随意抛掷；②非作业人员严禁进入作业区域。

5.1.5 吊装（通用于起重机吊装相关作业）

变电站吊装工程施工如图 5-5 所示，其风险主要集中在两台及以上起重机抬吊同一重物、起重机械临近带电体作业两种作业工序环节。

(a) 构支架吊装　　　　　　　　　　　(b) 主变压器吊罩

图 5-5　变电站吊装工程施工现场照片

5.1.5.1　两台及以上起重机抬吊同一重物

在两台及以上起重机抬吊同一重物全过程作业存在起重伤害风险。

主要防控措施为：①起重机应停置在平坦坚实地面上，并加装垫木，起吊前要检查起重机、制动装置正常；②各台起重机所承受的载荷，不得超过各自的允许起质量的80%；③重物吊离地100mm时，应暂停起吊并进行全面检查，确认良好后方可继续起吊。在抬吊过程中，各台起重机的吊钩钢丝绳应保持垂直，升降行走应保持同步，吊起的重物不得在空中长时间停留；④吊装作业设专人指挥，吊臂及吊物下严禁站人或有人经过；⑤六级及以上大风或雷暴、冰雹、大雪等恶劣天气时，停止起重和露天高处作业。

5.1.5.2　起重机械临近带电体作业

在起重机械临近带电体作业中存在触电风险。

主要防控措施为：①起重机械及吊物等与带电体的最小安全距离要满足以下规定：10kV 及以下不小于 3m、35kV 不小于 4m、110kV 不小于 4.5m、220kV 不小于 6m、500kV 不小于 8m、1000kV 不小于 13m；②临近带电体作业，如不满足《国家电网公司电力安全工作规程（变电部分）》附表规定的安全距离时，应制订防止误碰带电设备的专项安全措施，并经本单位专业分管领导批准，审核不通过，必须申请停电作业；③临近高低压线路时，必须与线路运行部门取得联系，得到书面许可并由运行人员在场监护的情况下可以吊装作业。

5.1.6　钢管、水泥杆构支架组立

变电站钢管杆、水泥杆构支架组立施工如图 5-6 所示，其风险主要集中在 A 型构架吊装、横梁吊装、格构式构支架组立三种作业工序环节。

5.1.6.1　A 型构架吊装

在 A 型构架吊装作业工序环节中存在高处坠落、起重伤害两类人身安全风险。

(a) A型构架吊装现场照片　　　　　　　(b) 横梁吊装现场照片

图 5-6　变电站构支架组立施工现场照片

5.1.6.1.1　高处坠落风险

主要防控措施为：①高处作业人员必须穿防滑鞋，正确使用安全带，作业人员在转移作业位置时不准失去安全带保护；②作业人员在横梁上行走时，必须使用提前设置的水平安全绳。

5.1.6.1.2　起重伤害风险

主要防控措施为：①起重机应停置在平坦坚实地面上，并加装垫木；起吊前要检查起重设备、制动装置正常；②被起吊物质量不能超出起重机额定负荷；③起吊离地100mm时，确认钢丝绳无断股、吊钩无变形、无脱扣后方可继续起吊，吊起的重物不得在空中长时间停留；④当构架吊起后与地脚螺栓对接的过程中，作业人员不要将手扶在地脚螺栓处，避免构架突然落下将手压伤；⑤六级及以上大风或雷暴、冰雹、大雪等恶劣天气时，停止起重和露天高处作业。

5.1.6.2　横梁吊装

在横梁吊装作业工序环节中存在高处坠落、起重伤害两类人身安全风险。

5.1.6.2.1　高处坠落风险

主要防控措施为：①高处作业人员必须穿防滑鞋，正确使用安全带，作业人员在转移作业位置时不准失去安全带保护；②作业人员在横梁上行走时，必须使用提前设置的水平安全绳。

5.1.6.2.2　机械伤害风险

主要防控措施为：①吊装作业设专人指挥，吊臂及吊物下严禁站人或有人经过；②横梁吊点处要有对吊绳的防护措施；③横梁就位时，应使用尖扳手定位，禁止用手指触摸螺栓固定孔，以免重物将手压伤；④六级及以上大风或雷暴、冰雹、大雪等恶劣天气时，停止起重和露天高处作业。

5.1.6.3 格构式构支架组立

在格构式构支架组立作业工序环节中存在高处坠落、起重伤害两类人身安全风险。

5.1.6.3.1 高处坠落风险

主要防控措施为：高处作业人员必须穿防滑鞋，正确使用安全带，作业人员在转移作业位置时不准失去安全带保护。

5.1.6.3.2 起重伤害风险

主要防控措施为：①吊装由专人指挥，吊臂及吊物下严禁站人或有人经过；②吊钩钢丝绳应保持垂直，严禁偏拉斜吊，吊点处要有对吊绳的防护措施；③当构架吊起后与地脚螺栓对接的过程中，作业人员不要将手扶在地脚螺栓处，避免构架突然落下将手压伤；④六级及以上大风或雷暴、冰雹、大雪等恶劣天气时，停止起重和露天高处作业。

5.1.7 变电站站区四通一平、站区道路工程

变电站站区"四通一平"、站区道路工程施工如图 5-7 所示，其风险主要集中在高度不小于 8m 的挡土墙施工、高边坡（土质边坡高度大于 10m 且小于 100m 或岩质边坡高度大于 15m 且小于 100m 的边坡）施工、土石方爆破三种作业工序环节。

(a) 变电站高边坡现场照片　　　　　　　　(b) 变电站石砌挡土墙现场照片

图 5-7 变电站高边坡、挡土墙施工现场照片

5.1.7.1 高度不小于 8m 的挡土墙施工

在高度不小于 8m 的石砌挡土墙施工作业工序环节存在高处坠落、物体打击、触电三类人身安全风险。

5.1.7.1.1 高处坠落风险

主要防控措施为：①作业人员必须正确佩戴安全帽，系安全带或安全绳，必须从专用通道上下；②边坡有开裂、疏松或支撑有折断、走动等危险征兆时，应立即采取措施修复后方可作业。

5.1.7.1.2 物体打击风险

主要防控措施为：①两人抬运块石时，应注意步调协调一致、块石平稳，以防落石伤人；②往基槽、基坑内运石料时应使用溜槽或吊运，并确保坑下无人；③修整石料应在地面操作并戴防护镜，严禁两人面对面操作。

5.1.7.1.3 触电风险

主要防控措施为：①各种电动机具必须按规定接零、接地保护，并设置单一开关；②遇有临时停电或停工休息时，必须拉闸加锁。

5.1.7.2 高边坡施工

在高边坡（土质边坡高度大于 10m 且小于 100m 或岩质边坡高度大于 15m 且小于 100m 的边坡）作业工序环节存在高处坠落、坍塌、机械伤害、触电四类人身安全风险。

5.1.7.2.1 高处坠落风险

主要防控措施为：①边坡坡面上作业时，应在坡顶设置锚固杆，每隔约 4~5m 垂直设置安全绳，作业人员系好安全绳后方可进行坡面支护施工；②多台机械同时开挖，应验算边坡的稳定，挖土机离边坡应有一定的安全距离；③坡面防护工程施工应采取必要的安全防护措施，如挂设安全防护拦截网。

5.1.7.2.2 坍塌风险

主要防控措施为：①高边坡的施工必须提前做好截水沟和排水沟，截断山体水流；②如遇有大雨天气时，做好防止深坑坠落和塌方措施后，迅速撤离作业现场，雨后及时对边坡进行排查，发现边坡有松动滑移状况及时处理；③发现边坡有松动滑移、裂缝和渗水等情况时，应立即停止作业。

5.1.7.2.3 机械伤害风险

主要防控措施为：①开挖必须采用"一机一指挥"，有两台挖掘机同时作业时，保持一定的安全距离；②在挖掘机旋转范围内，不允许有其他作业；③施工时禁止上下层交差作业。

5.1.7.2.4 触电风险

主要防控措施为：①各种电动机具必须按规定接零、接地，并设置单一开关；②遇有临时停电或停工休息时，必须拉闸加锁。

5.1.7.3 土石方爆破

土石方爆破作业存在爆炸风险。

主要防控措施为：①爆破前应在路口派人设置安全警戒并及时疏散离爆破点较近的居民；②划定爆破警戒区，警戒区内不得携带火源，普通雷管起爆时不得携带手机等通信设备。

5.1.8 钢结构彩板安装

钢结构彩板安装施工如图 5-8 所示，其风险主要集中在彩板安装作业工序环节，存在高处坠落、起重伤害、物体打击三类人身安全风险。

5.1.8.1 高处坠落风险

主要防控措施为：①施工作业时应在屋面设置水平安全绳；②钢爬梯上进行压型钢板安装前应检查钢爬梯安全性，钢爬梯是否牢固，在爬梯顶端是否固定牢固；③钢爬梯内应设置垂直攀登自锁器。

5.1.8.2 起重伤害风险

主要防控措施为：①彩板起吊过程中，吊车必须支撑平稳，必须设置专人指挥，吊索必须绑扎牢固，绳扣必须在吊钩内锁牢；②吊钩钢丝绳应保持垂直，严禁偏拉

图 5-8 钢结构彩板安装现场照片

斜吊；③起吊作业范围内严禁站人，吊运彩板就位固定后方可松动吊绳。

5.1.8.3 物体打击风险

主要防控措施为：①作业人员在对压型钢板打钉时应观察位置，避免打中自身手掌等；②使用的工具及安装用的零部件等，应放在随身佩带的工具袋内，不得抛掷；③作业区域应设置警戒线，无关人员不得通过或逗留。

5.1.9 钢结构安装

钢结构厂房安装工程如图 5-9 所示，其风险主要集中在钢结构吊装、装配式厂房安装两种作业工序环节。

(a) 装配式厂房安装

(b) 钢结构厂房横梁吊装

图 5-9 钢结构厂房安装工程现场照片

5.1.9.1　钢结构吊装

在钢结构吊装作业工序环节中存在高处坠落、起重伤害、物体打击三类人身安全风险。

5.1.9.1.1　高处坠落风险

主要防控措施为：①攀爬柱、钢结构连接作业时，必须使用提前设置的垂直攀登自锁器；②在横梁上行走时，必须使用提前设置的水平安全绳。

5.1.9.1.2　起重伤害风险

主要防控措施为：①钢结构基础部分经过验收合格，地脚螺栓与钢结构地脚板校核无误，满足钢结构安装安全技术要求；②对起重机限位器、限速器、制动器、支脚与吊臂液压系统进行安全检查，并空载试运转；③起重工作区域内无关人员不得停留或通过，在伸臂及吊物的下方，严禁任何人员通过或逗留；④重物吊离地面约100mm时应暂停起吊并检查，确认良好后方可正式起吊；⑤六级及以上大风或雷暴、冰雹、大雪等恶劣天气时，停止起重和露天高处作业。

5.1.9.1.3　物体打击风险

主要防控措施为：①作业人员必须正确佩戴安全帽；②使用的工具及安装用的零部件等，应放在随身佩戴的工具袋内，不得抛掷；③当钢结构立柱吊起后与地脚螺栓对接的过程中，作业人员注意不要将手扶在地脚螺栓处，避免构架突然落下将手压伤；④横梁就位时，应使用尖扳手定位，禁止用手指触摸螺栓固定孔。

5.1.9.2　装配式厂房安装

在装配式厂房安装作业工序环节中存在高处坠落、起重伤害、物体打击三类人身安全风险。

5.1.9.2.1　高处坠落风险

主要防控措施为：①高处作业人员必须正确佩戴安全带，并确保高挂低用，禁止平挂或低挂高用；②屋面板铺设应确保屋面板下的安全网满铺。

5.1.9.2.2　起重伤害风险

主要防控措施为：①吊钩钢丝绳应保持垂直，严禁偏拉斜吊；②起重工作区域内无关人员不得停留或通过，在伸臂及吊物的下方，严禁任何人员通过或逗留；③重物吊离地面约100mm时应暂停起吊并全面检查，确认良好无误后方可正式起吊；④六级及以上大风或雷暴、冰雹、大雪等恶劣天气时，停止起重和露天高处作业。

5.1.9.2.3　物体打击风险

主要防控措施为：①作业人员必须正确佩戴安全帽；②使用的工具及安装用的零部件等，应放在随身佩带的工具袋内，不得抛掷。

5.1.10 钢管脚手架搭设

钢管脚手架搭设工程如图 5-10 所示，其风险主要集中在搭设落地式双排钢管扣件脚手架、碗扣式脚手架、盘扣式脚手架，卸料平台搭设，落地钢管扣件式满堂支撑架搭设三种作业工序环节。

(a) 钢管脚手架搭设　　　　　　　　　　(b) 盘扣式脚手架

图 5-10　钢管脚手架搭设工程现场照片

5.1.10.1 搭设落地式双排钢管扣件脚手架、碗扣式脚手架、盘扣式脚手架

在搭设落地式双排钢管扣件脚手架、碗扣式脚手架、盘扣式脚手架作业工序环节存在高处坠落、坍塌、物体打击、触电四类人身安全风险。

5.1.10.1.1　高处坠落风险

主要防控措施为：①高处作业人员必须穿防滑鞋、正确使用安全带，作业人员在转移作业位置时不准失去安全带保护；②作业人员在架子上进行搭设作业时，不得单人进行装设较重构配件和其他易发生失衡、脱手、碰撞、滑跌等不安全的作业。

5.1.10.1.2　坍塌风险

主要防控措施为：①脚手架搭设的间距、步距、扫地杆、剪刀撑设置必须执行脚手架工程搭设专项施工方案；②连墙件必须采用刚性连接，偏离主节点的距离不应大于300mm；③架体使用过程中，主节点处横向水平杆、直角扣件连接件严禁拆除；④恶劣天气过后，必须对支撑架全面检查维护后方可恢复使用。

5.1.10.1.3　物体打击风险

主要防控措施为：①作业人员必须正确佩戴安全帽；②应使用工具袋，严禁上下抛掷；③脚手架搭设范围内设置安全警戒区域，严禁非施工人员入内。

5.1.10.1.4　触电风险

主要防控措施为：①脚手架架体必须设置两处（对角）防雷接地；②附近有带电设施时，必须与带电设备保持以下安全距离：10kV 及以下不小于 3m、35kV 不小于 4m、

110kV 不小于 4.5m、220kV 不小于 6m、500kV 不小于 8m。

5.1.10.2 卸料平台搭设

在卸料平台搭设作业工序环节存在高处坠落、坍塌两类人身安全风险。

5.1.10.2.1 高处坠落风险

主要防控措施为：①卸料平台防护栏杆板应安装牢固；②高处作业脚穿防滑鞋、佩戴安全带并保持高挂低用。

5.1.10.2.2 坍塌风险

主要防控措施为：①卸料平台的上部节点，必须设置于建筑结构上；②使用前应确保钢丝绳无锈蚀损坏情况，焊缝无脱焊，钢梁无变形；③总质量严禁超过操作平台所允许的荷载。

5.1.10.3 落地钢管扣件式满堂支撑架搭设

在落地钢管扣件式满堂支撑架搭设作业工序环节存在高处坠落、坍塌、物体打击、触电四类人身安全风险。

5.1.10.3.1 高处坠落风险

主要防控措施为：①高处作业脚穿防滑鞋、佩戴安全带并保持高挂低用；②作业人员在架子上进行搭设作业时，不得单人进行装设较重构配件和其他易发生失衡、脱手、碰撞、滑跌等不安全的作业。

5.1.10.3.2 坍塌风险

主要防控措施为：①支撑架搭设的间距、步距、扫地杆、剪刀撑设置必须执行脚手架工程搭设专项施工方案；②满堂支撑架搭设过程中，应设专人观察架体是否位移和变形；③模板支撑脚手架与外墙脚手架不得连接；④恶劣天气后，必须对支撑架全面检查维护后方可恢复使用。

5.1.10.3.3 物体打击风险

主要防控措施为：①作业人员必须正确佩戴安全帽；②搭设前应设置安全警戒区域，严禁非施工人员入内；③搭设作业人员应佩戴好工具袋，将物品放在工具袋内，避免工具、材料掉落伤人。

5.1.10.3.4 触电风险

主要防控措施为：①脚手架架体必须设置两处（对角）防雷接地；②附近有带电设施时，必须与带电设备保持以下安全距离：10kV 及以下不小于 3m、35kV 不小于 4m、110kV 不小于 4.5m、220kV 不小于 6m、500kV 不小于 8m；③应设置专职监护人。

5.1.11 钢管脚手架拆除

钢管脚手架拆除施工如图 5-11 所示，其风险主要集中在脚手架拆除作业、拆除落地钢管扣件式满堂支撑架两种作业工序环节。

5.1.11.1 脚手架拆除作业

在脚手架拆除作业工序环节存在高处坠落、坍塌、物体打击三类人身安全风险。

5.1.11.1.1 高处坠落风险

主要防控措施为：①高处作业人员脚穿防滑鞋、佩戴安全带并保持高挂低用；②六级以上大风或雷雨及霜雪等恶劣天气时停止拆除作业。

图 5-11 钢管脚手架拆除施工现场照片

5.1.11.1.2 坍塌风险

主要防控措施为：①脚手架拆除前，必须确认混凝土强度达到设计和规范要求，否则严禁拆除模板支撑架；②拆除脚手架不得上下同时拆除，按规定自上而下顺序（后装先拆，先装后拆），先拆横杆，后拆立杆，逐步往下拆除，严禁将脚手架整体推倒；③脚手架如需部分保留时，应对保留部分事先进行加固。

5.1.11.1.3 物体打击风险

主要防控措施为：①拆除脚手架时，必须设置安全围栏确定警戒区域，挂好警示标识并指定监护人加强警戒；②架材有专人传递，不得抛扔。

5.1.11.2 拆除落地钢管扣件式满堂支撑架

在拆除落地钢管扣件式满堂支撑架作业工序环节存在高处坠落、坍塌、物体打击三类人身安全风险。

5.1.11.2.1 高处坠落风险

主要防控措施为：①高处作业人员脚穿防滑鞋、佩戴安全带并保持高挂低用；②六级以上大风或雷雨及霜雪天气等恶劣天气时停止拆除作业。

5.1.11.2.2 坍塌风险

主要防控措施为：①脚手架拆除前，必须确认混凝土强度达到设计和规范要求时，否则严禁拆除模板支撑架；②拆除脚手架不得上下同时拆除，按规定自上而下顺序（后装先拆，先装后拆），先拆横杆，后拆立杆，逐步往下拆除，严禁将脚手架整体推倒；③脚手架如需部分保留时，应对保留部分事先进行加固。

5.1.11.2.3 物体打击风险

主要防控措施为：①拆除脚手架时，必须设置安全围栏确定警戒区域，挂好警示标识并指定监护人加强警戒；②架材有专人传递，不得抛扔。

综合上述的 11 类 23 项变电站土建工程作业风险及防控措施见表 5-1。

表 5-1 变电站土建工程作业风险及防控措施

序号	作业类型	作业工序	风险类型	防控措施	风险等级	备注
1	人工挖孔灌注桩施工	深度5m以内循环作业	坍塌	1. 开挖桩孔应从上到下逐层进行，每节筒深不得超过1m，先挖中间部分的土方，然后向周边扩挖。 2. 根据土质情况采取相应护壁措施防止塌方，第一节护壁应高于地面150～300mm，壁厚比下面护壁厚度增加100～150mm，便于挡土、挡水。 3. 弃土挖出的土石方应及时远离孔口，不得堆放在孔口四周1m范围内，堆土高度不应超过1.5m。 4. 开挖过程中如出现地下水异常（水量大、水压高）时，立即停止作业并报告施工负责人，待处置完成合格后，再开始作业。 5. 开挖过程中，如遇有大雨及以上雨情时，做好防止深坑坠落和塌方措施后，迅速撤离作业现场	4级：5m以内循环作业对应基建风险等级。 3级：深度5～15m逐层往下循环作业对应基建风险等级。 2级：深度15m逐层往下循环作业对应基建风险等级	深度5m以上逐层往下循环作业应编制专项施工方案
			物体打击	1. 在桩孔内上下递送工具物品时，严禁抛掷，严防其他物件落入桩孔内。 2. 吊运弃土所使用的电动葫芦、吊笼等应安全可靠并配有自动卡紧保险装置		
			触电	桩孔内照明应使用12V以下带罩、具备防水功能的安全灯具		
2		深度5m以下逐层往下循环作业	高处坠落	1. 下孔作业人员均需戴安全帽，腰系安全绳，必须从专用爬梯上下，严禁沿孔壁或乘运土设施上下。 2. 收工前，应对挖孔桩孔洞做好可靠的安全措施，并设置警示标识。 3. 桩孔口安装水平推移的活动安全盖板，当桩孔内有人挖土时，应盖好安全盖板，防止杂物掉下砸伤人		
			坍塌	1. 根据土质情况采取相应护壁措施防止塌方，第一节护壁应高于地面150～300mm，壁厚比下面护壁厚度增加100～150mm，便于挡土、挡水。 2. 距离桩孔口3m内不得有机动车辆行驶或停放。 3. 开挖过程中如出现地下水异常（水量大、水压高）时，立即停止作业并报告施工负责人，待处置完成合格后，再开始作业。 4. 开挖过程中，如遇有大雨及以上雨情时，做好防止深坑坠落和塌方措施后，迅速撤离作业现场		
			物体打击	1. 在桩孔内上下递送工具物品时，严禁抛掷，严防其他物件落入桩孔内。 2. 吊运弃土所使用的电动葫芦、吊笼等应安全可靠并配有自动卡紧保险装置		
			触电	桩孔内照明应使用12V以下带罩、具备防水功能的安全灯具		

序号	作业类型	作业工序	风险类型	防控措施	风险等级	备注
2	人工挖孔灌注桩施工	深度5m及以下逐层往下循环作业	中毒窒息	1. 每日作业前，检测桩孔内有无有毒、有害气体，禁止在桩孔内使用燃油动力机械设备。 2. 桩孔深度大于5m时，使用风机或风扇向孔内送风，不少于5min。 3. 桩孔深度超过10m时，设专门向桩孔内送风的设备，风量不得小于25L/s	4级：5m以内循环作业对应基建风险等级。 3级：深度5~15m逐层往下循环作业对应基建风险等级。 2级：深度15m逐层往下循环作业对应基建风险等级	深度5m以上逐层往下循环作业应编制专项施工方案
3	地基强夯施工	地基强夯	机械伤害	1. 强夯前清除场地上空和地下障碍物。 2. 强夯作业必须由专人统一指挥。 3. 吊锤机械驾驶人员应佩戴防护眼镜	3	应编制专项施工方案
			起重伤害	1. 作业前检查吊锤机械部位完好、制动正常，钢线绳无磨损断股、插接长度不小于300mm。 2. 夯锤起吊后，吊臂及夯锤下15m内严禁站人，非工作人员要远离夯击点30m以外		
			触电	1. 作业前认真核查电缆、管线等。 2. 严禁在高压输电线路下方作业，严禁夯击电缆		
4	土方开挖	深度超过5m（含5m）的深基坑挖土或未超过5m，但地质条件与周边环境复杂	高处坠落	1. 正确佩戴安全帽，系安全带或安全绳。 2. 上下基坑应使用安全通道或梯子。 3. 开挖深度1.5m及以上时，应设置钢管安全围栏，并悬挂安全警示标识，围栏离坑边不得小于0.8m	5级：开挖深度在1~3m的基坑挖土对应基建风险等级； 4级：开挖深度在3~5m的基坑挖土对应基建风险等级； 3级：深度超过5m（含5m）的深基坑挖土或未超过5m，但地质条件与周边环境复杂对应基建风险等级	开挖深度超过3m的土方开挖应编制专项施工方案
			坍塌	1. 基坑边缘有裂缝、渗水等异常时，应立即停止作业。 2. 大雨时应立即做好防止塌方措施后，人员迅速撤离作业现场。 3. 各种机械、车辆不得在开挖的基础边缘2m内行驶、停放。 4. 一般土质条件下弃土堆底至基坑顶边距离不小于1m，弃土堆高不大于1.5m，垂直坑壁边坡条件下弃土堆底至基坑顶边距离不小于3m，软土场地的基坑边则不应在基坑边堆土。 5. 基坑周边要有排水措施，基坑内宜设置集水井		
			机械伤害	1. 挖掘机旋转范围内，不允许人员逗留或进行其他作业。 2. 有两台挖掘机同时作业时，应保持3m以上安全距离。 3. 人机配合开挖和清理基坑底余土时，设专人指挥和监护		

序号	作业类型	作业工序	风险类型	防控措施	风险等级	备注
5		模板安装	高处坠落	1. 高处作业人员必须穿防滑鞋，正确使用安全带，作业人员在转移作业位置时不准失去安全保护。 2. 高度4m以上的立柱模板和梁模板安装时，应站在工作平台上作业。 3. 支设梁模板时，严禁站在柱模板上操作，严禁在梁的底模板上行走。 4. 在高处安装模板时，周围应设防护网或搭设脚手架	3	应编制专项施工方案
			坍塌	1. 模板支撑处地基必须坚实并加垫木，木楔应钉牢。 2. 采用钢管脚手架兼作模板支撑时，模板内支撑立柱必须设水平拉杆、扫地杆及剪刀撑		
6	模板工程	模板拆除	高处坠落	1. 高处作业人员必须穿防滑鞋，正确使用安全带，作业人员在转移作业位置时不准失去安全保护。 2. 六级及以上大风或雷暴、冰雹、大雪等恶劣天气时，停止露天高处作业	3	
			坍塌	1. 拆模前，应保证同条件试块试验满足强度要求。 2. 模板拆除应按顺序分段进行，拆除时不能猛撬、硬砸、大面积撬落或拉倒。 3. 拆下的模板不得堆放在脚手架或临时搭设的工作台上		
			物体打击	1. 作业人员必须正确佩戴安全帽。 2. 高处拆模应划定警戒范围，设置安全警戒标志并设专人监护，在拆模范围内严禁非操作人员进入。 3. 拆除的模板严禁抛扔，应用绳索吊下或由滑槽、滑轨滑下。 4. 作业人员应佩戴好工具袋，将物品放在工具袋内，不得随意抛掷		
7		高度超过8m或跨度超过18m的模板支撑系统	高处坠落	1. 高处作业脚穿防滑鞋、佩戴安全带并保持高挂低用。 2. 恶劣天气后，必须对支撑架全面检查维护后方可恢复使用。 3. 作业人员在架子上进行搭设作业时，不得单人进行装设较重构配件和其他易发生失衡、脱手、碰撞、滑跌等不安全的作业	3	应编制专项施工方案，必须经过专家论证
			坍塌	1. 模板顶撑应垂直，底端应平整并加垫木，木楔应钉牢，支撑必须用横杆和剪刀撑固定。 2. 采用钢管脚手架搭设模板支撑时，模板内支撑立柱必须设水平拉杆、扫地杆及剪刀撑	2	
			物体打击	1. 作业人员应佩戴好工具袋，将物品放在工具袋内，不得随意抛掷。 2. 非作业人员严禁进入作业区域		

序号	作业类型	作业工序	风险类型	防控措施	风险等级	备注
8	吊装	两台及以上起重机抬吊同一重物	起重伤害	1. 起重机应停置在平坦坚实地面上，并加装垫木；起吊前要检查起重机、制动装置正常。 2. 各台起重机所承受的载荷不得超过各自允许起质量的80%。 3. 重物吊离地100mm时，应暂停起吊并进行全面检查，确认良好后方可继续起吊。在抬吊过程中，各台起重机的吊钩钢丝绳应保持垂直，升降行走应保持同步。吊起的重物不得在空中长时间停留。 4. 吊装作业设专人指挥，吊臂及吊物下严禁站人或有人经过。 5. 六级及以上大风或雷暴、冰雹、大雪等恶劣天气时，停止起重和露天高处作业	3	应编制专项施工方案
9		起重机械临近带电体作业	触电	1. 起重机械及吊物等与带电体的最小安全距离要满足以下规定：10kV及以下不小于3m、35kV不小于4m、110kV不小于4.5m、220kV不小于6m、500kV不小于8m、1000kV不小于13m。 2. 临近带电体作业，如不满足《国家电网公司电力安全工作规程（变电部分）》附表规定的安全距离时，应制订防止误碰带电设备的专项安全措施，并经本单位分管专业副总工程师或总工程师批准。审核不通过，申请停电作业。 3. 临近高低压线路时，必须与线路运行部门取得联系，得到书面许可并由运行人员在场监护的情况下吊装作业		
10	钢管、水泥杆构支架组立	A型构架吊装	高处坠落	1. 登杆作业前应确保杆根部及临时拉线牢固，并做好临时接地。 2. 高处作业人员必须穿防滑鞋，正确使用安全带，作业人员在转移作业位置时不准失去安全保护。 3. 攀爬A型杆时，必须使用垂直攀登自锁器	3	应编制专项施工方案
			起重伤害	1. 起重机应停置在平坦坚实地面上并加装垫木，起吊前要检查起重设备、制动装置正常。 2. 被起吊物质量不能超出起重机额定负荷。 3. 起吊离地100mm时，确认钢丝绳无断股、吊钩无变形、无脱扣后方可继续起吊。吊起的重物不得在空中长时间停留。 4. 当构架吊起后与地脚螺栓对接的过程中，作业人员不要将手扶在地脚螺栓处，避免构架突然落下将手压伤。 5. 六级及以上大风或雷暴、冰雹、大雪等恶劣天气时，停止起重和露天高处作业		

序号	作业类型	作业工序	风险类型	防控措施	风险等级	备注
11	钢管、水泥杆构支架组立	横梁吊装	高处坠落	1. 高处作业人员必须穿防滑鞋，正确使用安全带，作业人员在转移作业位置时不准失去安全保护。 2. 作业人员在横梁上行走时，必须使用提前设置的水平安全绳	3	应编制专项施工方案
			起重伤害	1. 吊装作业设专人指挥，吊臂及吊物下严禁站人或有人经过。 2. 横梁吊点处要有对吊绳的防护措施。 3. 横梁就位时，应使用尖扳手定位，禁止用手指触摸螺栓固定孔，以免重物将手压伤。 4. 六级及以上大风或雷暴、冰雹、大雪等恶劣天气时，停止起重和露天高处作业		
12		格构式构支架组立	高处坠落	高处作业人员必须穿防滑鞋，正确使用安全带，作业人员在转移作业位置时不准失去安全保护	3	
			起重伤害	1. 吊装作业设专人指挥，吊臂及吊物下严禁站人或有人经过。 2. 吊钩钢丝绳应保持垂直，严禁偏拉斜吊。吊点处要有对吊绳的防护措施。 3. 当构架吊起后与地脚螺栓对接的过程中，作业人员不要将手扶在地脚螺栓处，避免构架突然落下将手压伤。 4. 六级及以上大风或雷暴、冰雹、大雪等恶劣天气时，停止起重和露天高处作业		
13	站区"四通一平"、站区道路工程	高度不小于8m的挡土墙施工	高处坠落	1. 作业人员必须正确佩戴安全帽，系安全带或安全绳，必须从专用通道上下。 2. 边坡有开裂、疏松或支撑有折断、走动等危险征兆时，应立即采取措施修复后方可作业	3	应编制专项施工方案
			物体打击	1. 两人抬运块石时，应注意步调协调一致、块石平稳，以防落石伤人。 2. 往基槽、基坑内运石料应使用溜槽或吊运，并确保坑下无人。 3. 修整石料应在地面操作并戴防护镜，严禁两人面对面操作		
			触电	1. 各种电动机具必须按规定接零接地，并设置单一开关。 2. 遇有临时停电或停工休息时，必须拉闸加锁		
14		高边坡（土质边坡高度大于10m且小于100m或岩质边坡高度大于15m且小于100m的边坡	高处坠落	1. 边坡面上作业时，应在坡顶设置锚固杆，每隔约4~5m垂直设置安全绳，作业人员系好安全绳后方可进行坡面支护施工。 2. 机械多台阶同时开挖，应验算边坡的稳定，挖土机离边坡应有一定的安全距离。 3. 坡面防护工程施工应采取必要的安全防护措施，如挂设安全防护拦截网	3	应编制专项施工方案

序号	作业类型	作业工序	风险类型	防控措施	风险等级	备注
14	站区"四通一平"、站区道路工程	高边坡（土质边坡高度大于10m且小于100m或岩质边坡高度大于15m且小于100m的边坡	坍塌	1. 高边坡的施工必须提前做好截水沟和排水沟，截断山体水流。 2. 如遇有大雨及以上雨情时，做好防止深坑坠落和塌方措施后，迅速撤离作业现场。雨后及时对边坡进行排查，发现边坡有松动滑移状况及时处理。 3. 发现边坡有松动滑移状况、裂缝和渗水等情况时，应立即停止作业	3	应编制专项施工方案
			机械伤害	1. 开挖必须采用"一机一指挥"，有两台挖掘机同时作业时，保持一定的安全距离。 2. 在挖掘机旋转范围内，不允许有其他作业。 3. 施工时禁止上下层交差作业		
			触电	1. 各种电动机具必须按规定接零、接地，并设置单一开关。 2. 遇有临时停电或停工休息时，必须拉闸加锁		
15	土石方爆破		爆炸	1. 爆破前应在路口派人安全警戒并及时疏散离爆破点较近的居民。 2. 划定爆破警戒区，警戒区内不得携带火源，普通雷管起爆时不得携带手机等通信设备	2	专项施工方案由公司编制，施工项目部审核，并报监理、业主审批
16	钢结构彩板安装	彩板安装	高处坠落	1. 施工作业时应在屋面设置水平安全绳。 2. 钢爬梯上进行压型钢板安装前应检查钢爬梯安全性，钢爬梯是否牢固，在爬梯顶端是否固定牢固。 3. 钢爬梯内应设置垂直攀登自锁器	4	
			起重伤害	1. 彩板起吊过程中，吊车必须支撑平稳，必须设置专人指挥，吊索必须绑扎牢固，绳扣必须在吊钩内锁牢。 2. 吊钩钢丝绳应保持垂直，严禁偏拉斜吊。 3. 起吊作业范围内严禁站人，吊运彩板就位固定后方可松动吊绳		
			物体打击	1. 作业人员在对压型钢板打钉时应观察位置，避免打中自身手掌等地。 2. 使用的工具及安装用的零部件等，应放在随身佩带的工具袋内，不得抛掷。 3. 作业区域应设置警戒线，无关人员不得通过或逗留		
17	钢结构安装	钢结构吊装	高处坠落	1. 攀爬柱、钢结构连接作业时，必须使用提前设置的垂直攀登自锁器。 2. 在横梁上行走时，必须使用提前设置的水平安全绳	3	

续表

序号	作业类型	作业工序	风险类型	防控措施	风险等级	备注
17	钢结构安装	钢结构吊装	起重伤害	1. 钢结构基础部分经过验收合格，地脚螺栓与钢结构地脚板校核无误，满足钢结构安装安全技术要求。 2. 对起重机限位器、限速器、制动器、支脚与吊臂液压系统进行安全检查，并空载试运转。 3. 起重工作区域内无关人员不得停留或通过。在伸臂及吊物的下方，严禁任何人员通过或逗留。 4. 重物吊离地面约100mm时应暂停起吊并检查，确认良好后方可正式起吊。 5. 六级及以上大风或雷暴、冰雹、大雪等恶劣天气时，停止起重和露天高处作业	3	
			物体打击	1. 作业人员必须正确佩戴安全帽。 2. 使用的工具及安装用的零部件等，应放在随身佩戴的工具袋内，不可随意向下抛掷。 3. 当钢结构立柱吊起后与地脚螺栓对接的过程中，作业人员注意不要将手扶在地脚螺栓处，避免构架突然落下将手压伤。 4. 横梁就位时，应使用尖扳手定位，禁止用手指触摸螺栓固定孔		
18		装配式厂房安装	高处坠落	1. 高处作业人员必须正确佩戴安全带，并确保高挂低用，禁止平挂或低挂高用。 2. 屋面板铺设应确保屋面板下的安全网满铺	3	
			起重伤害	1. 吊钩钢丝绳应保持垂直，严禁偏拉斜吊。 2. 起重工作区域内无关人员不得停留或通过。在伸臂及吊物的下方，严禁任何人员通过或逗留。 3. 重物吊离地面约100mm时应暂停起吊并全面检查，确认良好无误后方可正式起吊。 4. 六级及以上大风或雷暴、冰雹、大雪等恶劣天气时，停止起重和露天高处作业		
			物体打击	1. 作业人员必须正确佩戴安全帽。 2. 使用的工具及安装用的零部件等，应放在随身佩戴的工具袋内，不可随意向下抛掷		
19	钢管脚手架搭设	搭设落地式双排钢管扣件脚手架、碗扣式脚手架、盘扣式脚手架	高处坠落	1. 高处作业人员必须穿防滑鞋，正确使用安全带，作业人员在转移作业位置时不准失去安全保护。 2. 作业人员在架子上进行搭设作业时，不得单人进行装设较重构配件和其他易发生失衡、脱手、碰撞、滑跌等不安全的作业	3级：搭设高度不超过24m的落地式双排钢管扣件脚手架、碗扣式脚手架、盘扣式脚手架对应基建风险等级。	应编制专项施工方案
			坍塌	1. 脚手架搭设的间距、步距、扫地杆、剪刀撑设置必须执行方案。 2. 连墙件必须采用刚性连接，偏离主节点的距离不应大于300mm。 3. 架体使用过程中，主节点处横向水平杆、直角扣件连接件严禁拆除。		

序号	作业类型	作业工序	风险类型	防控措施	风险等级	备注
19		搭设落地式双排钢管扣件脚手架、碗扣式脚手架、盘扣式脚手架	坍塌	4. 恶劣天气后，必须对支撑架全面检查维护后方可恢复使用	2级：搭设高度超过24m的落地式双排钢管扣件脚手架、碗扣式脚手架、盘扣式脚手架对应基建风险等级	应编制专项施工方案
			物体打击	1. 作业人员必须正确佩戴安全帽。 2. 作业人员应使用工具袋，严禁上下抛掷。 3. 脚手架搭设范围内设置安全警戒区域，严禁非施工人员入内		
			触电	1. 脚手架架体必须设置两处（对角）防雷接地。 2. 附近有带电设施时，必须与带电设备保持以下安全距离：10kV及以下不小于3m、35kV不小于4m、110kV不小于4.5m、220kV不小于6m、500kV不小于8m		
20	钢管脚手架搭设	卸料平台搭设	高处坠落	1. 卸料平台防护栏杆板应安装牢固。 2. 高处作业脚穿防滑鞋、佩戴安全带并保持高挂低用	3	应编制专项施工方案
			坍塌	1. 卸料平台的上部节点，必须设置于建筑结构上。 2. 使用前应确保钢丝绳无锈蚀损坏情况，焊缝无脱焊，钢梁无变形。 3. 总质量严禁超过操作平台所允许的荷载		
21		落地钢管扣件式满堂支撑架搭设	高处坠落	1. 高处作业脚穿防滑鞋、佩戴安全带并保持高挂低用。 2. 作业人员在架子上进行搭设作业时，不得单人进行装设较重构配件和其他易发生失衡、脱手、碰撞、滑跌等不安全的作业		
			坍塌	1. 支撑架搭设的间距、步距、扫地杆、剪刀撑设置必须执行方案。 2. 满堂支撑架搭设过程中，应设专人观察架体是否位移和变形。 3. 模板支撑脚手架与外墙脚手架不得连接。 4. 恶劣天气后，必须对支撑架全面检查维护后方可恢复使用		
			物体打击	1. 作业人员必须正确佩戴安全帽。 2. 搭设前应设置安全警戒区域，严禁非施工人员入内。 3. 搭设作业人员应佩戴好工具袋，将物品放在工具袋内，避免工具、材料掉落伤人		
			触电	1. 脚手架架体必须设置两处（对角）防雷接地。 2. 附近有带电设施时，必须与带电设备保持以下安全距离为：10kV及以下不小于3m、35kV不小于4m、110kV不小于4.5m、220kV不小于6m、500kV不小于8m		

序号	作业类型	作业工序	风险类型	防控措施	风险等级	备注
22	脚手架拆除	脚手架拆除作业	高处坠落	1. 高处作业人员脚穿防滑鞋、佩戴安全带并保持高挂低用。 2. 六级以上大风或雷雨及霜雪天气等恶劣天气时停止拆除作业	3	应编制专项施工方案
			坍塌	1. 脚手架拆除前，必须确认混凝土强度达到设计和规范要求时，否则严禁拆除模板支撑架。 2. 拆除脚手架不得上下同时拆除，按规定自上而下顺序（后装先拆，先装后拆），先拆横杆，后拆立杆，逐步往下拆除，不得上下同时拆除，严禁将脚手架整体推倒。 3. 脚手架如需部分保留时，应对保留部分事先进行加固		
			物体打击	1. 拆除脚手架时，必须设置安全围栏确定警戒区域、挂好警示标识并指定监护人加强警戒。 2. 架材有专人传递，不得抛扔		
23		拆除落地钢管扣件式满堂支撑架	高处坠落	1. 高处作业人员脚穿防滑鞋、佩戴安全带并保持高挂低用。 2. 六级以上大风或雷雨及霜雪天气等恶劣天气时停止拆除作业		
			坍塌	1. 脚手架拆除前，必须确认混凝土强度达到设计和规范要求时，否则严禁拆除模板支撑架。 2. 拆除脚手架不得上下同时拆除，按规定自上而下顺序（后装先拆，先装后拆），先拆横杆，后拆立杆，逐步往下拆除，不得上下同时拆除，严禁将脚手架整体推倒。 3. 脚手架如需部分保留时，应对保留部分事先进行加固		
			物体打击	1. 拆除脚手架时，必须设置安全围栏确定警戒区域、挂好警示标识并指定监护人加强警戒。 2. 架材有专人传递，不得抛扔		

5.2 典型案例分析

【例 5-1】 工人坠入人工挖孔桩。

（一）案例描述

某工程由 A 公司承建，基础工程采用人工挖孔桩（深 10.5m，直径 1m）。施工放置钢筋笼时，为防止钢筋笼变形，施工人员在钢筋笼下部对称绑扎两根钢管进行加固，施工过程中 1 名工人下到孔桩内拆除钢管。当下到 6m 左右，作业人员突然掉入桩孔底部，地面人员 3 人先后下孔救人，相继掉入孔底。后经项目经理用空压机向孔下送风，组织人员抢救，同时向 110、120 求救，最终导致 4 人死亡事故。

（二）原因分析

该案例是桩基础施工作业类型，工作人员对"人工挖孔灌注桩施工逐层往下循环作业"工序环节中"窒息、有毒气体中毒"的人身伤害风险点辨识不到位，作业人员在进入桩孔深度大于5m的孔洞内施工前，没有正确采取任何送风设备充分通风以及使用气体检测仪测试有毒气体等措施，导致在人员冒险下孔洞加固钢筋笼时发生中毒窒息的人身事故。

【例5-2】 吊车吊钩与建筑钢结构发生碰撞。

（一）案例描述

某项目主厂房建筑、安装工程由某公司（以下简称"施工单位"）承建，某监理公司（以下简称"监理单位"）负责工程监理。施工单位项目部施工人员在进行钢结构安装作业时，因司机与现场指挥之间出现指令误解，横梁吊装时出现误操作，吊钩及吊物发生较大转动，致使连梁大幅度摆动，反复与主体钢结构碰撞，导致一名高处作业人员失稳坠落，造成一人死亡事故。

（二）原因分析

该案例是钢结构工程及相关施工作业类型，作业人员对"钢结构安装横梁吊装"工序环节中"人员高空坠落"人身伤害风险点辨识不到位，作业人员在横梁吊装高处作业过程中，未能预先辨识吊物在起吊过程中可能发生吊钩较大转动、连梁大幅摆动、防坠器钢丝绳断裂的危险情况，未能正确使用安全网、安全带、安全绳、防坠器等安全用具和安全防护设施，导致在司机与现场指挥之间出现指令误解，连梁大幅摆动，连梁旋转反复撞击时发生人员失稳下坠的人身事故。

【例5-3】 冷却塔施工筒壁倒塌。

（一）案例描述

某电厂冷却塔施工单位A，未按要求制订拆模作业管理控制措施，在7号冷却塔第50节筒壁混凝土强度不足的情况下，违规拆除模板，致使筒壁混凝土失去模板支护，不足以承受上部荷载，造成第50节及以上筒壁混凝土和模架体系连续倾塌坠落。事故造成73人死亡。事故现场如图5-12所示。

（二）原因分析

该案例是建筑物工程模板施工作业类型，对"模板拆除"工序环节中"坍塌"人身伤害风险点辨识不到位，A施工单位作业人员在模板拆除作业前，未能预先辨识混凝土强度不满足时强行拆模可能会导致模板支护承载力不足引起坍塌的风险，导致当班作业班组成员在作业过程中出现了高处坠落和物体打击的人身事故。

【例5-4】 主变压器室模板支撑系统倒塌。

（一）案例描述

某建设公司管理人员会同监理单位、专业分包单位人员对主变压器室的梁、板、柱

图 5-12　冷却塔施工事故现场照片

混凝土框架模板支撑系统进行专项验收时，发现支撑系统搭设存在主柱间距过大、未设置纵横向剪刀撑等问题，提出立即整改要求，并下达了书面整改通知单；同时，也同意了验收合格的部分可进行混凝土浇筑作业。随后，专业分包单位开始对不合格部分支撑系统进行整改加固，同时开始对合格部分进行混凝土浇筑，并一直持续到 6 时 30 分。项目部安全员、旁站监理人员离开浇筑作业现场休息，专业分包单位继续组织人员对不合格部分的模板支撑系统进行整改加固。7 时 30 分，专业分包单位作业负责人自认为整改加固完毕，在没有通知复查验收且无人安全监护的情况下，擅自决定开始主变压器室顶板混凝土浇筑。10 时 45 分，正在进行主变压器室梁、板、柱混凝土框架浇筑，在顶板和梁、柱即将形成时，作业面的模板支撑系统突然坍塌，作业人员随同坠落，造成 1 人死亡，2 人重伤，8 人轻伤。事故现场如图 5-13 所示。

图 5-13　主变压器室事故现场照片

（二）原因分析

该案例是建筑物工程模板施工作业类型，对"高度超过 8m 或跨度超过 18m 的模板支撑系统"工序环节中"坍塌"人身伤害风险点辨识不到位,施工单位作业人员在混凝土浇筑作业前,未能按要求整改主柱间距,加设横纵剪刀撑并申请验收,即开始违章作业,导致模板支护承载力不足造成模板支撑系统坍塌,当班作业班组成员高处坠落的人身事故。

5.3 实 训 习 题

一、单选题

1. 危险品仓库的照明应使用( )灯具,开关应装在室外。

A. 普通型　　　B. 冷光型　　　C. 防爆型　　　D. 应急型

2. 移动开关箱至固定式配电箱之间的引线长度不得大于( )m且只能用绝缘护套软电缆。

A. 50　　　B. 60　　　C. 40　　　D. 45

3. 凡在距坠落高度基准面( )m及以上有可能坠落的高度进行的作业均称为高处作业。

A. 1　　　B. 1.5　　　C. 2　　　D. 3

4. 高处作业人员应( )体检一次。

A. 每年　　　B. 半年　　　C. 一年半　　　D. 两年

5. 高处作业人员应衣着灵便,衣袖、裤脚应扎紧,穿( ),并正确佩戴个人防护用具。

A. 皮鞋　　　B. 平底鞋　　　C. 绝缘鞋　　　D. 软底防滑鞋

6. 下列选项不符合起重作业规定的是( )。

A. 利用限位装置代替操纵机构时注意控制荷载

B. 在起重臂、吊钩、平衡重等转动体上应标以鲜明的色彩标志

C. 操作人员应按规定的起重性能作业,禁止超载

D. 起重作业应由专人指挥,分工明确

7. 土石方施工时,堆土应距坑边1m以外,高度不得超过( )m。

A. 2.2　　　B. 2.0　　　C. 1.7　　　D. 1.5

8. 单梯工作时,梯与地面的斜角度约( ),并专人扶持。

A. 40°　　　B. 50°　　　C. 60°　　　D. 70°

9. 起吊范围内严禁人员通行,作业人员不得站在可能坠物的( )。

A. 前面　　　B. 后面　　　C. 旁边　　　D. 下方

10. 脚手架钢管立杆应设置金属底座或木质垫板,木质垫板厚度不小于50mm、宽度

不小于（　　）mm 且长度不少于 2 跨。

  A. 100   B. 120   C. 150   D. 200

11. 脚手架应设置（　　　　），并应按定位依次将立杆与纵、横向扫地杆连接固定。

  A. 连接杆   B. 立杆   C. 纵横向扫地杆 D. 水平杆

12. 焊接过程应确保焊接工棚内（　　）良好。

  A. 密闭   B. 透气   C. 湿度   D. 温度

13. 构支架施工现场钢构支架、水泥杆堆放不得超过（　　）层，堆放地面应平整坚硬，杆段下面应多点支垫，两侧应掩牢。

  A. 三   B. 四   C. 五   D. 六

14. 钢丝绳插接的绳套，其插接长度应不小于钢丝绳直径的 15 倍且不得小于（　　）。

  A. 100mm   B. 200mm   C. 300mm   D. 400mm

15. 装饰施工中，当墙面刷涂料高度超过 1.5m 时，应搭设（　　　）。

  A. 硬质围栏   B. 防护网   C. 操作平台   D. 脚手架

16. 设备、材料站内运输行驶时，驾驶室外及车厢外不得载人，时速不得超过（　　）km/h。

  A. 15   B. 20   C. 25   D. 30

17. 利用吊车作为支撑点的高处作业平台使用时，在高处作业平台上的作业人员应使用（　　）。

  A. 安全带   B. 安全网   C. 安全绳   D. 防坠器

18. 在 220kV 设备区域，施工机械操作正常活动范围与带电设备的安全距离不得小于（　　）m。

  A. 3   B. 4   C. 5   D. 6

19. 在 220kV 设备区域，施工机械操作正常活动范围与带电设备的安全距离不得小于（　　）m。

  A. 3   B. 4   C. 5   D. 6

20. 设备起吊离地（　　）mm 时，要再次检查钢丝绳无断股，吊钩无变形、无脱扣。

  A. 50   B. 100   C. 150   D. 200

21. 遇有雷电、雨、雪、雹、雾和（　　）以上大风时应停止高处作业。

  A. 三级   B. 四级   C. 五级   D. 六级

22. 砂轮片有效半径磨损到原半径的（　　）时，应更换。

  A. 二分之一   B. 三分之一   C. 四分之一   D. 五分之一

23. 当脚手架内侧纵向水平杆离建筑物墙壁大于（　　）mm 时应加纵向水平防护杆

或架设木脚手板防护。

  A. 200   B. 250   C. 300   D. 500

二、多选题

  1. 施工作业票和每日站班会及风险控制措施检查记录表的具体要求有：（ ）。

  A. 票面应按照《施工项目部标准化手册》标准化管理模板要求进行机打或手工填写

  B. 站班会的签名记录中，个别当日不上工的应斜杠划掉，新补充人员手签

  C. 作业票的编制和审批人员宜采用先机打再签名的方式

  D. 原则上现场风险复测变化情况和补充控制措施都优先要机打

  2. 施工用电电缆线路应采用（ ）。

  A. 埋地或架空敷设   B. 埋深不小于 0.5m

  C. 禁止沿地面明设   D. 应避免机械损伤和介质腐蚀

  3. 搭设脚手架、脚手板的铺设应遵守的规定有（ ）。

  A. 作业层端部脚手板探头长度应取 150mm，其板两端均应与支撑杆可靠固定

  B. 脚手板与墙面的间距不应大于 150mm

  C. 脚手板与墙面的间距不应大于 200mm

  D. 对接处应设两根横向水平杆，两根横向水平杆的间距不得大于 300mm

  4. 下列对起重机操作人员描述正确的是（ ）。

  A. 起重机械操作人员应持证上岗

  B. 非操作人员禁止进入操作室

  C. 操作人员应按规定的起重性能作业，禁止超载

  D. 当信号不清或错误时，操作人员可拒绝执行

  5. 在带电设备周围，禁止使用（ ）进行测量作业，应使用相关绝缘量具或仪器进行测量。

  A. 钢卷尺   B. 绝缘尺

  C. 皮卷尺   D. 线尺（夹有金属丝者）

  6. 临近带电部分作业时，作业人员的正常活动范围与带电设备的安全距离描述正确的有（ ）。

  A. 35kV：1.00m B. 110kV：1.50m C. 220kV：2.5m D. 500kV：5.00m

  7. 临近带电部分作业时，起重机、高空作业车和铲车等施工机械正常活动范围与带电设备的安全距离描述正确的有（ ）。

  A. 35kV：3.00m B. 110kV：4.50m C. 220kV：6.00m D. 500kV：8.00m

  8. 作业班组应结合现场具体情况召开班前会。开工前进行"三检查"主要指（ ）。

A. 检查工作人员着装　　　　　　B. 检查个人防护用品

C. 检查"两票"　　　　　　　　D. 检查工作人员精神状态

9. 改、扩建工程开工前，施工单位应编制（　　）的物理和电气隔离方案，并经设备运维单位会审确认。

A. 施工区域　　　　B. 材料区域　　　　C. 加工区域　　　　D. 运行部分

10. 严格安全考核和责任追究。建立关键人员安全质量责任清单和量化考核标准，严格依规处罚安全责任落实不到位的单位、个人以及违章人员，落实（　　）考核机制。

A. 失职追责　　　B. 党政同责　　　C. 照单履责　　　D. 按单追责

11. 人工挖孔桩提土斗应为（　　）等轻型工具，吊运土不得满装，防提升掉落伤人。

A. 软布袋　　　B. 竹篮　　　C. 塑料桶　　　D. 铁桶

12. 土石方开挖过程中，堆土应距离坑边（　　）m 以外，高度不得超过（　　）m。

A. 0.8　　　　B. 1　　　　C. 1.5　　　　D. 1

三、判断题

（　　）1. 竹梯两端必须用干净布包扎好并设专人扶梯。

（　　）2. 高处作业应正确使用安全带，作业人员在转移作业位置时在确保安全的前提下可短时间脱离安全保护。

（　　）3. 高处作业可使用工具袋或绳索传递物件，若忘记携带，需在确保下方无人的情况下将物件抛至平整地带。

（　　）4. 严禁手、脚接触运行中机具的转动部分。

（　　）5. 电动机具的电源应具有漏电保护功能。

（　　）6. 电动机具外壳应可靠接零。

（　　）7. 在电焊时应做好隔离、防护措施，防止焊渣飞溅导致人员烫伤或引起燃烧。

（　　）8. 储油和油处理现场应配备足够、可靠的消防器材，应制订明确的消防责任制，30m 范围内不得有火种及易燃易爆物品。

（　　）9. 起吊重物时，重物中心与吊钩中心应在同一垂线上。作业中发现起重机倾斜、支腿不稳等异常现场时，应立即将重物降落在安全的地方，下降中禁止制动。

（　　）10. 两台及两台以上链条葫芦起吊同一重物时，重物的质量可大于每台链条葫芦的允许起质量。

（　　）11. 人工挖孔桩基础孔下作业不得超过 2 人，每次不得超过 2h，孔上应设专人监护。

（　　）12. 爆破施工单位应按照规定取得相应资质，作业人员应取得相应资格，爆破器材均应符合国家标准。

变电站电气工程

变电站电气工程部分涉及人身安全风险的基建施工作业类型有油浸电力变压器（电抗器）施工作业、管型母线安装施工作业、软母线安装施工作业、断路器安装施工作业、隔离开关安装与调整施工作业、其他户外设备安装施工作业、母线桥施工作业、GIS 组合电器安装作业、开关柜屏安装作业、电缆敷设及接线作业、改扩建施工作业、电气调试试验作业、验收及设备检查作业十三大类。

6.1 关键风险与防控措施

6.1.1 油浸电力变压器（电抗器）施工作业

油浸电力变压器（电抗器）施工作业如图 6-1 所示，风险主要集中在变压器进场、吊罩检查、不吊罩检查、套管安装、附件安装、油处理作业 6 种工序环节。

6.1.1.1 变压器进场

变压器进场作业工序环节中主要存在机械伤害人身安全风险。

主要防控措施为：①顶推前作业人员应检查千斤顶、绳扣、滑轮等设备，确认无误后，方可顶推；②主变压器就位拆垫块时，应防止主变压器压伤人。

6.1.1.2 吊罩检查

吊罩检查作业工序环节主要存在机械伤害、高处坠落两种人身安全风险。

6.1.1.2.1 机械伤害风险

主要防控措施为：①起吊前，要检查起吊设备、制动装置正常；②起吊离地 10cm 时，要再次检查钢丝绳无断股、吊钩无变形、无脱扣；③回落钟罩时不得用手直接接触胶垫和胶圈，在使用圆钢作为定位销时，严禁一手在大沿上一手在大沿下部。

6.1.1.2.2 高处坠落风险

主要防控措施为：①检查人员应穿耐油防滑靴；②使用竹梯时，两端必须用干净布包扎好，并设专人扶梯和监护；③高处作业应正确使用安全带，作业人员在转移作业位置时不准失去安全带保护。

(a) 变压器附件吊装　　　　　　　　　(b) 变压器套管安装

(c) 变压器吊罩检查

图 6-1　油浸电力变压器（电抗器）施工作业现场照片

6.1.1.3　不吊罩检查

不吊罩检查作业工序环节主要存在中毒和窒息、触电两种人身安全风险。

6.1.1.3.1　中毒和窒息风险

主要防控措施为：①充氮变压器未经确认充分排氮，内部含氧量未达到 18％以上，人员不可进入；②应设专人监护，防止检查人员缺氧窒息。

6.1.1.3.2　触电风险

主要防控措施为：检查用的照明灯具必须使用 12V 以下带防护罩的安全灯具，电源线必须使用绝缘软芯电缆。

6.1.1.4　套管安装

套管安装作业工序环节主要存在机械伤害、高处坠落、物体打击三种人身安全风险。

6.1.1.4.1　机械伤害风险

主要防控措施为：增加软吊带作为保护，防止断裂伤人。

6.1.1.4.2　高处坠落风险

主要防控措施为：①高处作业应正确使用安全带，作业人员在转移作业位置时不准失去安全带保护；②应使用两端装有防滑套的合格梯子，单梯工作时，梯子与地面的斜角度约 60°，并专人扶持；③严禁攀爬套管或使用起重机械上下作业人员。

6.1.1.4.3 物体打击风险

主要防控措施为：①起吊范围内严禁人员通行，作业人员不得站在可能坠物的下方；②高处作业应使用工具袋或绳索传递物件。

6.1.1.5 附件安装

附件安装作业工序环节主要存在机械伤害、高处坠落两种人身安全风险。

6.1.1.5.1 机械伤害风险

主要防控措施为：增加软吊带作为保护，防止断裂伤人。

6.1.1.5.2 高处坠落风险

主要防控措施为：①高处作业应正确使用安全带，作业人员在转移作业位置时不准失去安全带保护；②应使用两端装有防滑套的合格梯子，单梯工作时，梯子与地面的斜角度约 60°，并专人扶持。

6.1.1.6 油处理作业

油处理、抽真空、注油及热油循环作业工序环节主要存在火灾人身安全风险。

主要防控措施为：①变压器、滤油机、油罐周边 10m 内严禁烟火，不得动火作业并备齐足够的灭火装置；②油罐与油管等各连接处应密封良好，严防漏油；③各设备要可靠接地，防止产生静电。

6.1.2 管型母线安装施工作业

管型母线安装施工作业如图 6-2 所示，作业风险主要集中在管型母线加工、管型母线焊接、支撑式及悬吊式安装三种工序环节。

6.1.2.1 管型母线加工

管型母线加工作业工序环节主要存在机械伤害、触电两种人身安全风险。

6.1.2.1.1 机械伤害风险

主要防控措施为：①严禁手、脚接触运行中机具的转动部分；②不得用手直接清理渣屑。

6.1.2.1.2 触电风险

主要防控措施为：①电动机具的电源应具有漏电保护功能；②电动机具外壳应可靠接地。

6.1.2.2 管型母线焊接

管型母线加工作业工序环节主要存在灼烫、触电、中毒和窒息、机械伤害四种人身安全风险。

(a) 管型母线加工　　　　　　　　　　　　　(b) 管型母线焊接

(c) 管型母线安装

图 6-2　管型母线安装施工作业照片

6.1.2.2.1　灼烫风险

主要防控措施为：①应佩戴防护镜、胶皮手套、防护服、胶鞋和口罩；②禁止触碰未充分冷却的焊件。

6.1.2.2.2　触电风险

主要防控措施为：①焊机的电源应具有漏电保护功能；②焊机外壳应可靠接地。

6.1.2.2.3　中毒和窒息风险

主要防控措施为：焊接过程应确保焊接工棚内透气良好。

6.1.2.2.4　机械伤害风险

主要防控措施为：①管母下架时应注意互相配合、相互照应，防止压脚、扭伤等；②禁止人体直接触摸平整机的作业部位。

6.1.2.3　支撑及悬吊式安装

支撑及悬吊式安装作业工序环节主要存在机械伤害、高处坠落、物体打击三种人身安全风险。

6.1.2.3.1　机械伤害风险

主要防控措施为：①应规范设置警戒区域，悬挂警告牌，设专人监护；②应正确绑扎防止吊点滑动；③应在管母线两端系上足够长的溜绳以控制方向，并缓慢起吊。

6.1.2.3.2　高处坠落风险

主要防控措施为：①高处作业应正确使用安全带，作业人员在转移作业位置时不准失去安全带保护；②应使用两端装有防滑套的合格梯子，单梯工作时，梯子与地面的斜角度约 60°，并专人扶持；③严禁使用吊筐施工。

6.1.2.3.3　物体打击风险

主要防控措施为：①高处作业，应使用工具袋或绳索传递物件；②作业人员不得站在可能坠物的下方。

6.1.3　软母线安装施工作业

软母线安装施工作业如图 6-3 所示，作业风险主要集中在档距测量及下料、压接、母线安装、母线跳线及设备引下线安装四种工序环节。

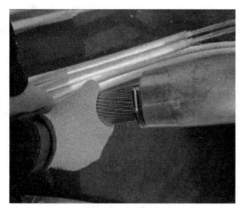

(a) 软母线压接　　　　　　　　　　　　　　(b) 引下线安装

图 6-3　软母线安装施工作业照片

6.1.3.1　档距测量及下料

档距测量及下料作业工序环节主要存在高处坠落、机械伤害两类人身安全风险。

6.1.3.1.1　高处坠落风险

主要防控措施为：①高处作业应正确使用安全带，作业人员在转移作业位置时不准失去安全带保护；②应使用两端装有防滑套的合格梯子，单梯工作时，梯子与地面的斜角度约 60°，并专人扶持。

6.1.3.1.2　机械伤害风险

主要防控措施为：①严禁斜吊和多盘同时起吊；②导线应从盘的下方引出，缓慢放线，放线人员不得站在线盘的前面；③严禁使用无齿锯切割。

6.1.3.2　压接

压接作业工序环节主要存在机械伤害人身安全风险。

主要防控措施为：①压接前应仔细检查压接机各部件连接及软管是否完好；②严禁跨越操作中的液压管。

6.1.3.3 母线安装

母线安装作业工序环节主要存在机械伤害、高处坠落、物体打击三类人身安全风险。

6.1.3.3.1 机械伤害风险

主要防控措施为：人员禁止跨越正在收紧的导线，母线下方及钢丝绳内侧严禁站人或通行。

6.1.3.3.2 高处坠落风险

主要防控措施为：①高处作业应正确使用安全带，作业人员在转移作业位置时不准失去安全带保护；②应使用两端装有防滑套的合格梯子，单梯工作时，梯子与地面的斜角度约60°，并专人扶持。

6.1.3.3.3 物体打击风险

主要防控措施为：①高处作业应使用工具袋或绳索传递物件；②作业人员不得站在可能坠物的下方；③使用人工挂线时，应统一指挥、相互配合，应有防止脱落的措施。

6.1.3.4 母线跳线及设备引下线安装

母线跳线及设备引下线安装作业工序环节主要存在高处坠落、物体打击两类人身安全风险。

6.1.3.4.1 高处坠落风险

主要防控措施为：①高处作业应正确使用安全带，作业人员在转移作业位置时不准失去安全带保护；②应使用两端装有防滑套的合格梯子，单梯工作时，梯子与地面的斜角度约60°，并专人扶持；③严禁攀爬绝缘子。

6.1.3.4.2 物体打击风险

主要防控措施为：①高处作业应使用工具袋或绳索传递物件；②作业人员不得站在可能坠物的下方。

6.1.4 断路器安装施工作业

断路器安装施工作业如图6-4所示，作业风险主要集中在搬运与开箱、本体及套管安装、充 SF_6 气体三个工序环节。

6.1.4.1 搬运与开箱

搬运与开箱作业工序环节主要存在机械伤害人身安全风险。

主要防控措施为：断路器搬运应采取牢固的封车措施，严禁人货混装。

6.1.4.2 本体及套管安装

本体及套管安装工序环节主要存在机械伤害、中毒和窒息、高处坠落、物体打击四类人身安全风险。

(a) 断路器吊装   (b) 断路器安装

图 6-4　断路器安装施工作业照片

6.1.4.2.1　机械伤害风险

主要防控措施为：①应设溜绳，防止安装时晃动；②调整断路器传动装置时，应有防止断路器意外脱扣伤人的可靠措施；③设备就位时，严禁手扶底面，校对螺栓孔时，应使用尖扳手或其他专业工具。

6.1.4.2.2　中毒和窒息风险

主要防控措施为：应使用橡胶手套、防护镜及防毒口罩等防护用品。

6.1.4.2.3　高处坠落风险

主要防控措施为：①高处作业应正确使用安全带，作业人员在转移作业位置时不准失去安全带保护；②应使用两端装有防滑套的合格梯子，单梯工作时，梯子与地面的斜角度约 60°，并专人扶持；③严禁攀爬绝缘子。

6.1.4.2.4　物体打击风险

主要防控措施为：①高处作业，应使用工具袋或绳索传递物件；②作业人员不得站在可能坠物的下方。

6.1.4.3　充 SF_6 气体

充 SF_6 气体工序环节主要存在中毒和窒息人身安全风险。

主要防控措施为：①户内充气时保持通风良好，在排氮气时应戴防毒面具，防止氮气窒息；②打开控制阀门时作业人员应站在充气口的侧面或上风口，应正确使用劳动保护用品。

6.1.5　隔离开关安装与调整施工作业

隔离开关安装与调整施工作业如图 6-5 所示，作业风险主要集中在本体安装、静触头安装、机构箱安装及隔离开关调整三种工序环节。

6.1.5.1　本体安装

本体安装工序环节主要存在机械伤害、高处坠落、物体打击、触电四类人身安全风险。

(a) 隔离开关吊装　　　　　　　　　　(b) 隔离开关安装

图 6-5　隔离开关安装与调整施工作业照片

6.1.5.1.1　机械伤害风险

主要防控措施为：解除捆绑螺栓时，作业人员应在主闸刀的侧面，手不得扶持导电杆。

6.1.5.1.2　高处坠落风险

主要防控措施为：①高处作业应正确使用安全带，作业人员在转移作业位置时不准失去安全带保护；②应使用两端装有防滑套的合格梯子，单梯工作时，梯子与地面的斜角度约 60°，并专人扶持；③严禁使用起重机械上下作业人员。

6.1.5.1.3　物体打击风险

主要防控措施为：①高处作业，应使用工具袋或绳索传递物件；②作业人员不得站在可能坠物的下方。

6.1.5.1.4　触电风险

主要防控措施为：①电动机具的电源应具有漏电保护功能；②电动机具的金属外壳应可靠接地。

6.1.5.2　静触头安装

静触头安装工序环节主要存在高处坠落、物体打击两类人身安全风险。

6.1.5.2.1　高处坠落风险

主要防控措施为：①高处作业应正确使用安全带，作业人员在转移作业位置时不准失去安全带保护；②应使用两端装有防滑套的合格梯子，单梯工作时，梯子与地面的斜角度约 60°，并专人扶持；③严禁使用吊筐施工。

6.1.5.2.2　物体打击风险

主要防控措施为：①高处作业，应使用工具袋或绳索传递物件；②作业人员不得站在可能坠物的下方。

6.1.5.3　机构箱安装及隔离开关调整

机构箱安装及隔离开关调整工序环节主要存在高处坠落、物体打击两类人身安全风险。

6.1.5.3.1　高处坠落风险

主要防控措施为：①高处作业应正确使用安全带，作业人员在转移作业位置时不准失去安全带保护；②应使用两端装有防滑套的合格梯子，单梯工作时，梯与地面的斜角度约60°，并专人扶持；③严禁攀爬绝缘子；④作业人员在本体上作业时，严禁电动操作。

6.1.5.3.2　物体打击风险

主要防控措施为：①高处作业应使用工具袋或绳索传递物件；②作业人员不得站在可能坠物的下方。

6.1.6　其他户外设备安装施工作业

其他户外设备安装施工作业如图6-6所示，作业风险主要集中在二次运输，互感器、耦合电容器、避雷器安装，干式电抗器安装，悬挂式阻波器安装，座式阻波器安装，站用变压器、消弧线圈、二次设备仓安装，其他设备安装七个工序环节。

(a) 互感器安装　　　　　　　　　　　　(b) 避雷器安装

图6-6　其他户外设备安装施工作业照片

6.1.6.1　二次运输

二次运输工序环节主要存在机械伤害、物体打击两类人身安全风险。

6.1.6.1.1　机械伤害风险

主要防控措施为：设备搬运应采取牢固的封车措施。

6.1.6.1.2　物体打击风险

主要防控措施为：①起吊范围内严禁人员通行；②作业人员不得站在可能坠物的下方。

6.1.6.2　互感器、耦合电容器、避雷器安装

互感器、耦合电容器、避雷器安装工序环节主要存在机械伤害、高处坠落、物体打击三类人身安全风险。

6.1.6.2.1　机械伤害风险

主要防控措施为：①应设溜绳，防止安装时晃动；②设备就位时，严禁手扶底面，

校对螺栓孔时，应使用尖扳手或其他专业工具。

6.1.6.2.2　高处坠落风险

主要防控措施为：①高处作业应正确使用安全带，作业人员在转移作业位置时不准失去安全带保护；②应使用两端装有防滑套的合格梯子，单梯工作时，梯子与地面的斜角度约60°，并专人扶持；③严禁攀爬绝缘子。

6.1.6.2.3　物体打击风险

主要防控措施为：①高处作业应使用工具袋或绳索传递物件；②作业人员不得站在可能坠物的下方。

6.1.6.3　干式电抗器安装

干式电抗器安装工序环节主要存在机械伤害、高处坠落、物体打击三类人身安全风险。

6.1.6.3.1　机械伤害风险

主要防控措施为：①应设溜绳，防止安装时晃动；②设备就位时，严禁手扶底面，校对螺栓孔时，应使用尖扳手或其他专业工具。

6.1.6.3.2　高处坠落风险

主要防控措施为：①高处作业应正确使用安全带，作业人员在转移作业位置时不准失去安全带保护；②应使用两端装有防滑套的合格梯子，单梯工作时，梯子与地面的斜角度约60°，并专人扶持；③吊装应充分考虑吊车荷载，避免倾覆。

6.1.6.3.3　物体打击风险

主要防控措施为：①起吊范围内严禁人员通行，应使用工具袋或绳索传递物件；②作业人员不得站在可能坠物的下方。

6.1.6.4　悬挂式阻波器安装

悬挂式阻波器安装工序环节主要存在机械伤害、高处坠落、物体打击三类人身安全风险。

6.1.6.4.1　机械伤害风险

主要防控措施为：①地面工作人员不得在绞磨钢丝绳导向滑轮内侧的危险区域内通过和逗留；②应从专用吊点处进行吊装，防止在吊装过程脱落伤及人身与设备。

6.1.6.4.2　高处坠落风险

主要防控措施为：高处作业应正确使用安全带，作业人员在转移作业位置时不准失去安全带保护。

6.1.6.4.3　物体打击风险

主要防控措施为：①起吊范围内严禁人员通行，应使用工具袋或绳索传递物件；②作业人员不得站在可能坠物的下方。

6.1.6.5　座式阻波器安装

座式阻波器安装工序环节主要存在机械伤害、高处坠落、物体打击三类人身安全风险。

6.1.6.5.1 机械伤害风险

主要防控措施为：应从专用吊点处进行吊装，防止在吊装过程脱落伤及人身与设备。

6.1.6.5.2 高处坠落风险

主要防控措施为：①高处作业应正确使用安全带，作业人员在转移作业位置时不准失去安全带保护；②应使用两端装有防滑套的合格梯子，单梯工作时，梯子与地面的斜角度约 60°，并专人扶持。

6.1.6.5.3 物体打击风险

主要防控措施为：①起吊范围内严禁人员通行，应使用工具袋或绳索传递物件；②作业人员不得站在可能坠物的下方。

6.1.6.6 站用变电站、消弧线圈、二次设备仓安装

站用变电站、消弧线圈、二次设备仓安装工序环节主要存在机械伤害、高处坠落、物体打击三类人身安全风险。

6.1.6.6.1 机械伤害风险

主要防控措施为：应设溜绳，防止安装时晃动。

6.1.6.6.2 高处坠落风险

主要防控措施为：①高处作业应正确使用安全带，作业人员在转移作业位置时不准失去安全带保护；②应使用两端装有防滑套的合格梯子，单梯工作时，梯子与地面的斜角度约 60°，并专人扶持。

6.1.6.6.3 物体打击风险

主要防控措施为：①起吊范围内严禁人员通行，应使用工具袋或绳索传递物件；②作业人员不得站在可能坠物的下方。

6.1.6.7 其他设备安装

其他设备安装工序环节主要存在物体打击、高处坠落两类人身安全风险。

6.1.6.7.1 物体打击风险

主要防控措施为：①起吊范围内严禁人员通行，应使用工具袋或绳索传递物件；②作业人员不得站在可能坠物的下方。

6.1.6.7.2 高处坠落风险

主要防控措施为：①高处作业应正确使用安全带，作业人员在转移作业位置时不准失去安全带保护；②应使用两端装有防滑套的合格梯子，单梯工作时，梯子与地面的斜角度约 60°，并专人扶持。

6.1.7 母线桥施工作业

母线桥施工作业如图 6-7 所示，作业风险主要集中在支吊架、支持绝缘子及金具检查

安装，母线加工，母线安装三个工序环节。

 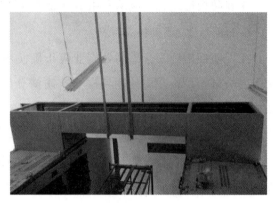

(a) 母线安装　　　　　　　　　　(b) 母线桥及支吊架安装

图 6-7　母线桥施工作业照片

6.1.7.1　支吊架、支持绝缘子及金具检查安装

支吊架、支持绝缘子及金具检查安装工序环节主要存在灼烫、触电、物体打击、高处坠落四类人身安全风险。

6.1.7.1.1　灼烫风险

主要防控措施为：①应佩戴防护镜、胶皮手套、防护服、胶鞋和口罩；②禁止触碰未充分冷却的焊件。

6.1.7.1.2　触电风险

主要防控措施为：①焊机的电源应具有漏电保护功能；②焊机金属外壳应可靠接地。

6.1.7.1.3　物体打击风险

主要防控措施为：①高处作业应使用工具袋或绳索传递物件；②地面工作人员不得站在可能坠物的母线桥下方。

6.1.7.1.4　高处坠落风险

主要防控措施为：①高处作业应正确使用安全带，作业人员在转移作业位置时不准失去安全带保护；②应使用两端装有防滑套的合格梯子，单梯工作时，梯子与地面的斜角度约 $60°$，并专人扶持。

6.1.7.2　母线加工

母线加工工序环节主要存在触电、机械伤害、灼烫三类人身安全风险。

6.1.7.2.1　触电风险

主要防控措施为：①电动机具的电源应具有漏电保护功能；②电动机具的金属外壳应可靠接地。

6.1.7.2.2　机械伤害

主要防控措施为：母线搬运时应注意互相配合，相互照应，防止压脚、扭伤等。

6.1.7.2.3 灼烫风险

主要防控措施为：对母线热缩或接触面搪锡后，应充分冷却。

6.1.7.3 母线安装

母线安装工序环节主要存在物体打击、高处坠落两类人身安全风险。

6.1.7.3.1 物体打击风险

主要防控措施为：①高空作业应使用工具袋或绳索传递物件；②地面工作人员严禁站在可能坠物的母线桥下方。

6.1.7.3.2 高处坠落风险

主要防控措施为：①高处作业应正确使用安全带，作业人员在转移作业位置时不准失去安全带保护；②应使用两端装有防滑套的合格梯子，单梯工作时，梯子与地面的斜角度约60°，并专人扶持。

6.1.8 GIS组合电器安装作业

GIS组合电器安装作业如图6-8所示，作业风险主要集中在户内GIS就位、户外GIS就位、户内GIS母线及母线筒对接、户外GIS母线及母线筒对接、GIS套管安装、抽真空充气六个工序环节。

(a) GIS组合电器安装   (b) GIS组合电器充气

图6-8 GIS组合电器安装作业照片

6.1.8.1 户内GIS就位

户内GIS就位工序环节主要存在机械伤害、物体打击、高处坠落三类人身安全风险。

6.1.8.1.1 机械伤害风险

主要防控措施为：牵引时应平稳匀速，并有制动措施。

6.1.8.1.2 物体打击风险

主要防控措施为：①起吊范围内严禁人员通行，应使用工具袋或绳索传递物件；②作业人员不得站在可能坠物的下方；③GIS后方严禁站人，防止滚杠弹出伤人。

6.1.8.1.3　高处坠落风险

主要防控措施为：①高处作业应正确使用安全带，作业人员在转移作业位置时不准失去安全带保护；②应使用两端装有防滑套的合格梯子，单梯工作时，梯子与地面的斜角度约60°，并专人扶持。

6.1.8.2　户外 GIS 就位

户外 GIS 就位工序环节主要存在机械伤害、物体打击、高处坠落三类人身安全风险。

6.1.8.2.1　机械伤害风险

主要防控措施为：①应将作业现场所有孔洞盖严；②施工范围内应搭设临时围栏，设置安全通道、警示标志。

6.1.8.2.2　物体打击风险

主要防控措施为：①起吊范围内严禁人员通行，应使用工具袋或绳索传递物件；②作业人员不得站在可能坠物的下方。

6.1.8.2.3　高处坠落风险

主要防控措施为：①高处作业应正确使用安全带，作业人员在转移作业位置时不准失去安全带保护；②应使用两端装有防滑套的合格梯子，单梯工作时，梯子与地面的斜角度约60°，并专人扶持。

6.1.8.3　户内 GIS 母线及母线筒对接

户内 GIS 母线及母线筒对接工序环节主要存在机械伤害、物体打击、高处坠落、中毒和窒息四类人身安全风险。

6.1.8.3.1　机械伤害风险

主要防控措施为：牵引时应平稳匀速，并有制动措施。

6.1.8.3.2　物体打击风险

主要防控措施为：①起吊范围内严禁人员通行，应使用工具袋或绳索传递物件；②作业人员不得站在可能坠物的下方。

6.1.8.3.3　高处坠落风险

主要防控措施为：①高处作业应正确使用安全带，作业人员在转移作业位置时不准失去安全带保护；②应使用两端装有防滑套的合格梯子，单梯工作时，梯子与地面的斜角度约60°，并专人扶持。

6.1.8.3.4　中毒和窒息

主要防控措施为：①GIS 安装时打开罐体封盖前应确认气体已回收，表压为零且通风良好，内部检查时，含氧量应大于18％方可工作，否则应吹入干燥空气；②应设专人监护，防止检查人员缺氧窒息。

6.1.8.4 户外 GIS 母线及母线筒对接

户外 GIS 母线及母线筒对接工序环节主要存在高处坠落、中毒和窒息两类人身安全风险。

6.1.8.4.1 高处坠落风险

主要防控措施为：①高处作业应正确使用安全带，作业人员在转移作业位置时不准失去安全带保护；②应使用两端装有防滑套的合格梯子，单梯工作时，梯子与地面的斜角度约 60°，并专人扶持。

6.1.8.4.2 中毒和窒息

主要防控措施为：①GIS 安装时打开罐体封盖前应确认气体已回收，表压为零且通风良好，内部检查时，含氧量应大于 18% 方可工作，否则应吹入干燥空气；②应设专人监护，防止检查人员缺氧窒息。

6.1.8.5 GIS 套管安装

GIS 套管安装工序环节主要存在物体打击、高处坠落两类人身安全风险。

6.1.8.5.1 物体打击风险

主要防控措施为：①高空作业，应使用工具袋或绳索传递物件；②作业人员不得站在可能坠物的下方。

6.1.8.5.2 高处坠落风险

主要防控措施为：①高处作业应正确使用安全带，作业人员在转移作业位置时不准失去安全带保护；②应使用两端装有防滑套的合格梯子，单梯工作时，梯子与地面的斜角度约 60°，并专人扶持。

6.1.8.6 抽真空、充气

抽真空、充气工序环节主要存在物体打击、中毒和窒息两类人身安全风险。

6.1.8.6.1 物体打击风险

主要防控措施为：搬运 SF_6 气瓶过程应轻抬轻放，防止压伤手脚。

6.1.8.6.2 中毒和窒息

主要防控措施为：①GIS 安装时打开罐体封盖前应确认气体已回收，表压为零且通风良好，内部检查时，含氧量应大于 18% 方可工作，否则应吹入干燥空气；②应设专人监护，防止检查人员缺氧窒息。

6.1.9 开关柜、屏安装作业

开关柜、屏安装作业如图 6-9 所示，作业风险主要集中在二次搬运及开箱、屏柜就位、蓄电池安装及充放电三个工序环节。

6.1.9.1 二次搬运及开箱

二次搬运及开箱工序环节主要存在机械伤害、物体打击两类人身安全风险。

(a) 开关柜安装　　　　　　　　　　　　(b) 柜内母线安装

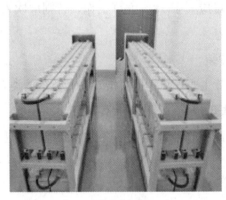

(c) 蓄电池安装

图 6-9　开关柜、屏安装作业照片

6.1.9.1.1　机械伤害风险

主要防控措施为：①起吊前，要检查起吊设备、制动装置正常；②起吊离地 100mm 时，要再次检查钢丝绳无断股，吊钩无变形、无脱扣；③起吊前应确认吊具满足起重物荷载要求。

6.1.9.1.2　物体打击风险

主要防控措施为：二次搬运运输过程中，车速应小于 15km/h，设专人指挥，避免开关柜、屏在运输过程中发生倾倒。

6.1.9.2　屏柜就位

屏柜就位工序环节主要存在物体打击、高处坠落、火灾三类人身安全风险。

6.1.9.2.1　物体打击风险

主要防控措施为：①组立屏、柜或端子箱时，设专人指挥，作业人员必须服从指挥，防止屏、柜倾倒伤人；②作业人员不得站在可能坠物的下方。

6.1.9.2.2　高处坠落风险

主要防控措施为：作业人员应将作业点周围的孔洞或沟道盖严，避免作业人员摔伤。

6.1.9.2.3　火灾风险

主要防控措施为：在电焊时应做好隔离、防护措施，防止焊渣飞溅导致人员烫伤或引起燃烧。

6.1.9.3　蓄电池安装及充放电

蓄电池安装及充放电工序环节主要存在腐蚀、高处坠落、触电三类人身安全风险。

6.1.9.3.1　腐蚀风险

主要防控措施为：安装或搬运电池时应戴绝缘手套、围裙和护目镜，平稳运输、轻拿轻放，不得将蓄电池倾斜放置。若酸液泄漏溅落到人体上，应立即用苏打水和清水冲洗。

6.1.9.3.2　高处坠落风险

主要防控措施为：作业人员应将作业点周围的孔洞或沟道盖严，避免作业人员摔伤。

6.1.9.3.3　触电风险

主要防控措施为：紧固电极连接件时所用的工具手柄要带有绝缘，并佩戴劳保手套。

6.1.10　电缆敷设及接线作业

电缆敷设及接线作业如图6-10所示，作业风险主要集中在电缆敷设作业准备及装卸、敷设及接线、110kV及以上高压电缆敷设、110kV及以上高压电缆头制作四个工序环节。

(a) 电缆敷设　　　　　　　　　　　　　　(b) 电缆头制作

图6-10　电缆敷设及接线作业照片

6.1.10.1　电缆敷设作业准备及装卸

电缆敷设作业准备及装卸工序环节主要存在物体打击、机械伤害两类人身安全风险。

6.1.10.1.1　物体打击风险

主要防控措施为：根据电缆盘的质量和电缆盘中心孔直径选择放线支架的钢轴，放线支架必须牢固、平稳，无晃动，严禁使用道木搭设支架，防止电缆盘翻倒造成伤人事故的发生。

6.1.10.1.2　机械伤害风险

主要防控措施为：①起吊前应确认吊具满足起重物荷载要求；②起吊前，要检查起吊设备、制动装置正常；③起吊离地 100mm 时，要再次检查钢丝绳无断股，吊钩无变形、无脱扣。

6.1.10.2　敷设及接线

敷设及接线工序环节主要存在物体打击、高处坠落、中毒和窒息三类人身安全风险。

6.1.10.2.1　物体打击风险

主要防控措施为：①工作中应做好防滑措施，井盖、盖板等开启应使用专用工具；②作业人员不得站在可能坠物的下方。

6.1.10.2.2　高处坠落风险

主要防控措施为：①开启井、沟后周边应设置安全围栏和警示标识牌，工作结束后应及时恢复井、沟盖板；②高处作业应正确使用安全带，作业人员在转移作业位置时不准失去安全带保护。

6.1.10.2.3　中毒和窒息风险

主要防控措施为：在电缆沟内敷设电缆时要充分通风或使用气体测试仪测试确认合格后进入区域作业。

6.1.10.3　110kV 及以上高压电缆敷设

110kV 及以上高压电缆敷设工序环节主要存在物体打击人身安全风险。

主要防控措施为：①操作电缆盘人员要时刻注意电缆盘有无倾斜现象，应防止电缆突然崩出伤人；②电缆通过孔洞时，出口侧的人员不得在正面接引，避免电缆伤及面部。

6.1.10.4　110kV 及以上高压电缆头制作

110kV 及以上高压电缆头制作工序环节主要存在物体打击、火灾两类人身安全风险。

6.1.10.4.1　物体打击风险

主要防控措施为：在电缆终端施工区域下方应设置围栏，禁止无关人员在作业地点下方通行或逗留。

6.1.10.4.2　火灾风险

主要防控措施为：①制作环氧树脂电缆头和调配环氧树脂作业过程中，应采取有效的防毒和防火措施；②进行充油电缆接头安装时，应配备必要的消防器材。

6.1.11　改扩建施工作业

改扩建施工作业风险主要集中在材料和设备搬运、土建间隔扩建施工、一次电气设备安装、二次电气设备安装、二次接入带电系统、运行屏柜上二次接线、附属设备安装七个工序环节。

6.1.11.1　材料和设备搬运

材料、设备搬运工序环节主要存在触电人身安全风险。

主要防控措施为：确保吊车等工具及作业人员与带电设备安全距离满足安规要求（10kV

不小于 3m，35kV 不小于 4m，110kV 不小于 4.5m，220kV 不小于 6m，500kV 不小于 8m）。

6.1.11.2　土建间隔扩建施工

土建间隔扩建施工工序环节主要存在机械伤害人身安全风险。

主要防控措施为：①使用机械挖土，在挖掘机旋转范围内，不允许有其他作业；②作业时应设专人监护，作业区域内不得有人进入。

6.1.11.3　电气一次设备安装

电气一次设备安装工序环节主要存在高处坠落、触电、火灾、灼烫四类人身安全风险。

6.1.11.3.1　高处坠落风险

主要防控措施为：①应使用两端装有防滑套的合格梯子，单梯工作时，梯子与地面的斜角度约 60°，并专人扶持；②高处作业应正确使用安全带，作业人员在转移作业位置时不准失去安全带保护。

6.1.11.3.2　触电风险

主要防控措施为：①施工区域与运行部分应有可靠的物理和电气安全隔离；②作业人员严禁进入正在运行的间隔，应在规定的范围内作业，严禁穿越安全围栏。安全距离满足安规要求（10kV 不小于 0.7m，35kV 不小于 1m，110kV 不小于 1.5m，220kV 不小于 3m，500kV 不小于 5m）。

6.1.11.3.3　火灾风险

主要防控措施为：在电焊时应做好隔离、防护措施。

6.1.11.3.4　灼烫风险

主要防控措施为：使用角磨机时作业人员应戴防护眼镜。

6.1.11.4　电气二次设备安装

电气二次设备安装工序环节主要存在触电、灼烫、火灾、高处坠落四类人身安全风险。

6.1.11.4.1　触电风险

主要防控措施为：①电缆穿入带电的屏柜前，电缆端头应做绝缘包扎处理，禁止电缆触及运行设备；②拆解屏、柜内二次电缆时，必须确定所拆电缆确实已退出运行，作业应有人监护；③加装屏顶小母线时，必须做好相邻带电屏、柜上小母线的绝缘隔离措施。

6.1.11.4.2　灼烫风险

主要防控措施为：①应佩戴防护镜、胶皮手套、防护服、胶鞋和口罩；②禁止触碰未充分冷却的焊件。

6.1.11.4.3　火灾风险

主要防控措施为：①焊接作业时设置专人监护，配备足够的消防器材；②所用的隔离板必须是防火阻燃材料，严禁使用木板隔离。

6.1.11.4.4 高处坠落风险

主要防控措施为：①应使用两端装有防滑套的合格梯子，单梯工作时，梯子与地面的斜角度约60°，并专人扶持；②高处作业应正确使用安全带，作业人员在转移作业位置时不准失去安全带保护。

6.1.11.5 二次接入带电系统

二次接入带电系统工序环节主要存在触电人身安全风险。

主要防控措施为：①在施工的相邻保护屏上悬挂"运行设备"醒目标识，作业人员严禁超越工作范围碰触其他运行设备；②应将邻近运行的端子排用绝缘胶带粘住，并确定所接端子无电后接线。

6.1.11.6 运行屏柜上二次接线

运行屏柜上二次接线工序环节主要存在触电人身安全风险。

主要防控措施为：接线人员在屏、柜内避免碰撞正在运行的电气元件，同时应将运行的端子排用绝缘胶带粘住，在监护人的监护下进行接线。

6.1.11.7 附属设备安装

附属设备安装工序环节主要存在触电人身安全风险。

主要防控措施为：①作业人员带电设备的安全距离满足安规要求（10kV不小于0.7m，35kV不小于1m，110kV不小于1.5m，220kV不小于3m，500kV不小于5m）；②作业区域应与带电设施有明确隔离，工作中应有人监护。

6.1.12 电气调试试验作业

电气调试试验作业风险主要集中在一次设备试验、高压电缆耐压试验、二次设备调试三个工序环节。

6.1.12.1 一次设备试验

一次设备试验工序环节主要存在高处坠落、触电两类人身安全风险。

6.1.12.1.1 高处坠落风险

主要防控措施为：①应使用两端装有防滑套的合格梯子，单梯工作时，梯子与地面的斜角度约60°，并专人扶持；②高处作业应正确使用安全带，作业人员在转移作业位置时不准失去安全带保护。

6.1.12.1.2 触电风险

作业防控措施为：①试验设备与其他相邻设备应做好物理隔离措施；②耐压试验应由专人指挥，设置安全围栏和警示牌，试验过程设专人监护，严禁非作业人员进入作业区域；③试验设备及一次设备末屏应有可靠接地，被试设备对地充分放电后，方可拆除试验接线；④试验人员应佩戴绝缘手套进行拆、装试验接线。

6.1.12.2　高压电缆耐压试验

高压电缆耐压试验工序环节主要存在触电人身安全风险。

主要防控措施为：①应设专人统一指挥，电缆两端应设专人监护，保持通信畅通；②电缆两端均应设置安全围栏和警示牌，严禁非作业人员进入；③电缆对地充分放电后，方可拆除试验接线。试验人员应佩戴绝缘手套进行拆、装试验接线。

6.1.12.3　二次设备调试

二次设备调试工序环节主要存在灼烫、触电两类人身安全风险。

6.1.12.3.1　灼烫风险

主要防控措施为：在进行试验接线时应严防 TA 二次侧开路。

6.1.12.3.2　触电风险

主要防控措施为：①应确认待试验的二次系统（试验系统）与运行系统已完全隔离后方可开始工作；②调试前应确认工作设备，防止走错间隔及误碰无关带电端子。

6.1.13　验收及设备检查作业

验收及设备检查作业风险主要集中在变电站验收消缺作业、二次设备带负荷测向量两个工序环节。

6.1.13.1　变电站验收消缺作业

变电站验收消缺作业工序环节主要存在物体打击、高处坠落、触电三类人身安全风险。

6.1.13.1.1　物体打击风险

主要防控措施为：①高处作业应使用工具袋或绳索传递物件；②作业人员不得站在可能坠物的下方。

6.1.13.1.2　高处坠落风险

主要防控措施为：①构架验收应使用垂直攀登自锁器，水平移动使用速差保护器；②使用梯子时，应使用两端装有防滑套的合格梯子，单梯工作时，梯子与地面的斜角度约 60°，并专人扶持。

6.1.13.1.3　触电风险

主要防控措施为：①验收前必须规范设置硬质安全隔离区域和警示牌，设专人监护，严禁非作业人员进入；②在高压出线处验收时，应先测量感应电压，必要时应挂个人保安线。

6.1.13.2　二次设备带负荷测向量

二次设备带负荷测向量作业工序环节主要存在触电、灼烫两类人身安全风险。

6.1.13.2.1　触电风险

主要防控措施为：使用向量表测量二次侧电压与电流相位差时，严禁触及带电端子，同时要有人监护。

6.1.13.2.2 灼烫风险

主要防控措施为：带负荷测向量严防造成 TA 开路。

综合上述的 13 类 48 项变电站电气工程作业风险及防控措施见表 6-1。

表 6-1　　　　　　　　变电站电气工程作业关键风险及防控措施

序号	作业类型	作业工序	风险类型	防控措施	风险等级	备注
1	油浸电力变压器（电抗器）施工作业	变压器进场	机械伤害	1. 顶推前作业人员应检查千斤顶、绳扣、滑轮等设备，确认无误后，方可顶推。 2. 主变压器就位拆垫块时，应防止主变压器压伤人	3	
2		吊罩检查	机械伤害	1. 起吊前，要检查起吊设备、制动装置正常。 2. 起吊离地 10cm 时，要再次检查钢丝绳无断股、吊钩无变形、无脱扣。 3. 回落钟罩时不得用手直接接触胶垫和胶圈，在使用圆钢作为定位销时，严禁一手在大沿上一手在大沿下部	3	
			高处坠落	1. 检查人员应穿耐油防滑靴。 2. 使用竹梯时，竹梯两端必须用干净布包扎好，并设专人扶梯和监护。 3. 高处作业应正确使用安全带，作业人员在转移作业位置时不准失去安全带保护		
3		不吊罩检查	中毒窒息	1. 充氮变压器未经确认充分排氮，内部含氧量未达到 18％以上，人员不可进入。 2. 应设专人监护，防止检查人员缺氧窒息	4	
			触电	检查用的照明灯具必须使用 12V 以下带防护罩的安全灯具，电源线必须使用绝缘软芯电缆		
4		套管安装	机械伤害	增加软吊带作为保护，防止断裂伤人	3	应编制专项施工方案
			高处坠落	1. 高处作业应正确使用安全带，作业人员在转移作业位置时不准失去安全带保护。 2. 应使用两端装有防滑套的合格梯子，单梯工作时，梯子与地面的斜角度约 60°，并专人扶持。 3. 严禁攀爬套管或使用起重机械上下作业人员		
			物体打击	1. 起吊范围内严禁人员通行，作业人员不得站在可能坠物的下方。 2. 高处作业，应使用工具袋或绳索传递物件		
5		附件安装	机械伤害	增加软吊带作为保护，防止断裂伤人	4	
			高处坠落	1. 高处作业应正确使用安全带，作业人员在转移作业位置时不准失去安全带保护。 2. 应使用两端装有防滑套的合格梯子，单梯工作时，梯子与地面的斜角度约 60°，并专人扶持。 3. 严禁攀爬套管或使用起重机械上下作业人员		

续表

序号	作业类型	作业工序	风险类型	防控措施	风险等级	备注
5	油浸电力变压器（电抗器）施工作业	油处理、抽真空、注油及热油循环	火灾	1. 变压器、滤油机、油罐周边 10m 内严禁烟火，不得动火作业并备齐足够的灭火装置。 2. 油罐与油管等各连接处应密封良好，严防漏油。 3. 各设备要可靠接地，防止产生静电	4	
6	管型母线安装	管型母线加工	机械伤害	1. 严禁手、脚接运行中机具的转动部分。 2. 不得用手直接清理渣屑	4	
			触电	1. 电动机具的电源应具有漏电保护功能。 2. 电动机具外壳应可靠接地		
7		管型母线焊接	灼烫	1. 应佩戴防护镜、胶皮手套、防护服、胶鞋和口罩。 2. 禁止触碰未充分冷却的焊件	4	
			触电	1. 焊机的电源应具有漏电保护功能。 2. 焊机外壳应可靠接地		
			中毒窒息	焊接过程应确保焊接大棚内透气良好		
			机械伤害	1. 管型母线下架时应注意互相配合、相互照应，防止压脚、扭伤等。 2. 禁止人体直接触摸平整机的作业部位		
8		支撑式、悬吊式安装	机械伤害	1. 应规范设置警戒区域，悬挂警告牌，设专人监护。 2. 应正确绑扎防止吊点滑动。 3. 应在管型母线两端系上足够长的溜绳以控制方向，并缓慢起吊	3	应编制专项施工方案
			高处坠落	1. 高处作业应正确使用安全带，作业人员在转移作业位置时不准失去安全带保护。 2. 应使用两端装有防滑套的合格梯子，单梯工作时，梯子与地面的斜角度约 60°，并专人扶持。 3. 严禁使用吊篮施工		
			物体打击	1. 高处作业，应使用工具袋或绳索传递物件。 2. 作业人员不得站在可能坠物的下方		
9	软母线安装	档距测量及下料	高处坠落	1. 高处作业应正确使用安全带，作业人员在转移作业位置时不准失去安全带保护。 2. 应使用两端装有防滑套的合格梯子，单梯工作时，梯子与地面的斜角度约 60°，并专人扶持	4	
			机械伤害	1. 严禁斜吊和多盘同时起吊。 2. 导线应从盘的下方引出，缓慢放线，放线人员不得站在线盘的前面。 3. 严禁使用无齿锯切割		
10		压接	机械伤害	1. 压接前应仔细检查压接机各部件连接及软管是否完好。 2. 严禁跨越操作中的液压管	4	
11		母线安装	机械伤害	人员禁止跨越正在收紧的导线，母线下及钢丝绳内侧严禁站人或通行	3	

序号	作业类型	作业工序	风险类型	防控措施	风险等级	备注
11	软母线安装	母线安装	高处坠落	1. 高处作业应正确使用安全带，作业人员在转移作业位置时不准失去安全带保护。 2. 应使用两端装有防滑套的合格梯子，单梯工作时，梯子与地面的斜角度约60°，并专人扶持	3	
			物体打击	1. 高处作业应使用工具袋或绳索传递物件。 2. 作业人员不得站在可能坠物的下方。 3. 使用人工挂线时，应统一指挥、相互配合，应有防止脱落的措施		
12		母线跳线及设备引下线安装	高处坠落	1. 高处作业应正确使用安全带，作业人员在转移作业位置时不准失去安全带保护。 2. 应使用两端装有防滑套的合格梯子，单梯工作时，梯子与地面的斜角度约60°，并专人扶持。 3. 严禁攀爬绝缘子	4	
			物体打击	1. 高处作业，应使用工具袋或绳索传递物件。 2. 作业人员不得站在可能坠物的下方		
13	断路器安装	搬运与开箱	机械伤害	断路器搬运，应采取牢固的封车措施，严禁人货混装	4	
14		本体及套管安装	机械伤害	1. 应设溜绳，防止安装时晃动。 2. 调整断路器传动装置时，应有防止断路器意外脱扣伤人的可靠措施。 3. 设备就位时，严禁手扶底面，校对螺栓孔时，应使用尖扳手或其他专业工具	4	
			中毒窒息	应使用橡胶手套、防护镜及防毒口罩等防护用品		
			高处坠落	1. 高处作业应正确使用安全带，作业人员在转移作业位置时不准失去安全带保护。 2. 应使用两端装有防滑套的合格梯子，单梯工作时，梯子与地面的斜角度约60°，并专人扶持。 3. 严禁攀爬绝缘子		
			物体打击	1. 高处作业，应使用工具袋或绳索传递物件。 2. 作业人员不得站在可能坠物的下方		
15		充SF₆气体	中毒窒息	1. 户内充气时保持通风良好，在排氮气时应戴防毒面具，防止氮气窒息。 2. 打开控制阀门时作业人员应站在充气口的侧面或上风口，应正确使用劳动保护用品	4	

序号	作业类型	作业工序	风险类型	防控措施	风险等级	备注
16	隔离开关安装与调整	本体安装	机械伤害	解除捆绑螺栓时，作业人员应在主闸刀的侧面，手不得扶持导电杆	4	
			高处坠落	1. 高处作业应正确使用安全带，作业人员在转移作业位置时不准失去安全带保护。 2. 应使用两端装有防滑套的合格梯子，单梯工作时，梯子与地面的斜角度约60°，并专人扶持。 3. 严禁使用起重机械上下作业人员		
			物体打击	1. 高处作业，应使用工具袋或绳索传递物件。 2. 作业人员不得站在可能坠物的下方		
			触电	1. 电动机具的电源应具有漏电保护功能。 2. 电动机具的金属外壳应可靠接地		
17		静触头安装	高处坠落	1. 高处作业应正确使用安全带，作业人员在转移作业位置时不准失去安全带保护。 2. 应使用两端装有防滑套的合格梯子，单梯工作时，梯子与地面的斜角度约60°，并专人扶持。 3. 严禁使用吊筐施工	4	
			物体打击	1. 高处作业，应使用工具袋或绳索传递物件。 2. 作业人员不得站在可能坠物的下方		
18		机构箱安装及隔离开关调整	高处坠落	1. 高处作业应正确使用安全带，作业人员在转移作业位置时不准失去安全带保护。 2. 应使用两端装有防滑套的合格梯子，单梯工作时，梯子与地面的斜角度约60°，并专人扶持。 3. 严禁攀爬绝缘子。 4. 作业人员在本体上作业时，严禁电动操作	4	
			物体打击	1. 高处作业，应使用工具袋或绳索传递物件。 2. 作业人员不得站在可能坠物的下方		
19	其他户外设备安装	二次运输	机械伤害	设备搬运，应采取牢固的封车措施	4	
			物体打击	1. 起吊范围内严禁人员通行。 2. 作业人员不得站在可能坠物的下方		
20		互感器、耦合电容器、避雷器安装	机械伤害	1. 应设溜绳，防止安装时晃动。 2. 设备就位时，严禁手扶底面，校对螺栓孔时，应使用尖扳手或其他专业工具	4	
			高处坠落	1. 高处作业应正确使用安全带，作业人员在转移作业位置时不准失去安全带保护。 2. 应使用两端装有防滑套的合格梯子，单梯工作时，梯子与地面的斜角度约60°，并专人扶持。 3. 严禁攀爬绝缘子		

续表

序号	作业类型	作业工序	风险类型	防控措施	风险等级	备注
20		互感器、耦合电容器、避雷器安装	物体打击	1. 高处作业，应使用工具袋或绳索传递物件。 2. 作业人员不得站在可能坠物的下方	4	
21	其他户外设备安装	干式电抗器安装	机械伤害	1. 应设溜绳，防止安装时晃动。 2. 设备就位时，严禁手扶底面，校对螺栓孔时，应使用尖扳手或其他专业工具	4	
			高处坠落	1. 高处作业应正确使用安全带，作业人员在转移作业位置时不准失去安全带保护。 2. 应使用两端装有防滑套的合格梯子，单梯工作时，梯子与地面的斜角度约60°，并专人扶持。 3. 吊装应充分考虑吊车荷载，避免倾覆		
			物体打击	1. 起吊范围内严禁人员通行，应使用工具袋或绳索传递物件。 2. 作业人员不得站在可能坠物的下方		
		悬挂式阻波器安装	机械伤害	1. 地面工作人员不得在绞磨钢丝绳导向滑轮内侧的危险区域内通过和逗留。 2. 应从专用吊点处进行吊装，防止在吊装过程脱落伤及人身与设备	4	
			高处坠落	高处作业应正确使用安全带，作业人员在转移作业位置时不准失去安全带保护		
			物体打击	1. 起吊范围内严禁人员通行，应使用工具袋或绳索传递物件。 2. 作业人员不得站在可能坠物的下方		
		座式阻波器安装	机械伤害	应从专用吊点处进行吊装，防止在吊装过程脱落伤及人身与设备	4	
			高处坠落	1. 高处作业应正确使用安全带，作业人员在转移作业位置时不准失去安全带保护。 2. 应使用两端装有防滑套的合格梯子，单梯工作时，梯子与地面的斜角度约60°，并专人扶持		
			物体打击	1. 起吊范围内严禁人员通行，应使用工具袋或绳索传递物件。 2. 作业人员不得站在可能坠物的下方		
22		站用变压器、消弧线圈、二次设备仓安装	机械伤害	应设溜绳，防止安装时晃动	4	
			高处坠落	1. 高处作业应正确使用安全带，作业人员在转移作业位置时不准失去安全带保护。 2. 应使用两端装有防滑套的合格梯子，单梯工作时，梯子与地面的斜角度约60°，并专人扶持		
			物体打击	1. 起吊范围内严禁人员通行，应使用工具袋或绳索传递物件。 2. 作业人员不得站在可能坠物的下方		
23		其他设备安装	物体打击	1. 起吊范围内严禁人员通行，应使用工具袋或绳索传递物件。 2. 作业人员不得站在可能坠物的下方	4	
			高处坠落	1. 高处作业应正确使用安全带，作业人员在转移作业位置时不准失去安全带保护。 2. 应使用两端装有防滑套的合格梯子，单梯工作时，梯子与地面的斜角度约60°，并专人扶持		

10

序号	作业类型	作业工序	风险类型	防控措施	风险等级	备注
24	母线桥施工作业	支吊架、支持绝缘子及金具检查安装	灼烫	1. 应佩戴防护镜、胶皮手套、防护服、胶鞋和口罩。 2. 禁止触碰未充分冷却的焊件	4	
			触电	1. 焊机的电源应具有漏电保护功能。 2. 焊机金属外壳应可靠接地		
			物体打击	1. 高处作业，应使用工具袋或绳索传递物件。 2. 地面工作人员不得站在可能坠物的母线桥下方		
			高处坠落	1. 高处作业应正确使用安全带，作业人员在转移作业位置时不准失去安全带保护。 2. 应使用两端装有防滑套的合格梯子，单梯工作时，梯子与地面的斜角度约60°，并专人扶持		
25		母线加工	触电	1. 电动机具的电源应具有漏电保护功能。 2. 电动机具的金属外壳应可靠接地	4	
			机械伤害	母线搬运时应注意互相配合，相互照应，防止压脚、扭伤等		
			灼烫	对母线热缩或接触面搪锡后，应充分冷却		
26		母线安装	物体打击	1. 高空作业，应使用工具袋或绳索传递物件。 2. 地面工作人员严禁站在可能坠物的母线桥下方	4	
			高处坠落	1. 高处作业应正确使用安全带，作业人员在转移作业位置时不准失去安全带保护。 2. 应使用两端装有防滑套的合格梯子，单梯工作时，梯子与地面的斜角度约60°，并专人扶持		
27	GIS组合电器安装	户内GIS就位	机械伤害	牵引时应平稳匀速，并有制动措施	4	
			物体打击	1. 起吊范围内严禁人员通行，应使用工具袋或绳索传递物件。 2. 作业人员不得站在可能坠物的下方。 3. GIS后方严禁站人，防止滚杠弹出伤人		
			高处坠落	1. 高处作业应正确使用安全带，作业人员在转移作业位置时不准失去安全带保护。 2. 应使用两端装有防滑套的合格梯子，单梯工作时，梯子与地面的斜角度约60°，并专人扶持		
28		户外GIS就位	机械伤害	1. 应将作业现场所有孔洞盖严。 2. 施工范围内应搭设临时围栏，设置安全通道、警示标志	4	
			物体打击	1. 起吊范围内严禁人员通行，应使用工具袋或绳索传递物件。 2. 作业人员不得站在可能坠物的下方		
			高处坠落	1. 高处作业应正确使用安全带，作业人员在转移作业位置时不准失去安全带保护。 2. 应使用两端装有防滑套的合格梯子，单梯工作时，梯子与地面的斜角度约60°，并专人扶持		

序号	作业类型	作业工序	风险类型	防控措施	风险等级	备注
29		户内GIS母线及母线筒对接	机械伤害	牵引时应平稳匀速，并有制动措施	4	
			物体打击	1. 起吊范围内严禁人员通行，应使用工具袋或绳索传递物件。 2. 作业人员不得站在可能坠物的下方		
			高处坠落	1. 高处作业应正确使用安全带，作业人员在转移作业位置时不准失去安全带保护。 2. 应使用两端装有防滑套的合格梯子，单梯工作时，梯子与地面的斜角度约60°，并专人扶持		
			中毒窒息	1. GIS安装时打开罐体封盖前应确认气体已回收，表压为零且通风良好；内部检查时，含氧量应大于18%方可工作，否则应吹入干燥空气。 2. 应设专人监护，防止检查人员缺氧窒息		
30	GIS组合电器安装	户外GIS母线及母线筒对接	高处坠落	1. 高处作业应正确使用安全带，作业人员在转移作业位置时不准失去安全带保护。 2. 应使用两端装有防滑套的合格梯子，单梯工作时，梯子与地面的斜角度约60°，并专人扶持	4	
			中毒窒息	1. GIS安装时打开罐体封盖前应确认气体已回收，表压为零并通风良好；检查内部时，含氧量应大于18%方可工作，否则应吹入干燥空气。 2. 应设专人监护，防止检查人员缺氧窒息		
31		GIS套管安装	物体打击	1. 高空作业，应使用工具袋或绳索传递物件。 2. 作业人员不得站在可能坠物的下方	3	
			高处坠落	1. 高处作业应正确使用安全带，作业人员在转移作业位置时不准失去安全带保护。 2. 应使用两端装有防滑套的合格梯子，单梯工作时，梯子与地面的斜角度约60°，并专人扶持		
32		抽真空、充气	物体打击	搬运SF_6气瓶过程应轻抬轻放，防止压伤手脚	4	
			中毒窒息	1. 充气作业人员应站在气瓶的侧后方或上风口。 2. GIS安装时打开罐体封盖前应确认气体已回收，表压为零且通风良好；内部检查时，含氧量应大于18%方可工作，否则应吹入干燥空气。 3. 应设专人监护，防止检查人员缺氧窒息		
33	开关柜、屏安装	二次搬运及开箱	机械伤害	1. 起吊前，要检查起吊设备、制动装置正常。 2. 起吊离地100mm时，要再次检查钢丝绳无断股、吊钩无变形、无脱扣。 3. 起吊前应确认吊具满足起重物荷载要求	4	
			物体打击	二次搬运运输过程中，车速应小于15km/h，设专人指挥，避免开关柜、屏在运输过程中发生倾倒		

序号	作业类型	作业工序	风险类型	防控措施	风险等级	备注
34	开关柜、屏安装	屏、柜就位	物体打击	1. 组立屏、柜或端子箱时,设专人指挥,作业人员必须服从指挥,防止屏、柜倾倒伤人。 2. 作业人员不得站在可能坠物的下方	4	
			高处坠落	作业人员应将作业点周围的孔洞或沟道盖严,避免作业人员摔伤		
			火灾	在电焊时应做好隔离、防护措施,防止焊渣飞溅导致人员烫伤或引起燃烧		
35		蓄电池安装及充放电	腐蚀	安装或搬运电池时应戴绝缘手套、围裙和护目镜,平稳运输、轻拿轻放,不得将蓄电池倾斜放置。若酸液泄漏溅落到人体上,应立即用苏打和清水冲洗	4	
			高处坠落	作业人员应将作业点周围的孔洞或沟道盖严,避免作业人员摔伤		
			触电	紧固电极连接件时所用的工具手柄要带有绝缘,并佩戴劳保手套		
36	电缆敷设及接线	电缆敷设作业准备及装卸	物体打击	根据电缆盘的质量和电缆盘中心孔直径选择放线支架的钢轴,放线支架必须牢固、平稳,无晃动,严禁使用道木搭设支架,防止电缆盘翻倒造成伤人事故的发生	4	
			机械伤害	1. 起吊前,要检查起吊设备、制动装置正常。 2. 起吊离地 100mm 时,要再次检查钢丝绳无断股,吊钩无变形、无脱扣。 3. 起吊前应确认吊具满足起重物荷载要求		
37		敷设及接线	物体打击	1. 工作中应做好防滑措施,井盖、盖板等开启应使用专用工具。 2. 作业人员不得站在可能坠物的下方	4	
			高处坠落	1. 开启后井、沟后周边应设置安全围栏和警示标识牌,工作结束后应及时恢复井、沟盖板。 2. 高处作业应正确使用安全带,作业人员在转移作业位置时不准失去安全带保护		
			中毒窒息	在电缆沟内敷设电缆时要充分通风或使用气体测试仪测试确认合格后进入区域作业		
		110kV 及以上高压电缆敷设	物体打击	1. 操作电缆盘人员要时刻注意电缆盘有无倾斜现象,应防止电缆突然蹦出伤人。 2. 电缆通过孔洞时,出口侧的人员不得在正面接引,避免电缆伤及面部	4	
		110kV 及以上高压电缆头制作	物体打击	在电缆终端施工区域下方应设置围栏,禁止无关人员在作业地点下方通行或逗留	4	
			火灾	1. 制作环氧树脂电缆头和调配环氧树脂作业过程中,应采取有效的防毒和防火措施。 2. 进行充油电缆接头安装时,应配备必要的消防器材		

序号	作业类型	作业工序	风险类型	防控措施	风险等级	备注
38	改扩建施工	材料和设备搬运	触电	确保吊车等工具及作业与带电设备安全距离满足安规要求（10kV 不小于 3m，35kV 不小于 4m，110kV 不小于 4.5m，220kV 不小于 6m，500kV 不小于 8m）	4	起吊方案
39		土建间隔扩建施工	机械伤害	1. 使用机械挖土，在挖掘机旋转范围内，不允许有其他作业。 2. 作业时应设专人监护，作业区域内不得有人进入。	3	
40		电气一次设备安装	高处坠落	1. 应使用两端装有防滑套的合格梯子，单梯工作时，梯子与地面的斜角度约60°，并专人扶持。 2. 高处作业应正确使用安全带，作业人员在转移作业位置时不准失去安全带保护	3	
			触电	1. 施工区域与运行部分应有可靠的物理和电气安全隔离。 2. 作业人员严禁进入正在运行的间隔，应在规定的范围内作业，严禁穿越安全围栏。安全距离满足安规要求（10kV 不小于 0.7m，35kV 不小于 1m，110kV 不小于 1.5m，220kV 不小于 3m，500kV 不小于 5m）		
			火灾	在电焊时应做好隔离、防护措施		
			灼烫	作业人员应戴防护眼镜		
41		电气二次设备安装	触电	1. 电缆穿入带电的屏柜前，电缆端头应做绝缘包扎处理，禁止电缆触及运行设备。 2. 拆解屏、柜内二次电缆时，必须确定所拆电缆确实已退出运行，作业应有人监护。 3. 加装屏顶小母线时，必须做好相邻带电屏、柜上小母线的绝缘隔离措施	3	
			灼烫	1. 应佩戴防护镜、胶皮手套、防护服、胶鞋和口罩。 2. 禁止触碰未充分冷却的焊件		
			火灾	1. 设置专人监护，配备足够的消防器材。 2. 所用的隔离板必须是防火阻燃材料，严禁使用木板隔离		
			高处坠落	1. 应使用两端装有防滑套的合格梯子，单梯工作时，梯子与地面的斜角度约60°，并专人扶持。 2. 高处作业应正确使用安全带，作业人员在转移作业位置时不准失去安全带保护		
42		二次接入带电系统	触电	1. 在施工的相邻保护屏上悬挂"运行设备"醒目标识，作业人员严禁超越工作范围碰触其他运行设备。 2. 应将邻近运行的端子排用绝缘胶带粘住，并确定所接端子无电后接线	3	
		运行屏柜上二次接线	触电	接线人员在屏、柜内避免碰撞正在运行的电气元件，同时应将运行的端子排用绝缘胶带粘住，在监护人的监护下进行接线	4	
43		附属设备安装	触电	1. 作业人员带电设备的安全距离满足安规要求（10kV 不小于 0.7m，35kV 不小于 1m，110kV 不小于 1.5m，220kV 不小于 3m，500kV 不小于 5m）。 2. 作业区域应与带电设施有明确隔离，工作中应有人监护	3	

序号	作业类型	作业工序	风险类型	防控措施	风险等级	备注
44	电气调试试验	一次设备试验	高处坠落	1. 应使用两端装有防滑套的合格梯子，单梯工作时，梯子与地面的斜角度约60°，并专人扶持。 2. 高处作业应正确使用安全带，作业人员在转移作业位置时不准失去安全带保护	3	耐压试验应编制专项施工方案
			触电	1. 试验设备与其他相邻设备应做好物理隔离措施。 2. 耐压试验应由专人指挥，设置安全围栏和警示牌，试验过程设专人监护，严禁非作业人员进入作业区域。 3. 试验设备及一次设备末屏应有可靠接地，被试设备对地充分放电后，方可拆除试验接线。 4. 试验人员应佩戴绝缘手套进行拆、换试验接线		
45		高压电缆耐压试验	触电	1. 应设专人统一指挥，电缆两端应设专人监护，保持通信畅通。 2. 电缆两端均应设置安全围栏和警示牌，严禁非作业人员进入。 3. 电缆对地充分放电后，方可拆除试验接线。试验人员应佩戴绝缘手套进行拆、装试验接线	3	耐压试验应编制专项施工方案
46		二次设备调试	灼烫	在进行试验接线时应严防TA二次侧开路	3	
			触电	1. 应确认待试验的稳定控制二次系统（试验系统）与运行系统已完全隔离后方可开始工作。 2. 调试前应确认工作设备，防止走错间隔及误碰无关带电端子		
47	验收及设备检查	变电站验收、消缺作业	物体打击	1. 高处作业应使用工具袋或绳索传递物件。 2. 作业人员不得站在可能坠物的下方	3	
			高处坠落	1. 构架验收应使用垂直攀登自锁器，水平移动使用速差保护器。 2. 使用梯子时，应使用两端装有防滑套的合格梯子，单梯工作时，梯子与地面的斜角度约60°，并专人扶持		
			触电	1. 验收前必须规范设置硬质安全隔离区域和警示牌，设专人监护，严禁非作业人员进入。 2. 在高压出线处验收时，应先测量感应电压，必要时应挂个人保安线		
48		二次设备带负荷侧向量	触电	使用向量表测量二次侧电压与电流相位差时，严禁触及带电端子，同时要有人监护	4	
			灼烫	带负荷测向量严防造成TA开路		

6.2 典型案例分析

【例 6-1】 互感器设备卸车时倾倒伤人。

（一）案例描述

某送变电公司组织施工人员对新到货的 35kV TA 设备进行卸车。在吊卸第 12 件 TA 设备过程中，作业人员将两条钢丝绳分别套在设备外包装箱底部后，作业负责人曹××指挥起吊，当 TA 设备外包装箱吊离车板约 10cm 时发生倾斜，曹××见状马上示意吊车司机放松吊索欲将吊件落地，但吊件在下落过程中突然失稳倾倒后将曹××砸倒，经医院抢救无效死亡。TA 倾倒落地如图 6-11 所示。

图 6-11 TA 倾倒落地照片

（二）原因分析

该案例是其他户外设备安装作业类型，作业负责人曹××对"二次运输"作业工序中的"物体打击"人身伤害风险点辨识不到位。曹××未能预先辨识吊物在起吊过程中可能发生倾倒的危险情况，未能与吊物保持足够的安全距离，同时在起吊前、起吊中没有检查起吊物板是否牢固，未提前发现包装物破损导致吊物不稳固的情况，没有采取有效措施固定吊物，以上因素共同导致在发生吊物因板扎不牢固发生倾倒时曹××躲闪不及被砸身亡。

【例 6-2】 变电站验收时发生坠落。

（一）案例描述

2013 年 7 月 28 日，某 500kV 换流站双回 500kV 直流输电工程进入设备验收阶段，验收组成员杨×（死者）和牛×共同对某丙线 OPGW 进站光缆开展验收。在验收过程中，杨×在未系安全带和未正确佩戴安全帽的情况下攀爬至离地面 3.7m 的某丙线 OPGW 进站光缆接续盒支架上工作，在检查过程中，监护人牛×因事中途离，而杨×在检查光纤接续盒过程中不慎发生坠落，在跌落过程中因安全帽脱落，导致头部直接撞击地面死亡，如图 6-12 所示。

（二）原因分析

该案例是验收及设备检查作业类型，验收人员杨×（死者）和牛×对"变电站验收、消缺"作业工序中的"高处坠落"人身伤害风险点辨识不到位。杨×在未准备安全带或梯子等登高工具的情况下，随意登高作业，缺乏基本的自我保护意识；同时监护人员牛×未能履行登高工作监护人的义务，在工作中未提醒杨×做好登高作业安全措施且脱离被监护人，造成杨×失去监护；杨×未正确佩戴安全帽，安全帽在人体撞击地面时脱离，未能起到保护头部的作用。以上因素造成杨×在高处开展验收作业时因发生坠落造成死亡。

(a) 事故现场　　　　　　　　　　　　　　(b) 坠落现场情景推演模拟

图 6-12　事故现场的光缆接续盒支架照片

【例 6-3】　更换隔离开关误入带电间隔触电坠落。

（一）案例描述

2009 年 6 月 17 日，某施工单位在某 220kV 变电站开展 110kV Ⅰ线 2M 侧 1132 间隔三侧隔离开关及引下线更换技改工作。工作班成员包括工作负责人何×和陈×（死者）共 9 人。当日下午，工作班组在完成 1132 间隔三侧隔离开关两侧导线拆除后，因下道工序需拆除 1132 断路器上方引线以便吊车起吊 11323 隔离开关，故工作负责人何×指派陈×负责拆除 1132 断路器上方引线，贾×负责监护和配合。陈×在接到任务后，在没有监护的情况下，一人擅自穿越围栏进入相邻的 4 号主变压器带电运行间隔，并误登带电的 1104 断路器准备拆除引线，在攀爬过程中因安全距离不足，带电设备对陈×放电，导致其触电坠落，经现场抢救无效死亡。

（二）原因分析

该案例是改扩建施工作业类型，工作人员陈×（死者）对"一次电气设备安装"作业工序中的"触电"人身伤害风险点辨识不到位。陈×不清楚现场带电设备区域，未能严格遵守在规定的范围内作业的安全要求，擅自穿越围栏进入正在运行的带电间隔开展工作；同时工作负责人何×和监护人贾×履职不到位，未能及时发现和制止陈×的严重违章行为，造成陈×误入带电间隔发生触电人身伤亡事故。

6.3　实　训　习　题

一、单选题

1. 起吊离地（　　）cm 时，要再次检查钢丝绳无断股，吊钩无变形、无脱扣。

A. 5　　　　　B. 10　　　　　C. 15　　　　　D. 20

2. 回落钟罩时不得用手直接接触胶垫、圈，在使用（　　）作为定位销时，严禁一手在大沿上一手在大沿下部。

A. 圆钢　　　　　B. 角钢　　　　　C. 角铁　　　　　D. 钢钎

3. 主变压器吊罩检查时，检查人员应穿（　　）。

A. 绝缘手套　　　B. 袜子　　　　　C. 绝缘靴　　　　D. 耐油防滑靴

4. 充氮变压器未经确认充分排氮，内部含氧量未达到（　　）以上前，人员方可进入。

A. 8％　　　　　B. 18％　　　　　C. 20％　　　　　D. 30％

5. 检查照明必须使用（　　）V以下带防护罩的安全灯具，电源线必须使用绝缘软芯电缆。

A. 12　　　　　B. 24　　　　　C. 36　　　　　D. 48

6. 高处作业人员应穿防滑鞋，必须通过（　　）上下作业。

A. 滑梯　　　　　B. 变压器自带爬梯　C. 变压器边缘　　D. 人字梯

7. 使用吊带安装套管，增加（　　）作为保护，防止断裂伤人。

A. 钢丝绳　　　　B. 铁线　　　　　C. 电线　　　　　D. 软吊带

8. 单梯工作时，梯子与地面的斜角度约（　　），并专人扶持。

A. 40°　　　　　B. 50°　　　　　C. 60°　　　　　D. 70°

9. 起吊范围内严禁人员通行，作业人员不得站在可能坠物的（　　）。

A. 前面　　　　　B. 后面　　　　　C. 旁边　　　　　D. 下方

10. 变压器、滤油机、油罐周边（　　）m内严禁烟火，不得动火作业并备齐足够的灭火装置。

A. 8　　　　　　B. 9　　　　　　C. 10　　　　　　D. 11

11. 油罐与油管等各连接处应（　　）良好，严防漏油。

A. 绝缘　　　　　B. 密封　　　　　C. 防水　　　　　D. 透气

12. 焊接过程应确保焊接工棚内（　　）良好。

A. 密闭　　　　　B. 透气　　　　　C. 湿度　　　　　D. 温度

13. 管母起吊时，应在管型母线（　　）系上足够长的溜绳以控制方向，并缓慢起吊。

A. 两端　　　　　B. 前端　　　　　C. 后端　　　　　D. 中间

14. 压接前应仔细检查压接机各部件连接及软管是否（　　）。

A. 灵活　　　　　B. 完善　　　　　C. 完备　　　　　D. 完好

15. 母线跳线及设备引下线安装时，（　　）攀爬绝缘子。

A. 可以　　　　　B. 严禁　　　　　C. 宜　　　　　　D. 视情况

16. 设备就位时，严禁手扶底面，校对螺栓孔时，应使用（　　）或其他专业工具。

A. 扳手   B. 大锤   C. 尖扳手   D. 手指

17. 户内充 SF_6 气体时保持通风良好，在排氮气时应戴（   ），防止氮气窒息。

A. 防毒面具   B. 口罩   C. 护目眼镜   D. 正压式空气呼吸器

18. GIS 安装时打开罐体封盖前应确认气体已回收，表压为（   ）且通风良好。

A. 正值   B. 零   C. 负值   D. 正常值

19. 对 GIS 内部检查时，含氧量应大于（   ）％方可工作，否则应吹入干燥空气。

A. 17   B. 18   C. 19   D. 20

20. 设备起吊离地（   ）mm 时，要再次检查钢丝绳无断股、吊钩无变形、无脱扣。

A. 50   B. 100   C. 150   D. 200

21. 运输过程中，车速应小于（   ）km/h，设专人指挥，避免开关柜、屏在运输过程中发生倾倒。

A. 5   B. 10   C. 15   D. 20

22. 10kV 设备不停电时的安全距离为（   ）。

A. 1.00m   B. 0.90m   C. 0.75m   D. 0.70m

23. 35kV 设备不停电时的安全距离为（   ）。

A. 1.50m   B. 1.00m   C. 0.90m   D. 0.70m

24. 110kV 设备不停电时的安全距离为（   ）。

A. 3.00m   B. 2.00m   C. 1.50m   D. 1.00m

25. 220kV 设备不停电时的安全距离为（   ）。

A. 4.00m   B. 3.00m   C. 2.00m   D. 1.00m

26. 电缆穿入带电的屏柜前，电缆端头应做（   ）处理，禁止电缆触及运行设备。

A. 接地   B. 绝缘包扎   C. 短路   D. 开路

27. 在施工的相邻保护屏上悬挂（   ）醒目标识，作业人员严禁超越工作范围碰触其他运行设备。

A. "在此工作！"   B. "从此进出！"

C. "运行设备"   D. "禁止合闸，有人工作！"

28. 试验设备及一次设备末屏应有（   ），被试设备对地充分放电后，方可拆除试验接线。

A. 可靠断开   B. 可靠连接   C. 可靠绝缘   D. 可靠接地

29. 试验人员应佩戴（   ）进行拆、换试验接线。

A. 线手套   B. 绝缘手套   C. 口罩   D. 护目眼镜

30. 电缆对地（   ）后，方可拆除试验接线。

A. 应放电   B. 充分放电   C. 不得放电   D. 接地

31. 在进行试验接线时应严防（　　）。

A. TA 一次侧开路　　B. TA 二次侧开路　　C. TV 一次侧短路　　D. TV 二次侧短路

32. 在高压出线处验收时，应先测量感应电压，必要时应（　　）。

A. 挂个人保安线　　B. 标识牌　　　　　　C. 围栏　　　　　　D. 隔离挡板

二、 多选题

1. 顶推前作业人员应检查（　　）等设备，确认无误后，方可顶推。

A. 千斤顶　　　　　B. 绳扣　　　　　　C. 滑轮　　　　　　D. 铁线

2. 管母线焊接应佩戴（　　）和口罩。

A. 防护镜　　　　　B. 胶皮手套　　　　C. 防护服　　　　　D. 胶鞋

3. 取出断路器中的吸附物时，应使用（　　）等防护用品。

A. 橡胶手套　　　　B. 防护镜　　　　　C. 线手套　　　　　D. 防毒口罩

4. 打开控制阀门时作业人员应站在充气口的（　　）或（　　），应正确使用劳动保护用品。

A. 侧面　　　　　　B. 前面　　　　　　C. 下风口　　　　　D. 上风口

5. 在户外 GIS 就位时，施工范围内应搭设临时围栏，设置（　　）。

A. 消防通道　　　　B. 安全通道　　　　C. 警示标志　　　　D. 警告标志

6. GIS 组合电器抽真空、充气时，充气作业人员应站在气瓶的（　　）或（　　）。

A. 侧前方　　　　　B. 侧后方　　　　　C. 上风口　　　　　D. 下风口

7. 安装或搬运电池时应穿戴（　　），平稳运输、轻拿轻放，不得将蓄电池倾斜放置。

A. 绝缘手套　　　　B. 围裙　　　　　　C. 线手套　　　　　D. 护目镜

8. 若酸液泄漏溅落到人体上，应立即用（　　）和（　　）冲洗。

A. 苏打水　　　　　B. 丙酮　　　　　　C. 清水　　　　　　D. 酒精

9. 吊车与带电设备的安全距离是（　　）

A. 10kV，3m　　　B. 35kV，4m　　　C. 110kV，3.5m　　D. 220kV，6m

10. 施工区域与运行部分应有可靠的（　　）和（　　）隔离。

A. 物理　　　　　　B. 分隔　　　　　　C. 电气安全　　　　D. 绝缘

11. 设备不停电时的安全距离，以下正确的是（　　）。

A. 220kV，3.00m　　　　　　　　　　　B. 110kV，1.50m

C. 35kV，0.90m　　　　　　　　　　　D. 10kV，0.70m

12. 加装屏顶小母线时，必须做好（　　）、（　　）的绝缘隔离措施。

A. 左边带电屏　　　B. 相邻带电屏　　　C. 柜上小母线　　　D. 右边带电屏

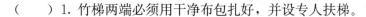

三、 判断题

（　　）1. 竹梯两端必须用干净布包扎好，并设专人扶梯。

（　　）2. 回落钟罩时可直接用手直接接触胶垫、圈，在使用圆钢作为定位销时，严禁一手在大沿上，一手在大沿下部。

（　　）3. 升高座、散热器在吊装过程中，必须在起重机械受力后方可拆除运输安全措施，必须采取防倾覆的措施。

（　　）4. 高处作业应正确使用安全带，作业人员在转移作业位置时不准失去安全带保护。

（　　）5. 套管安装时，可攀爬套管或使用起重机械上下作业人员。

（　　）6. 高处作业，应使用工具袋或绳索传递物件。

（　　）7. 油处理、抽真空、注油及热油循环等各设备要可靠接地，防止产生静电。

（　　）8. 严禁手、脚接触运行中机具的转动部分。

（　　）9. 电动机具的电源应具有漏电保护功能。

（　　）10. 电动机具外壳应可靠接零。

（　　）11. 根据情况可触碰未充分冷却的焊件。

（　　）12. 人体可直接触摸平整机的作业部位。

（　　）13. 支撑式、悬吊式安装时，应正确绑扎防止吊点滑动。

（　　）14. 支撑式、悬吊式安装可使用吊筐施工。

（　　）15. 导线应从盘的上方引出，缓慢放线，放线人员不得站在线盘的前面。

（　　）16. 档距测量及下料严禁使用无齿锯切割。

（　　）17. 压接时，严禁跨越操作中的液压管。

（　　）18. 人员禁止跨越正在收紧的导线，母线下及钢丝绳外侧严禁站人或通行。

（　　）19. 使用人工挂线时，应统一指挥、相互配合，应有防止坠落的措施。

（　　）20. 断路器搬运，应采取牢固的封车措施，可人货混装。

（　　）21. 调整断路器传动装置时，应有防止断路器意外脱扣伤人的可靠措施。

（　　）22. 解除隔离开关捆绑螺栓时，作业人员应在主闸刀的正面，手不得扶持导电杆。

（　　）23. 可使用起重机械上下作业人员。

（　　）24. 机构箱安装及隔离开关调整时，作业人员在本体上作业时，严禁电动操作。

（　　）25. 吊装应充分考虑吊车荷载，避免倾覆。

（　　）26. 对母线热缩或接触面搪锡后，应充分冷却。

（　　）27. 户内 GIS 就位时，GIS 后方可站人，防止滚杠弹出伤人。

（　　）28. 使用绞磨机时，牵引时应平稳匀速，并有加速措施。

（　　）29. 搬运 SF_6 气瓶过程应轻抬轻放，防止压伤手脚。

（　　）30. 组立屏、柜或端子箱时，设专人指挥，作业人员必须服从指挥，防止屏、柜倾倒伤人。

（　　）31. 在电焊时应做好隔离、防护措施，防止焊渣飞溅导致人员烫伤或引起燃烧。

（　　）32. 若酸液泄漏溅落到人体上，应立即用丙酮和清水冲洗。

（　　）33. 紧固电极连接件时所用的工具手柄要带有绝缘，并佩戴劳保手套。

（　　）34. 根据电缆盘的重心和电缆盘中心孔直径选择放线支架的钢轴，放线支架必须牢固、平稳、无晃动，严禁使用道木搭设支架，防止电缆盘翻倒造成伤人事故的发生。

（　　）35. 二次电缆敷设及接线工作中应做好工作提醒和防滑措施，井盖、盖板等开启应使用专用工具。

（　　）36. 在电焊时应做好隔离措施。

（　　）37. 拆解屏、柜内二次电缆时，必须确定所拆电缆确实已退出运行，作业应有人监护。

（　　）38. 所用的隔离板必须是防火阻燃材料，严禁使用木板隔离。

（　　）39. 二次接入带电系统应将邻近运行的端子排用绝缘胶带粘住，并确定所接端子无电后接线。

（　　）40. 耐压试验应由专人指挥，设置安全围栏和警示牌，试验过程设专人监护，严禁作业人员进入作业区域。

（　　）41. 试验人员应佩戴手套进行拆、换试验接线。

（　　）42. 高压电缆耐压试验应设专人统一指挥，电缆两端应设专人监护，保持通信畅通。

（　　）43. 调试后应确认工作设备，防止走错间隔及误碰无关带电端子。

（　　）44. 在高压出线处验收时，应先测量电流，必要时应挂个人保安线。

（　　）45. 使用向量表测量二次侧电压与电流相位差时，可触及带电端子，同时要有人监护。

（　　）46. 使用向量表测量一次侧电压与电流相位差时，严禁触及带电端子，同时要有人监护。

（　　）47. 带负荷测向量严禁造成 TA 开路。

架空输电线路工程

架空输电线路工程涉及人身安全风险的施工作业类型有驻地临建、线路复测、线路基础开挖［包括一般土石方开挖、掏挖基础基坑开挖、岩石基坑开挖、特殊基坑开挖、钻孔（机械冲）灌注桩基础、人工挖孔桩基础］、工地运输、基础工程、接地工程、杆塔组立（包括水泥杆施工、钢管杆施工、附着式外拉线分解组立、悬浮抱杆分解组立、整体立塔施工、落地通天抱杆分解吊装组立、起重机吊装立塔、临近带电体组立塔）、架线施工、附件安装、线路防护工程、线路拆旧、中间验收、竣工投运前验收、参数测试十四大类。

7.1　关键风险与防控措施

7.1.1　驻地临建

驻地临建施工风险主要集中在施工现场使用的办公室、生活用房、临时加工场地、围栏等临时建筑物搭、拆作业工序，如图 7-1 所示。

(a) 临时加工厂搭盖　　　　　　　　　　(b) 临时驻点搭盖

图 7-1　驻地临建施工作业照片图

驻地临建存在坍塌、高处坠落两种人身安全风险。

7.1.1.1　坍塌风险

主要防控措施为：房屋结构件及板材应牢固，禁止使用损伤或毁烂的结构件及板材，搭设和拆除作业应指定工作负责人，作业前应勘查现场地形地貌，进行安全技术交底。

7.1.1.2 高处坠落风险

主要防控措施：①在轻型或简易结构的屋面上作业时，应有防止坠落的可靠措施；②在屋顶及其他危险的边沿进行作业，临空面应装设安全网或防护栏杆，施工作业人员应使用安全带。

7.1.2 架空线路复测作业

架空线路复测作业风险主要集中在山区及森林、通道清理作业和复杂地形作业两个作业工序环节，如图 7-2 所示。

(a) 山区及森林复测　　　　　　　　　　(b) 复测定桩

图 7-2　复测作业照片

7.1.2.1 山区及森林、通道清理作业

在山区及森林、通道清理作业工序环节存在物体打击、高处坠落、中毒和窒息、触电、火灾 5 类人身安全风险。

7.1.2.1.1 物体打击风险

主要防控措施为：①应戴安全帽，扣紧下颚带，禁止上下抛掷物品；②待砍剪树木下面或树倒范围内设置警戒区域，警戒区域不准有人逗留。

7.1.2.1.2 高处坠落风险

主要防控措施为：①不得穿越不明深浅的区域，随时与其他人员保持联系；②不得攀附脆弱、枯死或尚未砍断的树枝、树木；③使用安全带不得系在待砍剪树枝的断口附近。

7.1.2.1.3 中毒和窒息风险

主要防控措施为：①偏僻山区禁止单独作业，配齐通信、地形图等装备；②携带必要的防卫器械、防护用具及药品；③毒蛇咬伤后，先服用蛇药，再送医救治，切忌奔跑。

7.1.2.1.4 触电风险

主要防控措施为：①严禁使用金属测量器具测量带电线路各种距离；②选择合适路

线，不走险路，注意避开私设捕兽电网；③雷雨天气禁止停留在大树下。

7.1.2.1.5 火灾风险

主要防控措施为：①在林区、牧区作业，应遵守当地的防火规定；②进入林区、牧区作业禁止吸烟。

7.1.2.2 复杂地形作业

复杂地形作业工序环节存在高处坠落、中毒和窒息、淹溺3类人身安全风险。

7.1.2.2.1 高处坠落风险

主要防控措施为：①不得穿越不明深浅的区域，保持与其他作业人员的联系；②不得攀附脆弱、枯死或尚未砍断的树枝、树木；③使用安全带不得系在待砍剪树枝的断口附近。

7.1.2.2.2 中毒和窒息风险

主要防控措施为：①偏僻山区禁止单独作业，配齐通信、地形图等装备；②携带必要的防卫器械、防护用具及药品；③毒蛇咬伤后，先服用蛇药，再送医救治，切忌奔跑。

7.1.2.2.3 淹溺风险

主要防控措施为：①不得穿越不明深浅的水域和薄冰；②施工人员至少两人同行，不得单独远离作业场所；③乘坐水上交通工具时，正确穿戴救生衣，熟练使用救生设备，严禁超员。

7.1.3 线路基础开挖

7.1.3.1 一般土石方开挖施工作业

一般土石方开挖施工作业风险主要集中在人工开挖作业工序环节。

在人工开挖基坑作业工序环节，存在高处坠落、物体打击、坍塌3类人身安全风险。

7.1.3.1.1 高处坠落风险

主要防控措施为：①上下基坑应使用软梯；②高处作业应正确使用安全带，作业人员在上下基坑时不得失去安全保护；③基坑应有可靠的扶手和坡道，不得攀登挡土板支撑上下。

7.1.3.1.2 物体打击风险

主要防控措施为：①边坡开挖时，由上往下开挖，依次进行，不得上、下坡同时撬挖；②基坑边缘要求设置安全护栏，悬挂警示牌；③开挖基坑，应先清除坑口浮土、石，土石方开挖下方不得有人。

7.1.3.1.3 坍塌风险

主要防控措施为：①任何人不得在坑内休息；②基坑顶部按设计要求设置截水沟；③一般土质条件下弃土堆底至基坑顶边距离不小于1m，弃土堆高不大于1.5m，垂直坑壁边坡条件下弃土堆底至基坑顶边距离不小于 3m；④设置监护人监护周边异常情况。

7.1.3.2 掏挖基础基坑开挖作业

掏挖基础基坑开挖作业风险主要集中在深度 5m 以内、深度大于 5m 基坑人工掏挖作业、底盘扩底基坑清理 3 个工序环节，如图 7-3 所示。

(a) 无护壁掏挖基础

(b) 有护壁掏挖基础

图 7-3 掏挖基础基坑开挖作业照片

7.1.3.2.1 深度 5m 以内人工掏挖作业

在深度 5m 以内人工掏挖作业工序环节，存在高处坠落、物体打击、坍塌 3 类人身安全风险。

（1）高处坠落风险。主要防控措施为：①上下基坑应使用软梯，严禁沿孔壁或乘运土设施上下；②高处作业应正确使用安全带，作业人员在上下基坑时不得失去安全保护；③基坑应有可靠的扶手和坡道，不得攀登挡土板支撑上下。

（2）物体打击风险。主要防控措施为：①在基坑内上下递送工具物品时，严禁抛掷，严防其他物件落入坑内；②基坑边缘要求设置安全护栏，悬挂警示牌；③开挖基坑，应先清除坑口浮土、石子，土石方开挖下方不得有人；④人力提土绞架必须有刹车装置、电动葫芦提土机械自动卡紧保险装置应安全可靠，提土斗应为软布袋或竹篮等轻型工具，吊运土不得满装，吊运土方时孔内人员靠孔壁站立。

（3）坍塌风险。主要防控措施为：①任何人不得在坑内休息；②基坑顶部按设计要求设置截水沟；③一般土质条件下弃土堆底至基坑顶边距离不小于 1m，弃土堆高不大于 1.5m，垂直坑壁边坡条件下弃土堆底至基坑顶边距离不小于 3m；④设置监护人监护周边异常情况，挖土区域设警戒线，各种机械、车辆严禁在开挖的基础边缘 2m 内行驶、停放。

7.1.3.2.2 深度大于 5m 基坑人工掏挖作业

在深度大于 5m 基坑人工掏挖作业工序环节，存在高处坠落、物体打击、坍塌、触电、中毒窒息五类人身安全风险。

（1）高处坠落风险。主要防控措施为：①上下基坑应使用软梯，严禁沿孔壁或乘运土设施上下；②高处作业应正确使用安全带，作业人员在上下基坑时不得失去安全保护；③基坑应有可靠的扶手和坡道，不得攀登挡土板支撑上下。

（2）物体打击风险。主要防控措施为：①在基坑内上下递送工具物品时，严禁抛掷，严防其他物件落入坑内；②基坑边缘要求设置安全护栏，悬挂警示牌；③开挖基坑，应先清除坑口浮土、石子，土石方开挖下方不得有人；④人力提土绞架必须有刹车装置，电动葫芦提土机械自动卡紧保险装置应安全可靠，提土斗应为软布袋或竹篮等轻型工具，吊运土不得满装，吊运土方时孔内人员应靠孔壁站立。

（3）坍塌风险。主要防控措施为：①任何人不得在坑内休息；②基坑顶部按设计要求设置截水沟；③一般土质条件下弃土堆底至基坑顶边距离不小于1m，弃土堆高不大于1.5m，垂直坑壁边坡条件下弃土堆底至基坑顶边距离不小于3m；④设置监护人监护周边异常情况，挖土区域设警戒线，各种机械、车辆严禁在开挖的基础边缘2m内行驶、停放。

（4）触电风险。主要防控措施为：①基坑内照明应使用12V以下的带罩、具备防水功能的安全灯具；②发电机、配电箱、水泵等应设置良好接地措施，线缆无破损。

（5）中毒窒息风险。主要防控措施是配备良好通风设备，每日开工前必须检测井下有无有毒、有害气体。

7.1.3.2.3 底盘扩底基坑清理作业

在底盘扩底基坑清理作业工序环节，存在坍塌、中毒窒息2类人身安全风险。

（1）坍塌风险。主要防控措施为：①任何人不得在坑内休息；②在扩孔范围内的地面上不得堆积土方；③坑模成型后，及时浇灌混凝土，否则采取防止土体塌落的措施。

（2）中毒窒息风险。主要防控措施是配备良好通风设备，每日开工前必须检测井下有无有毒、有害气体。

7.1.3.3 岩石基坑开挖作业

岩石基坑开挖作业风险主要集中在人工成孔或机械钻孔作业、爆破作业两个工序环节。

7.1.3.3.1 人工成孔或机械钻孔作业

在深人工成孔作业工序环节，存在高处坠落、物体打击两类人身安全风险，如图7-4所示。

（1）高处坠落风险。主要防控措施为：①深基坑、孔洞临边必须设置安全围栏和警示标识牌；②上下基坑必须使用软梯，严禁直接往坑底跳。

（2）物体打击风险。主要防控措施为：①开挖岩石基坑，应先清除坑口浮土，向坑外抛扔土石时，应防止土石回落伤人；②扶锤人员应带防护手套和防尘罩；③打锤人不得戴手套，并站在扶钎人的侧面；④操作人员应戴防护眼镜；⑤传递物件需使用绳索传递，禁止向基坑内抛掷。

图 7-4　水磨钻机械钻孔作业照片

7.1.3.3.2　爆破作业风险

在岩石爆破施工作业工序环节中主要存在物体打击人身安全风险。

主要防控措施为：①导火索使用长度必须保证操作人员能撤至安全区；②划定爆破警戒区，爆破前在路口派人设立安全警戒；③爆破施工应采用松动爆破或压缩爆破，炮眼上压盖掩护物，并有减少震动波扩散的措施。

7.1.3.4　特殊基坑开挖作业

特殊基坑开挖作业主要介绍泥沙流沙坑开挖，水坑、沼泽地基坑开挖，冻土基坑开挖，大坎、高边坡基础开挖 4 种。

7.1.3.4.1　泥沙流沙坑开挖作业

在泥沙流沙坑开挖作业工序环节，存在坍塌、触电两类人身安全风险。

（1）坍塌风险。主要防控措施为：①泥沙坑、流沙坑施工应采取挡泥沙板或护筒措施；②发现挡泥板、护筒有变形或断裂现象，立即停止坑内作业，处理完毕后方可继续施工；③安全监护人随时监护周边异常情况；④严禁采取掏洞的方法掏挖基坑，任何人不得在坑内休息。

（2）触电风险。主要防控措施为：发电机、配电箱、水泵等应设置良好接地措施，线缆无破损。

7.1.3.4.2　水坑、沼泽地基坑开挖作业

在水坑、沼泽地基坑开挖作业工序环节，存在坍塌、触电两类人身安全风险。

（1）坍塌风险。主要防控措施为：①应先采取降水或挡土措施；②禁止人机结合开挖；③按设计要求进行放坡，禁止由下部掏挖土层。

（2）触电风险。主要防控措施是发电机、配电箱、水泵等应设置良好接地措施，线缆无破损。

7.1.3.4.3 冻土基坑开挖作业

在冻土基坑开挖作业工序环节，存在坍塌、触电、中毒三类人身安全风险。

（1）坍塌风险。主要防控措施为：①冻土坑容易塌方，施工时应派人监护；②机械直接挖掘施工过程中，机械操作范围内严禁有其他作业。

（2）触电风险。主要防控措施为：①采用电热法作业，由专业电气人员操作，电源配有计量器、电流表、电压表、保险开关的配电盘；②通电前施工作业人员撤离警戒区，严禁任何人员靠近，进入警戒区先切断电源；③施工现场设置安全围栏和安全标志。

（3）中毒风险。主要防控措施为：①采用烟烘烤法作业，作业现场附近不得堆放可燃物，并安排人员现场防护；②现场准备砂子或灭火器等可靠的防火措施。

7.1.3.4.4 大坎、高边坡基础开挖作业

在大坎、高边坡基础开挖作业工序环节，存在坍塌、高处坠落、物体打击、触电四类人身安全风险。

（1）坍塌风险。主要防控措施为：①施工前必须先清除上山坡浮动土石；②固壁支撑所用木料不得腐坏、断裂，板材厚度不小于50mm，撑木直径不小于100mm；③高边坡的施工必须提前做好截水沟和排水沟；④安全监护人随时监护周边异常情况。

（2）高处坠落风险。主要防控措施为：①在悬岩陡坡上作业时应设置防护栏杆；②作业人员必须戴安全帽，系安全带或安全绳。

（3）物体打击风险。主要防控措施为：①严禁上、下坡同时撬挖；②土石滚落的下方不得有人，并设警戒；③严禁两人面对面操作。

（4）触电风险。主要防控措施是发电机、配电箱、水泵等应设置良好接地措施，线缆无破损。

7.1.3.5 机械冲、钻孔灌注桩基础作业

机械冲、钻孔灌注桩基础作业风险主要集中在桩机就位和钻进操作、冲孔操作和清孔及换浆、钢筋笼制作与吊放3个作业工序。

7.1.3.5.1 桩机就位和钻井操作作业

在桩机就位和钻井操作作业工序环节，存在机械伤害人身安全风险，如图7-5所示。

主要防控措施是钻机支架必须牢固，观察钻机周围的土质变化。

图7-5 钻井操作作业照片

7.1.3.5.2　冲孔操作和清孔及换浆作业

在冲孔操作和清孔及换浆作业工序环节，存在机械伤害人身安全风险。

主要防控措施为：①冲孔操作时，注意钻架安定平稳；②钻机和冲击锤机运转时不得进行检修；③泥浆池和孔洞必须设置安全围栏和警示标志。

7.1.3.5.3　钢筋笼制作与吊放、导管安装与下放及混凝土灌注作业

在钢筋笼制作与吊放、导管安装与下放及混凝土灌注作业工序环节，存在机械伤害、物体打击两类人身安全风险，如图 7-6 所示。

(a) 钢筋笼制作　　　　　　　　　　　　(b) 钢筋笼吊装

图 7-6　钢筋笼制作与吊放作业照片

（1）机械伤害风险。主要防控措施是吊车起吊应先将钢筋笼运送到吊臂下方，平稳起吊，拉好方向控制绳，严禁斜吊。

（2）物体打击风险。主要防控措施为：①起吊安放钢筋笼时，施工人员必须听从统一指挥；②吊车旋转范围内，不允许人员逗留或进行其他作业；③向孔内下钢筋笼时，严禁人下孔摘吊绳。

7.1.3.6　人工挖孔灌注桩施工

人工挖孔灌注桩施工风险主要集中在深度 5m 以内、深度 5m 及以上逐层往下循环作业两个工序环节，如图 7-7 所示。

7.1.3.6.1　深度 5m 以内循环作业

在深度 5m 以内循环作业工序环节，存在坍塌、物体打击、触电三类人身安全风险。

（1）坍塌风险。主要防控措施为：①开挖孔桩应从上到下逐层进行，每节筒深不得超过 1m，先挖中间部分的土方，然后向周边扩挖；②根据土质情况采取相应护壁措施防止塌方，第一节护壁应高于地面 150～300mm，壁厚比下面护壁厚度增加 100～150mm，便于挡土、挡水；③弃土挖出的土石方应及时运离孔口，不得堆放在孔口四周 1m 范围内，堆土高度不应超过 1.5m；④开挖过程中如出现地下水异常（水量大、水压高）时，立即停止作业并报告施工负责人，待处置完成合格后，再开始作业；⑤开挖过程中，如遇有大雨时，做好防止深坑坠落和塌方措施后，迅速撤离作业现场。

(a) 人工挖孔施工作业   (b) 人工挖孔灌注桩施工作业

图 7-7 人工挖孔灌注桩施工作业照片

（2）物体打击风险。主要防控措施为：①在孔桩内上下递送工具物品时，严禁抛掷，严防其他物件落入孔桩内；②吊运弃土所使用的电动葫芦、吊笼等应配有自动卡紧保险装置。

（3）触电风险。主要防控措施是孔桩内照明应使用 12V 以下的带罩、具备防水功能的安全灯具。

7.1.3.6.2 深度 5m 及以上逐层往下循环作业

在深度 5m 及以上逐层往下循环作业工序环节，存在高处坠落、坍塌、物体打击、触电、中毒窒息五类人身安全风险。

（1）高处坠落风险。主要防控措施为：①下孔作业人员均需戴安全帽，腰系安全绳，必须从专用爬梯上下，严禁沿孔壁或乘运土设施上下；②收工前，应对孔洞做好可靠的安全措施，并设置警示标识；③孔洞安装水平推移的活动安全盖板，当孔桩内有人挖土时，应盖好安全盖板，防止杂物掉下砸伤人，无关人员不得靠近孔洞，吊运土时，再打开安全盖板。

（2）坍塌风险。主要防控措施为：①开挖孔桩应从上到下逐层进行，每节筒深不得超过 1m，先挖中间部分的土方，然后向周边扩挖。每节的高度严格按设计施工，不得超挖，每节筒深的土方量应当日挖完；②根据土质情况采取相应护壁措施防止塌方，第一节护壁应高于地面 150～300mm，壁厚比下面护壁厚度增加 100～150mm，便于挡土、挡水，桩间净距小于 2.5m 时，须采用间隔开挖施工顺序；③距离桩孔口 3m 内不得有机动车辆行驶或停放；④开挖过程中如出现地下水异常（水量大、水压高）时，立即停止作业并报告施工负责人，待处置完成合格后，再开始作业；⑤开挖过程中，如遇有大雨时，做好防止深坑坠落和塌方措施后，迅速撤离作业现场。

（3）物体打击风险。主要防控措施为：①在孔桩内上下递送工具物品时，严禁抛掷，严防其他物件落入桩孔内；②吊运弃土所使用的电动葫芦、吊笼等应配有自动卡紧保险装置。

（4）触电风险。主要防控措施是孔桩内照明应使用 12V 以下的带罩、具备防水功能的安全灯具。

（5）中毒窒息风险。主要防控措施为：①每日作业前，检测孔桩内是否有毒、有害气体，禁止在孔桩内使用燃油动力机械设备；②孔桩深度大于 5m 时，使用风机或风扇向孔内送风，不少于 5min；③孔桩深度超过 10m 时，设专门向孔桩内送风的设备，风量不得小于 25L/s。

7.1.4 工地运输作业

工地运输作业风险集中在机动车运输、畜力运输、水上运输（载人）、索道架设、索道运输、栈桥搭设（拆除）施工 6 个作业工序环节。

7.1.4.1 机动车运输作业

在机动车运输作业工序环节，存在物体打击、交通事故两类人身安全风险，如图 7-8 所示。

(a) 道路上　　　　　　　　　　　　　　(b) 车载照片

图 7-8　机动车运输作业照片

7.1.4.1.1 物体打击风险

主要防控措施为：①控制车速，保持车距，弯道减速慢行，禁止弯道超车；②运输超高、超长、超重货物时，车辆尾部设警告标志。

7.1.4.1.2 交通事故风险

主要防控措施是严禁货车货斗载人、人货混装。

7.1.4.2 畜力运输作业

在畜力运输作业工序环节，存在物体打击人身安全风险，如图 7-9 所示。

主要防控措施为：①装卸货或暂停作业时须拴系牲畜；②运输货物过程中，禁止人员骑驭牲畜。

(a) 装载照片　　　　　　　　　　(b) 马队照片

图 7-9　畜力运输作业照片

7.1.4.3　水上运输（载人）作业

在水上运输（载人）作业工序环节中存在物体打击、淹溺两类人身安全风险。

（1）物体打击风险。主要防控措施为：①载人时船舱内严禁装载易燃易爆危险物品，不得超员、超载；②不得客货混装。

（2）淹溺风险。主要防控措施为：①乘船人员正确穿戴救生衣，熟练使用救生设备；②不得下水游泳；③上下船的跳板应搭设稳固，并有防滑措施；④遇见恶劣天气，及时停靠岸边停止运输。

7.1.4.4　索道架设施工作业

在索道架设施工作业工序环节，存在物体打击、坍塌、中毒和窒息三类人身安全风险，如图 7-10 所示。

(a) 正面　　　　　　　　　　(b) 侧面

图 7-10　索道架设施工作业照片

（1）物体打击风险。主要防控措施为：①运输索道正下方左右各 10m 的范围为危险区域，设置明显醒目的警告标志，禁止非操作人员进入；②提升绳索时防止绳索缠绕且慢速牵引，架设时严格控制弛度；③驱动装置严禁设置在承载索下方，山坡下方的装、卸料处设置安全挡。

（2）坍塌风险。主要防控措施为：①索道支架宜采用四支腿外拉线结构，支架拉线对地夹角不超过 45°且支架承载的安全系数不小于 3；②索道架设前地锚设置必须经使用单位验收合格；③在工作索与水平面的夹角在 15°以上的下坡侧料场，设置限位装置。

（3）中毒和窒息风险。主要防控措施为：①偏僻山区禁止单独作业，配齐通信、地形图等装备；②携带必要的保卫器械、防护用具及药品；③毒蛇咬伤后，先服用蛇药，再送医救治，切忌奔跑。

7.1.4.5 索道运输施工作业

在索道运输施工作业工序环节中存在物体打击、坍塌两类人身安全风险，如图 7-11 所示。

(a) 塔材运输　　　　　　　　　　　　　　　　　(b) 钢管杆运输

图 7-11　索道运输施工作业照片

（1）物体打击风险。主要防控措施为：①小车与跑绳固定应采用双螺栓并紧固到位；②索道运输时装货严禁超载，严禁运送人员，索道下方严禁站人；③驱动装置未停机，装卸人员严禁进入装卸区域；④严禁装卸笨重物件，对索道下方及绑扎点定期进行检查；⑤卷筒上的钢索至少缠绕 5 圈。

（2）坍塌风险。主要防控措施为：①索道运输前必须确保沿线通信畅通；②牵引索的钳口使用过程中经常检查，定期更换；③索道每天运行前，检查索道系统各部件是否处于完好状态；④开机空载运行时间不少于 2min，发现异常及时处理；⑤卷筒上的钢索至少缠绕 5 圈。

7.1.4.6 栈桥搭设（拆除）施工作业

在栈桥搭设（拆除）施工作业工序环节中存在物体打击、坍塌、淹溺、触电四类人身安全风险，如图 7-12 所示。

(a) 栈桥搭设   (b) 栈桥拆除

图 7-12 栈桥搭设（拆除）施工作业照片

（1）物体打击风险。主要防控措施为：①施工危险区域设置醒目的警示标志；②安装时，不得进行斜吊，在吊桩前，在钢管桩上拴好拉绳，不得与桩锤或机架碰撞；③严禁吊桩、吊锤、回转、行走等动作同时进行；④打桩机在吊有桩和锤的情况下，操作人员不得离开岗位。

（2）坍塌风险。主要防控措施为：①打桩前必须对钢管进行严格检查，不允许使用有裂缝或其他缺陷的桩，以防止断桩事故；②定期对便桥连接处及焊缝等部位进行运营磨损检查。

（3）淹溺风险。主要防控措施为：①乘船人员正确穿戴救生衣，熟练使用救生设备且不得下水游泳；②上下船的跳板应搭设稳固，并有防滑措施，遇见恶劣天气，及时停靠岸边停止运输；③栈桥上作业人员必须配备救生衣等防护用品；④钢便桥完成后及时跟进设置防护栏和警示标志且栏杆上应放置救生圈；⑤水深段应设置防护网。

（4）触电。主要防控措施为：①电气设备必须设置漏电保护；②沿桥电缆应设置钢栈桥安全护栏外侧设置横担或绝缘子供施工电缆架设；③做好接零和接地保护，在岸上做好重复接地。

7.1.5 基础工程作业

基础工程作业风险主要集中在模板安装施工作业、高度在 2m 及以上模板安装和支护、作业平台搭设、凝土搅捣作业 4 个工序环节。

7.1.5.1 模板安装施工作业

在模板安装施工作业工序环节中存在物体打击、坍塌两类人身安全风险。

（1）物体打击风险。主要防控措施是人力在安装模板构件，用抱杆吊装或绳索溜放，不得直接将其翻入坑内。

（2）坍塌风险。主要防控措施为：①模板的支撑牢固，并对称布置，高出坑口的加高立柱模板有防止倾覆的措施；②模板采用木方加固时，木楔应钉牢支撑处地基必须夯实，严防支撑下层、倾倒。

7.1.5.2 高度在 2m 及以上模板安装和支护作业

在高度在 2m 及以上模板支护作业工序环节中存在高处坠落、坍塌、物体打击三类人身安全风险。

（1）高处坠落风险。主要防控措施为：①高处作业脚穿防滑鞋、佩戴安全带并保持高挂低用；②作业人员上下基坑时有可靠的扶梯，不得相互拉拽、攀登挡土板支撑上下；③作业人员在架子上进行搭设作业时，不得单人进行装设较重构配件和其他易发生失衡、脱手、碰撞、滑跌等不安全的作业。

（2）物体打击风险。主要防控措施是人力在安装模板构件，用抱杆吊装和绳索溜放，不得直接将其翻入坑内。

（3）坍塌风险。主要防控措施为：①模板的支撑牢固，并对称布置，高出坑口的加高立柱模板有防止倾覆的措施；②模板采用木方加固时，木楔应钉牢支撑处地基必须夯实，严防支撑下层、倾倒。

7.1.5.3 作业平台搭设

在作业平台搭设施工作业工序环节中存在高处坠落、坍塌两类人身安全风险，如图 7-13 所示。

图 7-13 作业平台搭设作业照片

（1）高处坠落风险。主要防控措施为：①平台模板应设栏杆；②严禁人员坐靠在防护栏杆上。

（2）坍塌风险。主要防控措施为：①跳板捆绑牢固，支撑牢固可靠，有上料通道；

②上料平台不得搭悬臂结构，中间设支撑点并结构可靠；③大坑口基础浇制时，平台横梁加撑杆。

7.1.5.4 混凝土搅捣作业

1. 混凝土运输

在混凝土运输作业工序环节中存在物体打击人身安全风险。

主要防控措施为：①运输混凝土前确认运输路况、停车位、泵送方式等符合运送规定和条件；②运送中将滑斗放置牢固，防止摆动，避免伤及行人。

2. 混凝土搅拌、浇筑和振捣

在混凝土搅拌、浇筑和振捣作业工序环节中存在触电人身安全风险，如图 7-14 所示。

主要防控措施为：①施工前应配备剩余电流动作保护器（漏电保护器）；②浇制施工时，电动振捣器操作人员必须戴绝缘手套、穿绝缘靴；③移动振捣器若要暂停作业时，先关闭电动机，再切断电源；④相邻的电源线严禁缠绕交叉。

7.1.6 接地工程

接地工程施工风险主要集中在开掘敷设和焊接回填作业工序环节，主要存在物体打击、火灾两类人身安全风险，如图 7-15 所示。

图 7-14 混凝土搅拌、浇筑和振捣 作业照片　　图 7-15 接地开掘敷设作业照片

（1）物体打击风险。主要防控措施是敷设、焊接钢筋时要固定好钢筋两端，防止回弹伤人。

（2）火灾风险。主要防控措施为：①作业点周围应清除干净易燃易爆物；②在进行焊接操作的地方应配置适宜、足够的灭火设备。

7.1.7 杆塔组立

7.1.7.1 水泥杆施工作业

水泥杆施工作业风险主要集中在水泥杆排杆、水泥杆焊接、地锚选择、设置及埋设、水泥杆组立 4 个工序环节。

7.1.7.1.1 水泥杆排杆作业

在水泥杆排杆作业工序环节存在物体打击、机械伤害两类人身安全风险。

(1) 物体打击风险。主要防控措施为：①排杆处地形不平或土质松软，应先平整或支垫坚实，必要时杆段应用绳索锚固；②滚动杆段时应统一行动，滚动前方不得有人，杆段顺向移动时，应随时将支垫处用木楔掩牢；③用棍、杠撬拨杆段时，应防止滑脱伤人，不得用铁撬棍插入预埋孔转动杆段。

(2) 机械伤害风险。主要防控措施为：①吊装构件前，对已组杆段进行全面检查，吊点处不缺件；②起重臂及吊件下方不得有人并设置监护人。

7.1.7.1.2 水泥杆焊接作业

在水泥杆焊接作业工序环节存在物体打击、火灾两类人身安全风险。

(1) 物体打击风险。主要防控措施为：①在运输、储存和使用过程中，避免气瓶剧烈振动和碰撞，防止脆裂爆炸，氧气瓶要有瓶帽和防震圈；②禁止敲击和碰撞，气瓶使用时应采取可靠的防倾倒措施；③使用气瓶时必须装有减压阀和回火防止器，气瓶的阀门应缓慢开启。

(2) 火灾风险。主要防控措施为：①作业点周围 3m 内的易燃易爆物应清除干净；②乙炔瓶、气瓶应避免阳光曝晒，须远离明火或热源，乙炔瓶与明火距离不小于 10m；③乙炔瓶、气瓶应储存在通风良好的库房，必须直立放置，周围设立防火防爆标志；④氧气与乙炔胶管不得互相混用和代用，不得用氧气吹除乙炔管内的堵塞物，同时应随时检查和消除割、焊炬的漏气或堵塞等缺陷，防止在胶管内形成氧气与乙炔的混合气体。

(3) 地锚选择、设置及埋设作业。在地锚选择、设置及埋设作业工序环节存在物体打击人身安全风险。

主要防控措施为：①总牵引地锚出土点、制动系统中心、抱杆顶点及杆塔中心四点应在同一垂直面上，不得偏移；②采用埋土地锚时，地锚绳套引出位置开挖马道，马道与受力方向应一致；③采用角铁桩或钢管桩时，一组桩的主桩上控制一根拉绳；④各种锚桩回填时要有防沉措施，并覆盖防雨布并设有排水沟；⑤下雨后及时检查地锚埋设情况，如有土质下沉、流失等情况及时回填。

(4) 水泥杆组立作业。在水泥杆组立作业设作业工序环节存在物体打击人身安全风险。

主要防控措施为：①分解组立混凝土电杆宜采用人字抱杆任意方向单扳法；②若采用通天抱杆单杆起吊时，电杆长度不宜超过 21m；③采用通天抱杆起吊单杆时，临时拉线应锚固可靠，电杆绑扎点不得少于两个；④电杆立起后，临时拉线在地面未固定前严禁登杆作业，横担吊装未达到设计位置前，杆上不得有人。

7.1.7.2 钢管杆施工作业

钢管杆施工作业风险主要集中在起重机械就位和吊装工序环节，主要存在物体打击、机械伤害两类人身安全风险。

（1）物体打击风险。主要防控措施为：①吊装铁塔前，应对已组塔段（片）进行全面检查，螺栓应紧固，吊点处不应缺件；②起重机工作位置的地基必须稳固，附近的障碍物应清除，分段吊装铁塔时，上下段连接后，严禁用旋转起重臂的方法进行移位找正；③分段分片吊装铁塔时，使用控制绳应同步调整。

（2）机械伤害风险。主要防控措施为：①吊绳吊点处应进行保护，防止吊绳在吊装过程中被卡断或受损；②吊件前，检查起重设备、钢丝绳满足荷重和安全要求，禁止超载使用；③使用两台起重机抬吊同一构件时，起重机承担的构件质量应考虑不平衡系数后且不应超过该机额定起吊质量的 80%，两台起重机应互相协调，起吊速度应基本一致。

7.1.7.3 附着式外拉线分解组立作业

附着式外拉线分解组立作业风险主要集中在吊装塔片及组装工序环节，主要存在物体打击、机械伤害、高处坠落三类人身安全风险。

（1）物体打击风险。主要防控措施为：①工具或物料要放在工具袋内或用绳索绑扎，上下传递用绳索吊送；②禁止材料及工器具浮搁在已立好的杆塔和抱杆上；③作业正下方设置警戒区域且不得有人通过或逗留；④塔脚板就位后，上齐匹配的垫板和螺帽，组立完成后拧紧螺帽及打毛丝扣；⑤升降抱杆过程中，四侧临时拉线应由拉线控制人员根据指挥人命令适时调整。

（2）机械伤害风险。主要防控措施为：①磨绳缠绕不得少于 5 圈，拉磨尾绳不应少于 2 人，人员应站在锚桩后面，不得站在绳圈内；②构件起吊和就位过程中，不得调整抱杆拉线；③附着式外拉线抱杆达到预定位置后，应将抱杆根部与塔身主材绑扎牢固，抱杆倾斜角度不宜超过 15°。

（3）高处坠落风险。主要防控措施为：①高处作业应正确使用安全带、速差器；②高处作业人员在转移作业位置时不得失去保护，手扶的构件必须牢固。

7.1.7.4 悬浮抱杆分解组立作业

悬浮抱杆分解组立作业风险主要集中在地锚坑选择、设置及埋设，抱杆系统布置和起立抱杆，提升抱杆，吊装和组装塔片、塔段，拆除抱杆 5 种工序环节，如图 7-16 所示。

7.1.7.4.1 地锚选择、设置及埋设作业

在地锚选择、设置及埋设作业工序环节存在物体打击人身安全风险。

主要防控措施为：①调整绳方向视吊片方向而定，距离应保证调整绳对水平地面的夹角不大于 45°，可采用地钻或小号地锚固定，对于山区特殊地形情况大于 45°时应考虑采用其他措施；②采用埋土地锚时，地锚绳套引出位置开挖马道，马道与受力方向应一

致；③采用角铁桩或钢管桩时，一组桩的主桩上控制一根拉绳；④各种锚桩回填时有防沉措施，并覆盖防雨布并设有排水沟，下雨后及时检查地锚埋设情况，如有土质下沉、流失等情况及时回填；⑤牵引转向滑车地锚一般利用基础或塔腿，但必须经过计算并采取可靠保护措施。

(a) 组立主塔　　　　　　　　　　　　　(b) 组立横担

图 7-16　悬浮抱杆分解组立作业照片

7.1.7.4.2　抱杆系统布置和起立抱杆作业

在抱杆系统布置和起立抱杆作业工序环节存在机械伤害人身安全风险。

主要防控措施为：①检查金属抱杆的整体弯曲不超过杆长的 1/600，严禁抱杆超长使用；②抱杆根部采取防滑或防沉措施，抱杆超过 30m，采用多次对接组立必须采取倒装方式，禁止采用正装方式；③主要受力工具进行详细检查，严禁以小带大或超负荷使用；④在抱杆起立过程中，根部看守人员根据抱杆根部位置和抱杆起立程度指挥制动人员回松制动绳，制动绳人员根据指令同步均匀回松，不得松落；⑤钢丝绳端部用绳卡固定连接时，绳卡压板应在钢丝绳主要受力的一边且绳卡不得正反交叉设置，绳卡间距不应小于钢丝绳直径的 6 倍。

7.1.7.4.3　提升抱杆作业

在提升抱杆作业工序环节存在物体打击、高处坠落两类人身安全风险。

（1）物体打击风险。主要防控措施为：①承托绳的悬挂点应设置在有大水平材的塔架断面处且应绑扎在主材节点的上方；②承托绳与主材连接处宜设置专门夹具，夹具的握着力应满足承托绳的承载能力；③承托绳与抱杆轴线间夹角不应大于 45°；④抱杆提升前，将提升腰滑车处及其以下塔身的辅材装齐，并紧固螺栓，承托绳以下的塔身结构必须组装齐全，主要构件不得缺少；⑤提升抱杆宜设置两道腰环且间距不得小于 5m，以保持抱杆的竖直状态，起吊过程中抱杆腰环不得受力。

（2）高处坠落风险。主要防控措施为：①高处作业人员要穿软底防滑鞋，使用全方位安全带、速差自控器等保护设施，挂设在牢靠的部件上且不得低挂高用；②高处作业人员在转移作业位置时不得失去保护，手扶的构件必须牢固。

7.1.7.4.4 吊装和组装塔片、塔段作业

在吊装和组装塔片、塔段作业工序环节存在物体打击、机械伤害、高处坠落三类人身安全风险，如图7-17所示。

图 7-17　吊装和组装塔片、塔段作业照片

（1）物体打击风险。主要防控措施为：①起吊前，将所有可能影响就位安装的"活铁"固定好；②吊件在起吊过程中，下控制绳应随吊件的上升随之送出，保持与塔架间距不小于100mm；③组装杆塔的材料及工器具禁止浮搁在已立的杆塔和抱杆上；④工具或材料要放在工具袋内或用绳索绑扎，上下传递用绳索吊送，严禁高空抛掷或利用绳索或拉线上下杆塔或顺杆下滑；⑤绑扎要牢固，在绑扎处塔材做防护，对须补强的构件吊点予以可靠补强。

（2）机械伤害风险。主要防控措施为：①磨绳缠绕不得少于5圈，拉磨尾绳不应少于2人，人员应站在锚桩后面，不得站在绳圈内；②吊装过程，施工现场任何人发现异常应立即停止牵引，查明原因，做出妥善处理，不得强行吊装；③构件起吊和就位过程中，不得调整抱杆拉线。

（3）高处坠落风险。主要防控措施为：①高处作业人员要穿软底防滑鞋，使用全方位安全带、速差自控器等保护设施，挂设在牢靠的部件上且不得低挂高用；②高处作业人员在转移作业位置时不得失去保护，手扶的构件必须牢固。

7.1.7.4.5 拆除抱杆作业

在拆除抱杆作业工序环节存在物体打击、高处坠落两类人身安全风险。

（1）物体打击风险。主要防控措施为：①拆除过程中要随时拆除腰环，避免卡住抱杆；②当抱杆剩下一道腰环时，为防止抱杆倾斜，应将吊点移至抱杆上部，循环往复，将抱杆拆除。

（2）高处坠落风险。主要防控措施为：①高处作业人员要穿软底防滑鞋，使用全方位安全带、速差自控器等保护设施，挂设在牢靠的部件上且不得低挂高用；②高处作业人员在转移作业位置时不得失去保护，手扶的构件必须牢固。

7.1.7.5 整体立塔施工作业

整体立塔施工作业风险主要集中在临时地锚选择及设置、抱杆系统布置、起吊过程

及调整塔身固定临时拉线 3 种工序环节。

7.1.7.5.1 临时地锚选择及设置作业

在临时地锚选择及设置作业工序环节存在物体打击人身安全风险。

主要防控措施为：①总牵引地锚出土点、制动系统中心、抱杆顶点及杆塔中心四点应在同一垂直面上，不得偏移；②两侧临时拉线在线路垂直方向布置，前后临时拉线顺线路布置，后临时拉线可与制动系统合用一个地锚；③地锚埋设地锚绳套引出位置应开挖马道，马道与受力方向应一致；④采用角铁桩或钢管桩时，一组桩的主桩上应控制一根拉绳；⑤各种锚桩回填时有防沉措施，并覆盖防雨布并设有排水沟，下雨后及时检查地锚埋设情况，如有土质下沉、流失等情况及时回填。

7.1.7.5.2 抱杆系统布置作业

在抱杆系统布置作业工序环节存在物体打击人身安全风险。

主要防控措施为：①抱杆规格应根据荷载计算确定，不得超负荷使用；②抱杆搬运、使用中不得抛掷和碰撞；③抱杆连接螺栓应按规定使用，不得以小代大；④抱杆根部应采取防沉、防滑移措施；⑤人字抱杆根部应保持在同一水平面上，并用钢丝绳连接牢固抱杆帽或承托环表面有裂纹、螺纹变形或螺栓缺少不得使用。

7.1.7.5.3 起吊过程及调整塔身固定临时拉线

在起吊过程及调整塔身固定临时拉线作业工序环节存在物体打击、机械伤害两类人身安全风险。

（1）物体打击风险。主要防控措施为：①吊件垂直下方不得有人，在受力钢丝绳的内角侧不得有人；②抱杆脱帽时，拉绳操作人必须站在抱杆外侧；③电杆根部监视人员应站在杆根侧面，下坑操作前停止牵引。

（2）机械伤害风险。主要防控措施为：①杆塔起立过程中，绞磨慢速牵引，确保牵引滑轮组各绳受力均匀；②根部看守人员根据杆塔根部位置和杆塔起立程度指挥制动人员回松制动绳，制动绳人员根据指令同步均匀回松，不得松落；③当铁塔起立至约 80°时，现场指挥要下令停止牵引，缓慢回松后临时拉线，依靠牵引系统的重力将铁塔调直；④杆塔顶部吊离地面约 0.5m 时，应暂停牵引，进行冲击检验；⑤全面检查各受力部位，确认无问题后方可继续起立。

7.1.7.6 落地通天抱杆分解吊装组立作业

落地通天抱杆分解吊装组立作业风险主要集中在牵引设备和临时地锚布置、组立塔腿、起立抱杆和倒装抱杆、吊装塔片和塔段、抱杆拆除 5 个工序环节。

7.1.7.6.1 牵引设备和临时地锚布置作业

在牵引设备和临时地锚布置作业工序环节存在物体打击人身安全风险。

主要防控措施为：①机动绞磨的锚桩牢固可靠且排设位置应平整，绞磨应放置平稳；

②地锚埋设时，地锚绳套引出位置应开挖马道，马道与受力方向应一致；③采用角铁桩或钢管桩时，一组桩的主桩上应控制一根拉绳；④各种锚桩回填时有防沉措施，并覆盖防雨布并设有排水沟；⑤下雨后及时检查地锚埋设情况，如有土质下沉、流失等情况及时回填。

7.1.7.6.2 组立塔腿作业

在组立塔腿作业工序环节存在物体打击人身安全风险。

主要防控措施为：①塔脚板就位后，上齐匹配的垫板和螺帽，组立完成后拧紧螺帽及打毛丝扣；②起吊作业时，组装应停止作业，严格做到起吊时吊物下方无作业人员。

7.1.7.6.3 起立抱杆和倒装抱杆作业

在起立抱杆和倒装抱杆作业工序环节存在机械伤害、物体打击、高处坠落三类人身安全风险。

（1）机械伤害风险。主要防控措施为：①抱杆组装应正直，连接螺栓的规格应符合规定，并应全部拧紧；②平臂抱杆起重小车行走到起重臂顶端，终止点距顶端应大于1m；③提升（顶升）抱杆时，要加装不少于两道腰环，腰环固定钢丝绳应呈水平并收紧，同时应设专人指挥；④抱杆采取单侧摇臂起吊构件时，对侧摇臂及起吊滑车组应收紧作为平衡拉线；⑤抱杆提升过程中，应监视腰环与抱杆不得卡阻，抱杆提升时拉线应呈松弛状态。

（2）物体打击风险。主要防控措施为：①抱杆底座应设在坚实、稳固、平整的地基或设计规定的基础上，软弱地基时应采取防止抱杆下沉的措施；②抱杆就位后，四侧拉线应收紧并固定，组塔过程中应有专人值守。

（3）高处坠落风险。主要防控措施为：①高处作业应正确使用安全带、速差器；②高处作业人员在转移作业位置时不得失去保护，手扶的构件必须牢固。

7.1.7.6.4 吊装塔片和塔段作业

在吊装和组装塔片、塔段作业工序环节存在物体打击、机械伤害、高处坠落三类人身安全风险。

（1）物体打击风险。主要防控措施为：①严禁超重吊装，起吊前，将所有可能影响就位安装的活铁固定好，绑扎牢固；②吊件垂直下方和受力钢丝绳的内角侧不得有人；③组装杆塔的材料及工器具禁止浮搁在已立的杆塔和抱杆上。

（2）机械伤害风险。主要防控措施为：①铁塔构件应组装在起重臂下方且符合起重臂允许起重力矩要求；②吊件在起吊时，应检查绑扎点位置，吊点应在重心点上，绑扎点应用麻袋或软物衬垫；③铁塔构件应组装在起重臂下方且符合起重臂允许起重力矩要求；④吊件螺栓全部紧固，吊点绳、控制绳及内拉线等绑扎处受力部位，不得缺少构件。

（3）高处坠落风险。主要防控措施为：①高处作业人员要穿软底防滑鞋，使用全方位安全带、速差自控器等保护设施，挂设在牢靠的部件上且不得低挂高用；②高处作业人员在转移作业位置时不得失去保护，手扶的构件必须牢固。

7.1.7.6.5　拆除抱杆作业

在拆除抱杆作业工序环节存在物体打击、高处坠落两类人身安全风险。

（1）物体打击风险。主要防控措施为：①拆除过程中提前逐节拆除最上道腰环，避免卡住抱杆或抱杆失去保护；②当抱杆剩下一道腰环时，为防止抱杆倾斜，将吊点移至抱杆上部，采用滑车组分解拆除抱杆桅杆、吊臂、顶升架和本体等结构，将抱杆拆除。

（2）高处坠落风险。主要防控措施为：①高处作业人员要衣着灵便，穿软底防滑鞋，使用全方位安全带，速差自控器等保护设施，挂设在牢靠的部件上且不得低挂高用；②高处作业人员在转移作业位置时不得失去保护，手扶的构件必须牢固。

7.1.7.7　起重机吊装立塔作业

起重机吊装立塔作业风险主要集中在杆塔吊装及组装工序环节，主要存在物体打击、机械伤害、高处坠落三类人身安全风险，如图7-18所示。

图7-18　起重机吊装立塔作业照片

（1）物体打击风险。主要防控措施为：①起重臂下和重物经过的地方禁止有人逗留或通过；②起重机吊装杆塔必须指定专人指挥，指挥人员看不清作业地点或操作人员看不清指挥信号时，均不得进行起吊作业；③起重臂及吊件下方要划定作业区。

（2）机械伤害风险。主要防控措施为：①吊件离开地面约10cm时暂停起吊并进行检查，确认正常且吊件上无搁置物后方可继续起吊；②分段吊装铁塔时，上下段间有任一处连接后，不得用旋转起重臂的方法进行移位找正；③分段分片吊装铁塔时，控制绳应随吊件同步调整，起重机在作业中出现异常时，应采取措施放下吊件，停止运转后进行检修，不得在运转中进行调整或检修；④使用两台起重机抬吊同一构件时，起重机承担的构件质量应考虑不平衡系数后且不应超过单机额定起吊质量的80%；⑤两台起重机应互相协调，起吊速度应基本一致。

（3）高处坠落风险。主要防控措施为：①高处作业人员在转移作业位置时不得失去保护，手扶的构件必须牢固；②在间隔大的部位转移作业位置时，增设临时扶手，不得沿单根构件上爬或下滑。

7.1.7.8　临近带电体组立塔作业

临近带电体组立塔作业风险主要是在组塔工序环节存在触电人身安全风险。

主要防控措施为：①铁塔塔腿段组装完毕后，应立即将铁塔接地；②作业人员与带电设备的安全距离为：35kV 不小于 1.0m，110kV 不小于 1.5m，220kV 不小于 3.0m，500kV 不小于 5.0m，1000kV 不小于 9.5m；③起重机及吊件与带电体的安全距离：沿垂直方向：10kV 及以下不小于 3m，35kV 不小于 4m，110kV 不小于 5m，220kV 不小于 6m，500kV 不小于 8.5m，1000kV 不小于 13m，沿水平方向：10kV 及以下不小于 1.5m，35kV 不小于 2m，110kV 不小于 4m，220kV 不小于 5.5m，500kV 不小于 8m，1000kV 不小于 13m。

7.1.8　架线施工作业

架线施工作业风险主要集中在跨越作业［包括跨越架搭设和拆除作业、无跨越架跨越架线（使用防护网）、跨越公路（高速公路）、跨越铁路、跨越主通航河流（海上主航道）、停电跨越或同塔线路扩建第二回导线停电架设作业、跨越带电线路（或同塔扩建第二回，另一回部停电）架设的作业］、钻越带电线路作业、挂绝缘子及放线滑车、张力放线、牵引绳和导地线换盘、落地锚固、前（后）过轮临锚设置、导地线升空作业8个工序环节。

7.1.8.1　跨越作业

7.1.8.1.1　跨越架搭设和拆除作业

在跨越架搭设和拆除作业工序环节中存在倒塌、触电、高处坠落、物体打击四类人身安全风险，如图 7-19 所示。

图 7-19　跨越架照片

（1）倒塌风险。主要防控措施为：①跨越架的立杆应垂直，埋深不应小于 0.5m，跨越架的支杆埋深不得小于 0.3m，水田松土等搭跨越架应设置扫地杆；②跨越架两端及每隔 6～7 根立杆应设剪刀撑杆、支杆或拉线，确保跨越架整体结构的稳定；③施工方案有相应的计算书证明跨越架强度足够，能承受牵张过程中断线的冲击力；④跨越架搭设完应打临时拉线，拉线与地面夹角不得大于 60°；⑤跨越架搭设必须经验收合格且悬挂醒目的安全警告标识、夜间警示装置和验收标识牌，在道路前方距跨越架适当距离设置提示标识；⑥钢格构式跨越架组立后，及时做好接地措施，跨越架的各个立柱设置独立的拉线系统；⑦各类型金属跨越架架顶设置毛竹或挂胶滚动横梁。

（2）触电风险。主要防控措施为：①钢管架应有防雷接地措施，整个架体应从立杆根部引设两处（对角）防雷接地；②跨越架、操作人员、工器具与带电体之间的最小安全距离必须符合安规规定，施工人员严禁在跨越架内侧攀登或作业，严禁从封顶架上通过。

（3）高处坠落风险。主要防控措施为：①高处作业应正确使用个人防护用品，作业人员在转移作业位置时不得失去保护；②跨越架搭设过程应及时紧固连接扣件，攀爬过程应检查管件的牢靠性。

（4）物体打击风险。主要防控措施为：①上下传递用绳索吊送，严禁高空抛掷；②工具或材料要放在工具袋内或用绳索绑扎，严禁将工具、物料或浮隔在架体上；③传递钢管应使用绳索绑扎牢固，不得高处抛扔扣件及工器具；④地面配合作业人员不得站在高处作业的正下方。

7.1.8.1.2 无跨越架跨越架线（使用防护网）作业

在无跨越架跨越架线（使用防护网）作业工序环节中存在高处坠落、触电两类人身安全风险。

（1）高处坠落风险。主要防控措施为：①高处作业应正确使用安全带，作业人员在转移作业位置时不准失去安全保护；②高处作业人员上下杆塔必须沿脚钉或爬梯攀登。

（2）触电风险。主要防控措施是承力绳及网片对被跨越物按规定保持足够的安全距离：（10kV 及以下不小于 3m，35kV 不小于 4m，110kV 不小于 5m，220kV 不小于 6m，500kV 不小于 8.5m，1000kV 不小于 13m）。

7.1.8.1.3 跨越公路（高速公路）作业

在跨越公路（高速公路）作业工序环节中存在公路通行中断风险。

主要防控措施为：①搭设跨越架，事先与被跨越设施的单位取得联系，必要时请其派员监督检查，配合组织跨越施工；②跨越档两端铁塔的附件安装必须进行二道防护，并采取有效接地措施；③跨越架横担中心设置在新架线路每相（极）导线的中心垂直投影上。

7.1.8.1.4 跨越铁路作业

在跨越铁路作业工序环节中存在电铁停运安全风险。

主要防控措施为：①搭设跨越架，事先与铁路部门取得联系，必要时请其派员监督检查；②跨越档两端铁塔的附件安装必须进行二道防护，并采取有效接地措施；③架设及拆除防护网及承载索必须在晴好天气进行，所有绳索应保持干净、干燥状态，施工前应对承载索、拖网绳、绝缘网、导引绳进行绝缘性能测试，不合格者不得使用；④跨越架的中心应在线路中心线上，宽度考虑施工期间牵引绳或导地线风偏后超出新建线路两边线各 2.0m 且架顶两侧设外伸羊角。

7.1.8.1.5 跨越主通航河流（海上主航道）作业

在跨越主通航河流（海上主航道）作业工序环节中存在淹溺人身安全风险。

主要防控措施为：①穿戴救生衣等防护用品；②看护船只不得靠停在牵引绳、导地线的正下方。

7.1.8.1.6 停电跨越或同塔线路扩建第二回导线停电架设作业

在停电跨越或同塔线路扩建第二回导线停电架设作业工序环节中存在触电、高处坠落两类人身安全风险。

（1）触电风险。主要防控措施为：①登塔验电作业时，应核对线路名称与作业票一致，防止登错杆；②在停电线路工作地段，应先验电，验明线路无电压后，挂相应等级的接地线。

（2）高处坠落风险。主要防控措施为：①高处作业应正确使用安全带，作业人员在转移作业位置时不准失去安全保护；②高处作业人员上下杆塔必须沿脚钉或爬梯攀登。

7.1.8.1.7 跨越带电线路（或同塔扩建第二回，另一回不停电）架设的作业（见图 7-20）

图 7-20 跨越带电线路作业照片

在跨越带电线路（或同塔扩建第二回，另一回不停电）架设的作业工序环节中存在高处坠落、物体打击、触电三类人身安全风险。

（1）高处坠落风险。主要防控措施为：①高处作业人员在转移作业位置时不得失去保护，手扶的构件必须牢固；②高处作业人员上下杆塔必须沿脚钉或爬梯攀登。

（2）物体打击风险。主要防控措施为：①地面配合作业人员不得站在高处作业的正下方；②紧线过程人员不得站在悬空导线、地线的垂直下方。

（3）触电风险。主要防控措施为：①跨越不停电电力线路，在架线施工前，施工单位应向运维单位书面申请该带电线路"退出重合闸"，许可后方可进行不停电跨越施工；

②施工期间若发生故障跳闸时，在未取得现场指挥同意前，不得强行送电；③配置安全监护人且到岗履职，防止作业人员误登带电侧；④施工期间使用各类绳索，尾端应采取固定措施，防止滑落、飘移至带电体；⑤架线附件安装时，作业区间两端应装设保安接地线，作业点应增加个人保安接地线；⑥接地线有放电间隙时，接地线附件安装前应采取接地措施。

7.1.8.2　钻越带电线路作业

在钻越带电线路作业工序环节中主要存在触电人身安全风险。

主要防控措施为：①钻越带电线路作业，作业人员或机械器具与带电线路风险控制值为：110kV 不小于 5.5m、220kV 不小于 8m、500kV 不小于 11m、1000kV 不小于 17m；②必须指派专职监护人；③展放的导引绳、牵引绳从带电线路下方钻越，必须采取可靠的防止导引绳、牵引绳和导线弹跳措施。

7.1.8.3　挂绝缘子及放线滑车作业

在挂绝缘子及放线滑车作业工序环节中存在高处坠落、物体打击两类人身安全风险。

（1）高处坠落风险。主要防控措施为：①高处作业应正确使用安全带，作业人员在转移作业位置时不准失去安全保护；②高处作业人员上下杆塔必须沿脚钉或爬梯攀登。

（2）物体打击风险。主要防控措施为：①绝缘子串及滑车的吊装必须使用专用卡具；②起吊过程中，不得在起吊物下站人或通行。

7.1.8.4　张力放线作业

在张力放线作业工序环节中存在机械伤害、触电两类人身安全风险，如图 7-21 所示。

图 7-21　张力放线作业照片

（1）机械伤害风险。主要防控措施为：①设置转向滑车，锚固必须可靠；②牵引绳的尾绳在线盘或绳盘上的盘绕圈数均不得少于 6 圈；③运行时牵张机进出口前方不得有人通过；④各转向滑车围成的区域内侧禁止有人。

（2）触电风险。主要防控措施：①紧线作业区间两端装设接地线；②在牵张机出线口作业点两侧应加装工作接地线。

7.1.8.5 牵引绳和导地线换盘作业

在牵引绳和导地线换盘作业工序环节中存在物体打击人身安全风险。

主要防控措施为：①换盘/换线轴要有专人指挥，吊件和起重臂下方严禁有人；②禁止非操作人员进入操作室；③起重作业应划定作业区域并设置相应的安全标志，禁止无关人员进入。

7.1.8.6 落地锚固作业

在落地锚固作业工序环节中存在物体打击人身安全风险。

主要防控措施为：①有专人负责指挥，导线、接地线和光缆应使用卡线器或其他专用工具，其规格应与线材规格匹配，不得代用；②运行时牵引机、张力机进出口前方不得有人通过；③紧线过程人员不得站在悬空导线、接地线的垂直下方；④不得跨越即将升离地面的导线或地线。

7.1.8.7 前（后）过轮临锚设置作业

在前（后）过轮临锚设置作业工序环节中存在高处坠落人身安全风险。

主要防控措施为：①高处作业应正确使用安全带，作业人员在转移作业位置时不准失去安全保护；②高处作业人员上下杆塔必须沿脚钉或爬梯攀登。

7.1.8.8 导地线升空作业

在导地线升空作业工序环节中存在物体打击人身安全风险。

主要防控措施为：①待升空的导线、接地线上或内角侧不得站人；②禁止直接用人力压线；③压线滑车应设控制绳，压线钢丝绳回松应缓慢。

7.1.9 导地线附件安装作业

导地线附件安装作业风险主要集中在挂设保安接地线；安装悬垂线夹和其他附件，拆除多轮滑；耐张塔高空开断、高空压接和平衡挂线；间隔棒安装；跳线安装5个作业工序环节。

7.1.9.1 挂设保安接地线作业

在挂设保安接地线作业工序环节中存在高处坠落、触电两类人身安全风险。

（1）高处坠落风险。主要防控措施是附件安装前，作业人员应对个人防护用品及安全用具进行外观检查，禁止使用不合格产品。

（2）触电风险。主要防控措施是附件安装作业点应装设个人保安接地线。

7.1.9.2 安装悬垂线夹和其他附件，拆除多轮滑车作业

在安装悬垂线夹和其他附件，拆除多轮滑车作业工序环节中存在高处坠落、物体打击两类人身安全风险。

（1）高处坠落风险。主要防控措施为：①高处作业应正确使用安全带，作业人员在

转移作业位置时不准失去安全保护；②下导线时，安全绳或速差自控器必须拴在横担主材上；③作业人员不得站在放线滑车上操作。

（2）物体打击风险。主要防控措施为：①工具或材料要放在工具袋内或用绳索绑扎；②上下传递用绳索吊送，严禁高空抛掷。

7.1.9.3　耐张塔高空开断、高空压接和平衡挂线作业

在耐张塔高空开断、高空压接和平衡挂线作业工序环节中存在高处坠落、物体打击两类人身安全风险。

（1）高处坠落风险。主要防控措施为：①高处作业应正确使用安全带，作业人员在转移作业位置时不准失去安全保护；②平衡挂线时，安全绳或速差自控器必须拴在横担主材上；③高空锚线应有两道保护措施，两道保险绳应拴在铁塔横担处；④作业人员不得站在放线滑车上操作。

（2）物体打击风险。主要防控措施为：①工具或材料要放在工具袋内或用绳索绑扎；②上下传递用绳索吊送，严禁高空抛掷；③切割导线时线头应扎牢，防止线头回弹伤人；④液压泵操作人员与压钳操作人员密切配合，并注意压力指示，不得过载。

7.1.9.4　间隔棒安装作业

在间隔棒安装作业工序环节中存在高处坠落、物体打击两类人身安全风险。

（1）高处坠落风险。主要防控措施为：①高处作业应正确使用安全带，作业人员在转移作业位置时不准失去安全保护；②安装间隔棒时，安全带挂在一根子导线上，后备保护绳挂在整相导线上。

（2）物体打击风险。主要防控措施为：①工具或材料要放在工具袋内或用绳索绑扎；②上下传递用绳索吊送，严禁高空抛掷；③使用飞车安装间隔棒时，前后刹车卡死（刹牢）方可进行工作。

7.1.9.5　跳线安装作业

在跳线安装作业工序环节中存在高处坠落、物体打击两类人身安全风险。

（1）高处坠落风险。主要防控措施为：①高处作业应正确使用安全带，作业人员在转移作业位置时不准失去安全保护；②上下绝缘子串，必须使用速差自控器或两道保险绳。

（2）物体打击风险。主要防控措施为：①工具或材料要放在工具袋内或用绳索绑扎；②上下传递用绳索吊送，严禁高空抛掷；③液压泵操作人员与压钳操作人员密切配合，并注意压力指示，不得过载。

7.1.10　线路防护工程作业

线路防护工程作业风险主要集中在砌筑塔基面的砌筑挡土墙（排水沟）作业工序环节中存在物体打击人身安全风险，如图 7-22 所示。

(a) 挡土墙   (b) 排水沟

图 7-22　砌筑铁塔基面作业照片

主要防控措施为：①作业人员正确使用防护用品；②高处物料应堆放平稳，不得放置临边，不可妨碍通行；③严禁戴手套使用手锤或单手抡大锤。

7.1.11　线路拆旧工程作业

线路拆旧工程作业风险主要集中在导线、接地线、光缆拆除和杆塔拆除作业两个工序环节。

7.1.11.1　导线、地线、光缆拆除作业

在导线、地线、光缆拆除作业工序环节存在高处坠落、物体打击、触电三类人身安全风险。

7.1.11.1.1　高处坠落风险

主要防控措施为：①高处作业应正确使用安全带，作业人员在转移作业位置时不准失去安全保护；②高处作业人员上下杆塔必须沿脚钉或爬梯攀登。

7.1.11.1.2　物体打击风险

主要防控措施为：①高处作业人员携带的工具应放在工具袋内；②拆除旧导线、接地线时禁止带张力断线；③注意旧线缺陷，必要时采取加固措施。

7.1.11.1.3　触电风险

主要防控措施为：①拆除线路在登塔（杆）前必须先核对线路名称，再进行验电并挂设接地线；②与带电线路临近、平行、交叉时，应使用个人保安线。

7.1.11.2　杆塔拆除作业

在杆塔拆除作业工序环节存在高处坠落、物体打击、火灾三类人身安全风险。

（1）高处坠落风险。主要防控措施为：①高处作业应正确使用安全带，作业人员在转移作业位置时不准失去安全保护；②高处作业人员上下杆塔必须沿脚钉或爬梯攀登。

（2）物体打击风险。主要防控措施为：①高处作业人员携带的工具应放在工具袋内；②分解吊拆杆塔前，不得拆除下部未拆解部分受力螺栓及地脚螺栓；③吊拆杆塔时，待

拆构件受力后，方准拆除连接螺栓。

（3）火灾风险。主要防控措施为：①作业点周围应清除干净易燃易爆物；②在进行焊割操作的地方应配置适宜、足够的灭火设备。

7.1.12 中间验收

中间验收作业风险主要集中在架线前杆塔转序验收工序环节，主要存在物体打击、高处坠落两类人身安全风险。

（1）物体打击风险。主要防控措施为：①高处作业人员携带的工具应放在工具袋内；②高处作业的下方不得同时有人作业，必要同时作业时，应做好防止落物伤人的措施，并设专人监护。

（2）高处坠落风险。主要防控措施为：①高处作业应正确使用安全带，作业人员在转移作业位置时不准失去安全保护；②高处作业人员上下杆塔必须沿脚钉或爬梯攀登。

7.1.13 竣工投运前验收

竣工投运前验收作业风险主要集中在竣工验收及消缺作业工序环节，主要存在触电、物体打击、高处坠落三类人身安全风险。

（1）触电风险。主要防控措施为：①检查杆塔永久接地是否可靠连接；②验收及消缺工作段两端应挂工作接地线；③在平行或邻近带电设备部位施工作业时，应加装的个人保安接地线；④消缺工作必须在规定的区域进行，并采取误登杆塔措施。

（2）物体打击风险。主要防控措施为：①高处作业人员携带的力矩扳手应用绳索拴牢，套筒等工具应放在工具袋内；②高处作业的下方不得同时有人作业，必须要同时作业时，应做好防止落物伤人的措施，并设专人监护。

（3）高处坠落风险。主要防控措施为：①高处作业应正确使用安全带、速差器，作业人员在转移作业位置时不准失去安全保护；②高处作业人员上下杆塔必须沿脚钉或爬梯攀登；③下导线检查附件时，安全绳或速差自控器必须拴在横担主材上；④500kV走线检查间隔棒时，安全带挂在一根子导线上，后备保护绳挂在整相导线上；⑤使用软梯进行移动作业时，软梯上只准一人作业，作业人员到达梯头上进行作业和梯头开始移动前，应将梯头的封口可靠封闭，否则应使用保护绳防止梯头脱钩。

7.1.14 线路参数测量作业

线路参数测量作业风险主要集中在装、拆试验接线和登高装、拆试验接线两种作业工序环节。

7.1.14.1 装、拆试验接线作业

在装、拆试验接线作业工序环节存在触电人身安全风险。

主要防控措施为：①装、拆试验接线应在接地保护范围内，戴绝缘手套，穿绝缘鞋；

②在绝缘垫上加压操作，悬挂接地线应使用绝缘杆；③与带电设备保持足够安全距离（35kV 不小于 1.0m，110kV 不小于 1.5m，220kV 不小于 3.0m，500kV 不小于 5.0m，1000kV 不小于 9.5m）；④更换试验接线前，应对测试设备充分放电；⑤电缆参数测量前，应对被测电缆外护套充分放电。

7.1.14.2 登高装、拆试验接线作业

在登高装、拆试验接线作业工序环节存在高处坠落人身安全风险。

主要防控措施为：①应使用两端装有防滑措施的梯子；②单梯工作时，梯与地面的斜角度约 60°，并专人扶持；③高处作业应正确使用安全带，作业人员在转移作业位置时不准失去安全保护。

综合上述的 14 类 77 项架空输电线路工程作业风险及防控措施见表 7-1。

表 7-1 架空输电线路工程作业关键风险及防控措施

序号	作业类型	作业工序	风险类型	防控措施	风险等级	备注
1	驻地临建	临时建筑物搭拆	坍塌	房屋结构件及板材应牢固，禁止使用损伤或毁烂的结构件及板材，搭设和拆除作业应指定工作负责人，作业前应勘查现场地形地貌，进行安全技术交底	4	
			高处坠落	1. 在轻型或简易结构的屋面上作业时，应有防止坠落的可靠措施。 2. 在屋顶及其他危险的边沿进行作业，临空面应装设安全网或防护栏杆，施工作业人员应使用安全带		
2	架空线路复测	山区及森林作业、通道清理	物体打击	1. 应戴安全帽，扣紧下颚带，禁止上下抛掷物品。 2. 待砍剪树木下面或树倒范围内设置警戒区域，警戒区域不准有人逗留	4	
			高处坠落	1. 不得穿越不明深浅等区域，随时与其他人员保持联系。 2. 不得攀附脆弱、枯死或尚未砍断的树枝、树木。 3. 使用安全带不得系在待砍剪树枝的断口附近		
			中毒和窒息	1. 偏僻山区禁止单独作业，配齐通信、地形图等装备。 2. 携带必要的防卫器械、防护用具及药品。 3. 毒蛇咬伤后，先服用蛇药，再送医救治，切忌奔跑		
			触电	1. 严禁使用金属测量器具测量带电线路各种距离。 2. 选择合适路线，不走险路，注意避开私设捕兽电网。 3. 雷雨天气禁止停留在大树下		
			火灾	1. 在林区、牧区作业，应遵守当地的防火规定。 2. 进入林区、牧区作业禁止吸烟		

序号	作业类型	作业工序	风险类型	防控措施	风险等级	备注
3	架空线路复测	复杂地形作业	高处坠落	1. 不得穿越不明深浅等区域，保持与其他作业人员的联系。 2. 不得攀附脆弱、枯死或尚未砍断的树枝、树木。 3. 使用安全带不得系在待砍剪树枝的断口附近	4	
			中毒和窒息风险	1. 偏僻山区禁止单独作业，配齐通信、地形图等装备。 2. 携带必要的防卫器械、防护用具及药品。 3. 毒蛇咬伤后，先服用蛇药，再送医救治，切忌奔跑		
			淹溺	1. 不得穿越不明深浅的水域和薄冰。 2. 施工人员至少两人同行，不得单独远离作业场所。 3. 乘坐水上交通工具时，正确穿戴救生衣，熟练使用救生设备，严禁超员		
4	线路基础开挖	一般土石方开挖施工作业	高处坠落	1. 上下基坑应使用软梯。 2. 高处作业应正确使用安全带，作业人员在上下基坑时不得失去安全保护。 3. 基坑应有可靠的扶手和坡道，不得攀登挡土板支撑上下	4级：深度小于5m；3级：深度不小于5m	开挖深度在3m以上应编制专项施工方案
			物体打击	1. 边坡开挖时，由上往下开挖，依次进行；不得上、下坡同时撬挖。 2. 基坑边缘要求设置安全护栏，悬挂警示牌。 3. 开挖基坑，应先清除坑口浮土、石，土石方开挖下方不得有人		
			坍塌	1. 任何人不得在坑内休息。 2. 基坑顶部按设计要求设置截水沟。 3. 一般土质条件下弃土堆底至基坑顶边距离不小于1m，弃土堆高不大于1.5m，垂直坑壁边坡条件下弃土堆底至基坑顶边距离不小于3m。 4. 设置监护人监护周边异常情况		
5		深度5m以内人工掏挖作业	高处坠落	1. 上下基坑应使用软梯，严禁沿孔壁或乘土设施上下。 2. 高处作业应正确使用安全带，作业人员在上下基坑时不得失去安全保护。 3. 基坑应有可靠的扶手和坡道，不得攀登挡土板支撑上下	4	
			物体打击	1. 在基坑内上下递送工具物品时，严禁抛掷，严防其他物件落入坑内。 2. 基坑边缘要求设置安全护栏，悬挂警示牌。 3. 开挖基坑应先清除坑口浮土、石，土石方开挖下方不得有人。 4. 人力提土绞架必须有刹车装置、电动葫芦提土机械自动卡紧保险装置应安全可靠。提土斗应为软布袋或竹篮等轻型工具，吊土不得满装，吊运土方时孔内人员靠孔壁站立		

序号	作业类型	作业工序	风险类型	防控措施	风险等级	备注
5		深度5m以内人工掏挖作业	坍塌	1. 任何人不得在坑内休息。 2. 基坑顶部按设计要求设置截水沟。 3. 一般土质条件下弃土堆底至基坑顶边距离不小于1m，弃土堆高不大于1.5m，垂直坑壁边坡条件下弃土堆底至基坑顶边距离不小于3m。 4. 设置监护人监护周边异常情况，挖土区域设警戒线，各种机械、车辆严禁在开挖的基础边缘2m内行驶、停放	4	
6	线路基础开挖	深度大于5m基坑人工掏挖作业	高处坠落	1. 上下基坑应使用软梯，严禁沿孔壁或乘运土设施上下。 2. 高处作业应正确使用安全带，作业人员在上下基坑时不得失去安全保护。 3. 基坑应有可靠的扶手和坡道，不得攀登挡土板支撑上下	3	应编制专项施工方案
			物体打击	1. 在基坑内上下递送工具物品时，严禁抛掷，严防其他物件落入坑内。 2. 基坑边缘要求设置安全护栏，悬挂警示牌。 3. 开挖基坑，应先清除坑口浮土、石子，土石方开挖下方不得有人。 4. 人力提土绞架必须有刹车装置，电动葫芦提土机械自动卡紧保险装置应安全可靠，提土斗应为软布袋或竹篮等轻型工具，吊运土不得满装，吊运土方时孔内人员应靠孔壁站立		
			坍塌	1. 任何人不得在坑内休息。 2. 基坑顶部按设计要求设置截水沟。 3. 一般土质条件下弃土堆底至基坑顶边距离不小于1m，弃土堆高不大于1.5m，垂直坑壁边坡条件下弃土堆底至基坑顶边距离不小于3m。 4. 设置监护人监护周边异常情况，挖土区域设警戒线，各种机械、车辆严禁在开挖的基础边缘2m内行驶、停放		
			触电	1. 基坑内照明应使用12V以下的带罩、具备防水功能的安全灯具。 2. 发电机、配电箱、水泵等应设置良好接地措施，线缆无破损		
			中毒窒息	配备良好通风设备，每日开工前必须检测井下有无有毒、有害气体		
7		底盘扩底基坑清理	坍塌	1. 任何人不得在坑内休息。 2. 在扩孔范围内的地面上不得堆积土方。 3. 坑模成型后，及时浇灌混凝土，否则采取防止土体塌落的措施	3	
			中毒窒息	配备良好通风设备，每日开工前必须检测井下有无有毒、有害气体		

序号	作业类型	作业工序	风险类型	防控措施	风险等级	备注
8		岩石基坑开挖（人工成孔）或机械钻孔作业	高处坠落	1. 深基坑、孔洞临边必须设置安全围栏和警示牌。 2. 上下基坑必须使用软梯，严禁直接往坑底跳	3	应编制专项施工方案
			物体打击	1. 开挖岩石基坑，应先清除坑口浮土，向坑外抛扔土石时，应防止土石回落伤人。 2. 扶锤人员应带防护手套和防尘罩。 3. 打锤人不得戴手套，并站在扶钎人的侧面。 4. 操作人员应戴防护眼镜。 5. 传递物件需使用绳索传递，禁止向基坑内抛掷		
9		岩石基坑开挖（爆破作业）	物体打击	1. 导火索使用长度必须保证操作人员能撤至安全区。 2. 划定爆破警戒区，爆破前在路口派人设立安全警戒。 3. 爆破施工应采用松动爆破或压缩爆破，炮眼上压盖掩护物，并有减少震动波扩散的措施	2	应编制专项施工方案
10	线路基础开挖	泥沙流沙坑开挖作业	坍塌	1. 泥沙坑、流沙坑施工应采取挡泥沙板或护筒措施。 2. 发现挡泥板、护筒有变形或断裂现象，立即停止坑内作业，处理完毕后方可继续施工。 3. 安全监护人随时监护周边异常情况。 4. 严禁采取掏洞的方法掏挖基坑，任何人不得在坑内休息	3	应编制专项施工方案
			触电	发电机、配电箱、水泵等应设置良好接地措施，线缆无破损	3	
11		水坑、沼泽地基坑开挖作业	坍塌	1. 应先采取降水或挡土措施。 2. 禁止人机结合开挖。 3. 按设计要求进行放坡，禁止由下部掏挖土层	4	
			触电	发电机、配电箱、水泵等应设置良好接地措施，线缆无破损	4	
12		冻土基坑开挖作业	坍塌	1. 冻土坑容易塌方，施工时应派人监护。 2. 机械直接挖掘施工过程中，机械操作范围内严禁有其他作业	4	
			触电	1. 电热法作业，由专业电气人员操作，电源配有计量器、电流表、电压表、保险开关的配电盘。 2. 通电前施工作业人员撤离警戒区，严禁任何人员靠近，进入警戒区先切断电源。 3. 施工现场设置安全围栏和安全标志	4	
			中毒	1. 采用烟烘烤法作业，作业现场附近不得堆放可燃物，并安排人员现场防护。 2. 现场准备砂子或灭火器等可靠的防火措施	4	

序号	作业类型	作业工序	风险类型	防控措施	风险等级	备注
13	线路基础开挖	大坎、高边坡基础开挖作业	坍塌	1. 施工前必须先清除上山坡浮动土石。 2. 固壁支撑所用木料不得腐坏、断裂，板材厚度不小于50mm，撑木直径不小于100mm。 3. 高边坡的施工必须提前做好截水沟和排水沟。 4. 安全监护人随时监护周边异常情况	3	应编制专项施工方案
			高处坠落	1. 在悬岩陡坡上作业时应设置防护栏杆。 2. 作业人员必须戴安全帽，系安全带或安全绳	3	
			物体打击	1. 严禁上、下坡同时撬挖。 2. 土石滚落的下方不得有人，并设警戒。 3. 严禁两人面对面操作	3	
			触电	发电机、配电箱、水泵等应设置良好接地措施，线缆无破损	3	
14		机械冲、钻孔灌注桩基础作业（桩机就位和钻进操作作业）	机械伤害	钻机支架必须牢固，观察钻机周围的土质变化		
15		机械冲、钻孔灌注桩基础作业（冲孔操作和清孔及换浆作业）	机械伤害	1. 冲孔操作时，注意钻架安定平稳。 2. 钻机和冲击锤机运转时不得进行检修。 3. 泥浆池和孔洞必须设置安全围栏和警示标志	4	
16		机械冲、钻孔灌注桩基础作业（钢筋笼制作与吊放、导管安装与下放及混凝土灌注作业）	机械伤害	吊车起吊应先将钢筋笼运送到吊臂下方，平稳起吊，拉好方向控制绳，严禁斜吊	4	
			物体打击	1. 起吊安放钢筋笼时，施工人员必须听从统一指挥。 2. 吊车旋转范围内，不允许人员逗留或进行其他作业。 3. 向孔内下钢筋笼时，严禁人下孔摘吊绳	4	
17		人工挖孔桩基础作业（深度5m以内循环作业）	坍塌	1. 开挖孔桩应从上到下逐层进行，每节筒深不得超过1m，先挖中间部分的土方，然后向周边扩挖。 2. 根据土质情况采取相应护壁措施防止塌方，第一节护壁应高于地面150～300mm，壁厚比下面护壁厚度增加100～150mm，便于挡土、挡水。 3. 挖出的土石应及时运离孔口，不得堆放在孔口四周1m范围内，堆土高度不应超过1.5m。	4	

序号	作业类型	作业工序	风险类型	防控措施	风险等级	备注
17		人工挖孔桩基础作业（深度5m以内循环作业）	坍塌	4. 开挖过程中如出现地下水异常（水量大、水压高）时，立即停止作业并报告施工负责人，待处置完成合格后，再开始作业。 5. 开挖过程中，如遇有大雨时，做好防止深坑坠落和塌方措施后，迅速撤离作业现场	4	应编制专项施工方案
			物体打击	1. 在孔桩内上下递送工具物品时，严禁抛掷，严防其他物件落入孔桩内。 2. 吊运弃土所使用的电动葫芦、吊笼等应安全可靠并配有自动卡紧保险装置		
			触电	孔桩内照明应使用12V以下的带罩、具备防水功能的安全灯具		
18	线路基础开挖	人工挖孔桩基础作业（深度5m及以上逐层往下循环作业）	高处坠落	1. 下孔作业人员均需戴安全帽，腰系安全绳，必须从专用爬梯上下，严禁沿孔壁或乘土设施上下。 2. 收工前，应对孔洞做好可靠的安全措施，并设置警示标识。 3. 孔洞安装水平推移的活动安全盖板，当孔桩内有人挖土时，应盖好安全盖板，防止杂物掉下砸伤人，无关人员不得靠近孔洞，吊运土时，再打开安全盖板	3级：深度5~15m；2级：深度15m及以下逐层往下循环	应编制专项施工方案
			坍塌	1. 开挖孔桩应从上到下逐层进行，每节筒深不得超过1m，先挖中间部分的土方，然后向周边扩挖。每节的高度严格按设计施工，不得超挖。每节筒深的土方量应当天挖完。 2. 根据土质情况采取相应护壁措施防止塌方，第一节护壁应高于地面150~300mm，壁厚比下面护壁厚度增加100~150mm，便于挡土、挡水。桩间净距小于2.5m时，须采用间隔开挖施工顺序。 3. 距离桩孔口3m内不得有机动车辆行驶或停放。 4. 开挖过程中如出现地下水异常（水量大、水压高）时，立即停止作业并报告施工负责人，待处置完成合格后，再开始作业。 5. 开挖过程中，如遇有大雨时，做好防止深坑坠落和塌方措施后，迅速撤离作业现场		
			物体打击	1. 在孔桩内上下递送工具物品时，严禁抛掷，严防其他物件落入桩孔内。 2. 吊运弃土所使用的电动葫芦、吊笼等应安全可靠并配有自动卡紧保险装置		
			触电	孔桩内照明应使用12V以下的带罩、具备防水功能的安全灯具		
			中毒窒息	1. 每日作业前，检测孔桩内是否有毒、有害气体，禁止在孔桩内使用燃油动力机械设备。 2. 孔桩深度大于5m时，使用风机或风扇向孔内送风，不少于5min。 3. 孔桩深度超过10m时，设专门向孔桩内送风的设备，风量不得小于25L/s		

序号	作业类型	作业工序	风险类型	防控措施	风险等级	备注
19		机动车运输及山区交通	物体打击	1. 控制车速，保持车距，弯道减速慢行，禁止弯道超车。 2. 运输超高、超长、超重货物时，车辆尾部设警告标志	4	
			交通事故	严禁货车货斗载人、人货混装		
20		畜力运输	物体打击	1. 装卸货或暂停作业时须拴系牲畜。 2. 运输货物过程中，禁止人员骑驭牲畜	4	
21		水上运输（载人）	物体打击	1. 载人时船舱内严禁装载易燃易爆危险物品，不得超员、超载。 2. 不得客货混装	3	
			淹溺	1. 乘船人员正确穿戴救生衣，熟练使用救生设备。 2. 不得下水游戏。 3. 上下船的跳板应搭设稳固，并有防滑措施。 4. 遇见恶劣天气，及时停靠岸边停止运输		
22	工地运输	索道架设	物体打击	1. 运输索道正下方左右各 10m 的范围为危险区域，设置明显醒目的警告标志，禁止非操作人员进入。 2. 提升绳索时防止绳索缠绕且慢速牵引，架设时严格控制弛度。 3. 驱动装置严禁设置在承载索下方，山坡下方的装、卸料处设置安全挡	3	应编制专项施工方案
			坍塌	1. 索道支架宜采用四支腿外拉线结构，支架拉线对地夹角不超过 45° 且支架承载的安全系数不小于 3。 2. 索道架设前地锚设置必须经使用单位验收合格。 3. 在工作索与水平面的夹角在 15° 以上的下坡侧料场，设置限位装置		
			中毒和窒息	1. 偏僻山区禁止单独作业，配齐通信、地形图等装备。 2. 携带必要的保卫器械、防护用具及药品。 3. 毒蛇咬伤后，先服用蛇药，再送医救治，切忌奔跑		
23		索道运输	物体打击	1. 小车与跑绳固定应采用双螺栓并紧固到位。 2. 索道运输时装货严禁超载，严禁运送人员，索道下方严禁站人。 3. 驱动装置未停机，装卸人员严禁进入装卸区域。 4. 严禁装卸笨重物件，对索道下方及绑扎点定期进行检查。 5. 卷筒上的钢索至少缠绕 5 圈		
			坍塌	1. 索道运输前必须确保沿线通信畅通。 2. 牵引索的钳口使用过程中经常检查，定期更换。 3. 索道每天运行前，检查索道系统各部件是否处于完好状态。 4. 开机空载运行时间不少于 2min，发现异常及时处理。 5. 卷筒上的钢索至少缠绕 5 圈		

续表

序号	作业类型	作业工序	风险类型	防控措施	风险等级	备注
24	工地运输	栈桥搭设、拆除施工	物体打击	1. 施工危险区域设置醒目的警示标志。 2. 安装时，不得进行斜吊，在吊桩前，在钢管桩上拴好拉绳，不得与桩锤或机架碰撞。 3. 严禁吊桩、吊锤、回转、行走等动作同时进行。 4. 打桩机在吊有桩和锤的情况下，操作人员不得离开岗位	4	
			坍塌	1. 打桩前必须对钢管进行严格检查，不允许使用有裂缝或其他缺陷的桩，以防止断桩事故。 2. 定期对便桥连接处及焊缝等部位进行运营磨损检查		
			淹溺	1. 乘船人员正确穿戴救生衣，熟练使用救生设备且不得下水游泳。 2. 上下船的跳板应搭设稳固，并有防滑措施，遇见恶劣天气，及时停靠岸边停止运输。 3. 栈桥上作业人员必须配备救生衣等防护用品。 4. 钢便桥完成后及时跟进设置防护栏和警示标志且栏杆上应放置救生圈。 5. 水深段应设置防护网		
			触电	1. 电气设备必须设置漏电保护。 2. 沿桥电缆应设置钢栈桥安全护栏外侧设置横担或绝缘子供施工电缆架设。 3. 做好接零、接地保护，在岸上做好重复接地		
25		模板安装施工作业	物体打击	人力在安装模板构件，用抱杆吊装或绳索溜放，不得直接将其翻入坑内	4	
			坍塌	1. 模板的支撑牢固，并对称布置，高出坑口的加立柱模板有防止倾覆的措施。 2. 模板采用木方加固时，木楔必须钉牢支撑处地基必须夯实，严防支撑下层、倾倒		
26	基础工程作业	高度在2～8m模板安装和支护作业	高处坠落	1. 高处作业脚穿防滑鞋、佩戴安全带并保持高挂低用。 2. 作业人员上下基坑时有可靠的扶梯，不得相互拉拽、攀登挡土板支撑上下。 3. 作业人员在架子上进行搭设作业时，不得单人装设较重构件和其他易发生失衡、脱手、碰撞、滑跌等不安全的作业	4级：高度低于2m模板安装和支护，3级：高度在2～8m模板安装和支护	
			物体打击	人力在安装模板构件，用抱杆吊装或绳索溜放，不得直接将其翻入坑内		
			坍塌	1. 模板的支撑牢固，并对称布置，高出坑口的加立柱模板有防止倾覆的措施。 2. 模板采用木方加固时，木楔应钉牢支撑处地基必须夯实，严防支撑下层、倾倒		
27		作业平台搭设	高处坠落	1. 平台模板应设栏杆。 2. 严禁人员坐靠在防护栏杆上	4	

序号	作业类型	作业工序	风险类型	防控措施	风险等级	备注
27	基础工程作业	作业平台搭设	坍塌	1. 跳板捆绑牢固，支撑牢固可靠，有上料通道。 2. 上料平台不得搭悬臂结构，中间设支撑点并结构可靠。 3. 大坑口基础浇制时，平台横梁加撑杆。	4级：高度低于2m模板安装和支护，3级：高度在2～8m模板安装和支护	
28	基础工程作业	混凝土搅捣作业（混凝土运输）	物体打击	1. 运输混凝土前确认运输路况、停车位、泵送方式等符合运送规定和条件。 2. 运送中将滑斗放置牢固，防止摆动，避免伤及行人	4	
29		混凝土搅拌、浇筑和振捣	触电	1. 施工前应配备剩余电流动作保护器（漏电保护器）。 2. 浇制施工时，电动振捣器操作人员必须戴绝缘手套、穿绝缘靴。 3. 移动振捣器若要暂停作业时，先关闭电动机，再切断电源。 4. 相邻的电源线严禁缠绕交叉	4	
30	接地工程	开掘敷设、焊接作业	物体打击	敷设、焊接钢筋时要固定好钢筋两端，防止回弹伤人	4	
			火灾	1. 作业点周围应清除干净易燃易爆物。 2. 在进行焊接操作的地方应配置适宜、足够的灭火设备		
31	杆塔组立	水泥杆施工作业（水泥杆排杆作业）	物体打击	1. 排杆处地形不平或土质松软，应先平整或支垫坚实，必要时杆段应用绳索锚固。 2. 滚动杆段时应统一行动，滚动前方不得有人；杆段顺向移动时，应随时将支垫处用木楔掩牢。 3. 用棍、杠撬拨杆段时，应防止滑脱伤人，不得用铁撬棍插入预埋孔转动杆段	4	
			机械伤害	1. 吊装构件前，对已组杆段进行全面检查，吊点处不缺件。 2. 起重臂及吊件下方不得有人并设置监护人		
32		水泥杆施工作业（水泥杆焊接作业）	物体打击	1. 在运输、储存和使用过程中，避免气瓶剧烈震动和碰撞，防止脆裂爆炸，氧气瓶要有瓶帽和防震圈。 2. 禁止敲击和碰撞，气瓶使用时应采取可靠的防倾倒措施。 3. 使用气瓶时必须装有减压阀和回火防止器，开启时操作者应站在阀门的侧后方，动作要轻缓，不要超过一圈半	4	
			火灾	1. 作业点周围3m内的易燃易爆物应清除干净。 2. 乙炔瓶、氧气瓶应避免阳光曝晒，须远离明火或热源，乙炔与明火距离不小于10m。 3. 乙炔瓶、氧气瓶应储存在通风良好的库房，必须直立放置，周围设立防火防爆标志。 4. 氧气与乙炔胶管不得互相混用和代用，不得用氧气吹除乙炔管内的堵塞物，同时应随时检查和消除割、焊炬的漏气或堵塞等缺陷，防止在胶管内形成氧气与乙炔的混合气体		

序号	作业类型	作业工序	风险类型	防控措施	风险等级	备注
33		地锚选择、设置及埋设	物体打击	1. 总牵引地锚出土点、制动系统中心、抱杆顶点及杆塔中心四点应在同一垂直面上，不得偏移。 2. 采用埋土地锚时，地锚绳套引出位置开挖马道，马道与受力方向应一致。 3. 采用角铁桩或钢管桩时，一组桩的主桩上控制一根拉绳。 4. 各种锚桩回填时有防沉措施，覆盖防雨布并设有排水沟。 5. 下雨后及时检查地锚埋设情况，如有土质下沉、流失等情况及时回填	3	
34		水泥杆组立	物体打击	1. 分解组立混凝土电杆宜采用人字抱杆任意方向单扳法。 2. 若采用通天抱杆单杆起吊时，电杆长度不宜超过21m。 3. 采用通天抱杆起吊单杆时，临时拉线应锚固可靠，电杆绑扎点不得少于2个。 4. 电杆立起后，临时拉线在地面未固定前严禁登杆作业；横担吊装未达到设计位置前，杆上不得有人	3	
35	杆塔组立	钢管杆施工作业	物体打击	1. 吊装铁塔前，应对已组塔段（片）进行全面检查，螺栓应紧固，吊点处不应缺件。 2. 起重机工作位置的地基必须稳固，附近的障碍物应清除，分段吊装铁塔时，上下段连接后，严禁用旋转起重臂的方法进行移位找正。 3. 分段分片吊铁塔时，使用控制绳应同步调整。吊装铁塔前，应对已组塔段（片）进行全面检查，螺栓应紧固，吊点处不应缺件	3	应编制专项施工方案
			机械伤害	1. 吊绳吊点处应进行保护，防止吊绳在吊装过程中被卡断或受损。 2. 吊件前，检查起重设备、钢丝绳满足荷载和安全要求，禁止超载使用。 3. 使用两台起重机抬吊同一构件时，起重机承担的构件质量应考虑不平衡系数后且不应超过该机额定起吊质量的80%；两台起重机应互相协调，起吊速度应基本一致		
36		附着式外拉线分解组立作业	物体打击	1. 工具或物料要放在工具袋内或用绳索绑扎，上下传递用绳索吊送。 2. 禁止材料及工器具浮搁在已立好的杆塔和抱杆上。 3. 作业正下方设置警戒区域且不得有人通过或逗留。 4. 塔脚板就位后，上齐匹配的垫板和螺帽，组立完成后拧紧螺帽及打毛丝扣。 5. 升降抱杆过程中，四侧临时拉线应由拉线控制人员根据指挥人命令适时调整	3	应编制专项施工方案

序号	作业类型	作业工序	风险类型	防控措施	风险等级	备注
36	杆塔组立	附着式外拉线分解组立作业	机械伤害	1. 磨绳缠绕不得少于5圈，拉磨尾绳不应少于2人，人员应站在锚桩后面，不得站在绳圈内。 2. 构件起吊和就位过程中，不得调整抱杆拉线。 3. 附着式外拉线抱杆达到预定位置后，应将抱杆根部与塔身主材绑扎牢固，抱杆倾斜角度不宜超过15°	3	应编制专项施工方案
			高处坠落	1. 高处作业应正确使用安全带、速差器。 2. 高处作业人员在转移作业位置时不得失去保护，手扶的构件必须牢固		
37		悬浮抱杆分解组立作业（地锚坑选择、设置及埋设作业）	物体打击	1. 调整绳方向视吊片方向而定，距离应保证调整绳对水平地面的夹角不大于45°，可采用地钻或小号地锚固定。对于山区特殊地形情况大于45°时应考虑采用其他措施。 2. 采用埋土地锚时，地锚绳套引出位置开挖马道，马道与受力方向应一致。 3. 采用角铁桩或钢管桩时，一组桩的主桩上控制一根拉绳。 4. 各种锚桩回填时有防沉措施，覆盖防雨布并设有排水沟；下雨后及时检查地锚埋设情况，如有土质下沉、流失等情况及时回填。 5. 牵引转向滑车地锚一般利用基础或塔腿，但必须经过计算并采取可靠保护措施		
38		悬浮抱杆分解组立作业（抱杆系统布置和起立抱杆作业）	机械伤害	1. 检查金属抱杆的整体弯曲不超过杆长的1/600，严禁抱杆违反方案超长使用。 2. 抱杆根部采取防滑或防沉措施，抱杆超过30m，采用多次对接组立必须采取倒装方式，禁止采用正装方式。 3. 主要受力工具进行详细检查，严禁以小带大或超负荷使用。 4. 在抱杆起立过程中，根部看守人员根据抱杆根部位置和抱杆起立程度指挥制动绳人员回松制动绳；制动绳人员根据指令同步均匀回松，不得松落。 5. 钢丝绳端部用绳卡固定连接时，绳卡压板应在钢丝绳主要受力的一边且绳卡不得正反交叉设置，绳卡间距不应小于钢丝绳直径的6倍	3	应编制专项施工方案
39		悬浮抱杆分解组立作业（提升抱杆作业）	物体打击	1. 承托绳的悬挂点应设置在有大水平材的塔架断面处且应绑扎在主材节点的上方。 2. 承托绳与主材连接处宜设置专门夹具，夹具的握着力应满足承托绳的承载能力。 3. 承托绳与抱杆轴线间夹角不应大于45°。 4. 抱杆提升前，将提升腰滑车处及其以下塔身的辅材装齐，并紧固螺栓，承托绳以下的塔身结构必须组装齐全，主要构件不得缺少。 5. 提升抱杆宜设置两道腰环且间距不得小于5m，以保持抱杆的竖直状态，起吊过程中抱杆腰环不得受力		

序号	作业类型	作业工序	风险类型	防控措施	风险等级	备注
39	杆塔组立	悬浮抱杆分解组立作业（提升抱杆作业）	高处坠落	1. 高处作业人员要穿软底防滑鞋，使用全方位安全带、速差自控器等保护设施，挂设在牢靠的部件上且不得低挂高用。 2. 高处作业人员在转移作业位置时不得失去保护，手扶的构件必须牢固		
40		悬浮抱杆分解组立作业（提升吊装和组装塔片、塔段作业）	物体打击	1. 起吊前，将所有可能影响就位安装的"活铁"固定好。 2. 吊件在起吊过程中，下控制绳应随吊件的上升随之送出，保持与塔架间距不小于100mm。 3. 组装杆塔的材料及工器具禁止浮搁在已立的杆塔和抱杆上。 4. 工具或材料要放在工具袋内或用绳索绑扎，上下传递用绳索吊送，严禁高空抛掷或利用绳索或拉线上杆塔或顺杆下滑。 5. 绑扎要牢固，在绑扎处塔材做防护，对须补强的构件吊点予以可靠补强	3	应编制专项施工方案
			机械伤害	1. 磨绳缠绕不得少于5圈，拉磨尾绳不应少于2人，人员应站在锚桩后面，不得站在绳圈内。 2. 吊装过程，施工现场任何人发现异常应立即停止牵引，查明原因，做出妥善处理，不得强行吊装。 3. 构件起吊和就位过程中，不得调整抱杆拉线		
			高处坠落	1. 高处作业人员要穿软底防滑鞋，使用全方位安全带、速差自控器等保护设施，挂设在牢靠的部件上且不得低挂高用。 2. 高处作业人员在转移作业位置时不得失去保护，手扶的构件必须牢固		
41		悬浮抱杆分解组立作业（拆除抱杆作业）	物体打击	1. 拆除过程中要随时拆除腰环，避免卡住抱杆。 2. 当抱杆剩下一道腰环时，为防止抱杆倾斜，应将吊点移至抱杆上部，循环往复，将抱杆拆除		
			高处坠落	1. 高处作业人员要穿软底防滑鞋，使用全方位安全带、速差自控器等保护设施，挂设在牢靠的部件上且不得低挂高用。 2. 高处作业人员在转移作业位置时不得失去保护，手扶的构件必须牢固		
42		整体立塔施工作业（临时地锚选择及设置作业）	物体打击	1. 总牵引地锚出土点、制动系统中心、抱杆顶点及杆塔中心四点应在同一垂直面上，不得偏移。 2. 两侧临时拉线在线路垂直方向布置，前后临时拉线顺线路布置，后临时拉线可与制动系统合用一个地锚。 3. 地锚埋设地锚绳套引出位置应开挖马道，马道与受力方向应一致。 4. 采用角铁桩或钢管桩时，一组桩的主桩上应控制一根拉绳。 5. 各种锚桩回填时有防沉措施，覆盖防雨布并设有排水沟；下雨后及时检查地锚埋设情况，如有土质下沉、流失等情况及时回填	3	应编制专项施工方案

序号	作业类型	作业工序	风险类型	防控措施	风险等级	备注
43	杆塔组立	整体立塔施工作业（抱杆系统布置作业）	物体打击	1. 抱杆规格应根据荷载计算确定，不得超负荷使用。 2. 抱杆搬运、使用中不得抛掷和碰撞。 3. 抱杆连接螺栓应按规定使用，不得以小代大。 4. 抱杆根部应采取防沉、防滑移措施。 5. 人字抱杆根部应保持在同一水平面上，并用钢丝绳连接牢固抱杆帽或承托环表面有裂纹、螺纹变形或螺栓缺少不得使用	3	应编制专项施工方案
44		整体立塔施工作业（起吊过程及调整塔身固定临时拉线作业）	物体打击	1. 吊件垂直下方不得有人，在受力钢丝绳的内角侧不得有人。 2. 抱杆脱帽时，拉绳操作人必须站在抱杆外侧。 3. 电杆根部监视人员应站在杆根侧面，下坑操作前停止牵引		
			机械伤害	1. 杆塔起立过程中，绞磨慢速牵引，确保牵引滑轮组各绳受力均匀。 2. 根部看守人员根据杆塔根部位置和杆塔起立程度指挥制动人员回松制动绳，制动绳人员根据指令同步均匀回松，不得松落。 3. 当铁塔起立至约80°时，现场指挥要下令停止牵引，缓慢回松后临时拉线，依靠牵引系统的重力将铁塔调直。 4. 杆塔顶部吊离地面约0.5m时，应暂停牵引，进行冲击检验。 5. 全面检查各受力部位，确认无问题后方可继续起立		
45		落地通天抱杆分解吊装组立作业（牵引设备和临时地锚布置作业）	物体打击	1. 机动绞磨的锚桩牢固可靠且排设位置应平整，绞磨应放置平稳。 2. 地锚埋设时，地锚绳套引出位置应开挖马道，马道与受力方向应一致。 3. 采用角铁桩或钢管桩时，一组桩的主桩上应控制一根绳。 4. 各种锚桩回填时有防沉措施，覆盖防雨布并设有排水沟。 5. 下雨后及时检查地锚埋设情况，如有土质下沉、流失等情况及时回填	3	应编制专项施工方案
46		落地通天抱杆分解吊装组立作业（组立塔腿作业）	物体打击	1. 塔脚板就位后，上齐匹配的垫板和螺帽，组立完成后拧紧螺帽及打毛丝扣。 2. 起吊作业时，组装应停止作业，严格做到起吊时吊物下方无作业人员		
47		落地通天抱杆分解吊装组立作业（起立抱杆和倒装抱杆作业）	机械伤害	1. 抱杆组装应正直，连接螺栓的规格应符合规定，并应全部拧紧。 2. 平臂抱杆起重小车行走到起重臂顶端，终止点距顶端应大于1m。 3. 提升（顶升）抱杆时，要加装不少于两道腰环，腰环固定钢丝绳应呈水平并收紧，同时应设专人指挥。 4. 抱杆采取单侧摇臂起吊构件时，对侧摇臂及起吊滑车组应收紧作为平衡拉线。 5. 抱杆提升过程中，应监视腰环与抱杆不得卡阻，抱杆提升时拉线应呈松弛状态		

序号	作业类型	作业工序	风险类型	防控措施	风险等级	备注
47	杆塔组立	落地通天抱杆分解吊装组立作业（起立抱杆和倒装抱杆作业）	物体打击	1. 抱杆底座应坐在坚实、稳固、平整的地基或设计规定的基础上，软弱地基时应采取防止抱杆下沉的措施。 2. 抱杆就位后，四侧拉线应收紧并固定，组塔过程中应有专人值守		
			高处坠落	1. 高处作业应正确使用安全带、速差器。 2. 高处作业人员在转移作业位置时不得失去保护，手扶的构件必须牢固		
48		落地通天抱杆分解吊装组立作业（吊装塔片和塔段作业）	物体打击	1. 严禁超重吊装，起吊前，将所有可能影响就位安装的活铁固定好，绑扎牢固。 2. 吊件垂直下方和受力钢丝绳的内角侧不得有人。 3. 组装杆塔的材料及工器具禁止浮搁在已立的杆塔和抱杆上	3	应编制专项施工方案
			机械伤害	1. 铁塔构件应组装在起重臂下方且符合起重臂允许起重力矩要求。 2. 吊件在起吊时，应检查绑扎点位置，吊点应在重心点上，绑扎点应用麻袋或软物衬垫。 3. 铁塔构件应组装在起重臂下方且符合起重臂允许起重力矩要求。 4. 吊件螺栓全部紧固，吊点绳、控制绳及内拉线等绑扎处受力部位，不得缺少构件		
			高处坠落	1. 高处作业人员要穿软底防滑鞋，使用全方位安全带，速差自控器等保护设施，挂设在牢靠的部件上且不得低挂高用。 2. 高处作业人员在转移作业位置时不得失去保护，手扶的构件必须牢固		
49		落地通天抱杆分解吊装组立作业（抱杆拆除作业）	物体打击	1. 拆除过程中提前逐节拆除最上道腰环，避免卡住抱杆或抱杆失去保护。 2. 当抱杆剩下一道腰环时，为防止抱杆倾斜，将吊点移至抱杆上部，采用滑车组，分解拆除抱杆桅杆、吊臂、顶升架和本体等结构，将抱杆拆除		
			高处坠落	1. 高处作业人员要衣着灵便，穿软底防滑鞋，使用全方位安全带、速差自控器等保护设施，挂设在牢靠的部件上且不得低挂高用。 2. 高处作业人员在转移作业位置时不得失去保护，手扶的构件必须牢固		
50		起重机吊装立塔作业（杆塔吊装及组装作业）	物体打击	1. 起重臂下和重物经过的地方禁止有人逗留或通过。 2. 起重机吊装杆塔必须指定专人指挥，指挥人员看不清作业地点或操作人员看不清指挥信号时，均不得进行起吊作业。 3. 起重臂及吊件下方要划定作业区	3	应编制专项施工方案

续表

序号	作业类型	作业工序	风险类型	防控措施	风险等级	备注
50	杆塔组立	起重机吊装立塔作业（杆塔吊装及组装作业）	机械伤害	1. 吊件离开地面约 100mm 时暂停起吊并进行检查，确认正常且吊件上无搁置物后方可继续起吊。 2. 分段吊装铁塔时，上下段间有任一处连接后，不得用旋转起重臂的方法进行移位找正。 3. 分段分片吊装铁塔时，控制绳应随吊件同步调整；起重机在作业中出现异常时，应采取措施放下吊件，停止运转后进行检修，不得在运转中进行调整或检修。 4. 使用两台起重机抬吊同一构件时，起重机承担的构件质量应考虑不平衡系数后且不应超过单机额定起吊质量的 80%。 5. 两台起重应互相协调，起吊速度应基本一致	3	应编制专项施工方案
			高处坠落	1. 高处作业人员在转移作业位置时不得失去保护，手扶的构件必须牢固。 2. 在间隔大的部位转移作业位置时，增设临时扶手，不得沿单根构件上爬或下滑		
51		邻近带电体组立塔作业	触电	1. 铁塔塔腿段组装完毕后，应立即将铁塔接地。 2. 作业人员与带电设备的安全距离：35kV 不小于 1.0m，110kV 不小于 1.5m，220kV 不小于 3.0m，500kV 不小于 5.0m，1000kV 不小于 9.5m。 3. 起重机及吊件与带电体的安全距离：沿垂直方向：10kV 及以下不小于 3m，35kV 不小于 4m，110kV 不小于 5m，220kV 不小于 6m，500kV 不小于 8.5m，1000kV 不小于 13m；沿水平方向：10kV 及以下不小于 1.5m，35kV 不小于 2m，110kV 不小于 4m，220kV 不小于 5.5m，500kV 不小于 8m，1000kV 不小于 13m	4	应编制专项施工方案
52	架线施工作业	跨越架搭设或拆除作业	倒塌	1. 跨越架的立杆应垂直、埋深不应小于 0.5m，跨越架的支杆埋深不得小于 0.3m，水田松土等搭跨越架应设置扫地杆。 2. 跨越架两端及每隔 6～7 根立杆应设剪刀撑杆、支杆或拉线，确保跨越架整体结构的稳定。 3. 施工方案有相应的计算书证明跨越架强度应足够，能承受牵张过程中断线的冲击力。 4. 跨越架搭设完应打临时拉线，拉线与地面夹角不得大于 60°。 5. 跨越架搭设必须经验收合格且悬挂醒目的安全警告标志、夜间警示装置和验收标志牌，在道路前方距跨越架适当距离设置提示标志。 6. 钢格构式跨越架组立后，及时做好接地措施，跨越架的各个立柱设置独立的拉线系统。 7. 各类型金属跨越架架顶设置毛竹或挂胶滚动横梁	4 级：跨越架搭设或拆除（18m 以下）；3 级：跨越架搭设或拆除（18m 及以上至 24m 以下）；2 级：跨越架搭设或拆除（24m 及以上）	应编制专项施工方案

序号	作业类型	作业工序	风险类型	防控措施	风险等级	备注
52		跨越架搭设或拆除作业	触电	1. 钢管架应有防雷接地措施，整个架体应从立杆根部引设两处（对角）防雷接地。 2. 跨越架、操作人员、工器具与带电体之间的最小安全距离必须符合安规规定，施工人员严禁在跨越架内侧攀登或作业，严禁从封顶架上通过	4级：跨越架搭设或拆除（18m以下）；3级：跨越架搭设或拆除（18m及以上至24m以下）；2级：跨越架搭设或拆除（24m及以上）	应编制专项施工方案
			高处坠落	1. 高处作业应正确使用个人防护用品，作业人员在转移作业位置时不得失去保护。 2. 跨越架搭设过程应及时紧固连接扣件，攀爬过程应检查管件的牢靠性		
			物体打击	1. 上下传递用绳索吊送，严禁高空抛掷。 2. 工具或材料要放在工具袋内或用绳索绑扎，严禁将工具、物料或浮隔在架体上。 3. 传递钢管应使用绳索绑扎牢固，不得高处抛扔扣件及工器具。 4. 地面配合作业人员不得站在高处作业的正下方		
53	架线施工作业	无跨越架线（使用防护网）作业	高处坠落	1. 高处作业应正确使用安全带，作业人员在转移作业位置时不准失去安全保护。 2. 高处作业人员上下杆塔必须沿脚钉或爬梯攀登	3	应编制专项施工方案
			触电	承力绳及网片对被跨越物按规定保持足够的安全距离：10kV及以下不小于3m，35kV不小于4m，110kV不小于5m，220kV不小于6m，500kV不小于8.5m，1000kV不小于13m	3	
54		跨越公路（高速公路）作业	公路通行中断风险	1. 搭设跨越架，事先与被跨越设施的单位取得联系，必要时请其派员监督检查，配合组织跨越施工。 2. 跨越档两端铁塔的附件安装必须进行二道防护，并采取有效接地措施。 3. 跨越架横担中心设置在新架线路每相（极）导线的中心垂直投影上	2	
55		跨越铁路作业	电铁停运	1. 搭设跨越架，事先与铁路部门取得联系，必要时请其派员监督检查。 2. 跨越档两端铁塔的附件安装必须进行二道防护，并采取有效接地措施。 3. 架设及拆除防护网及承载索必须在晴好天气进行，所有绳索应保持干净、干燥状态，施工前应对承载索、拖网绳、绝缘网、导引绳进行绝缘性能测试，不合格者不得使用。 4. 跨越架的中心应在线路中心线上，宽度考虑施工期间牵引绳或导地线风偏后超出新建线路两边线各2.0m且架顶两侧设外伸羊角	2	
56		跨越主通航河流（海上主航道）作业	淹溺	1. 穿戴救生衣等防护用品。 2. 看护船只不得靠停在牵引绳、导地线的正下方	3	

序号	作业类型	作业工序	风险类型	防控措施	风险等级	备注
57		停电跨越或同塔线路扩建第二回导线停电架设作业	触电	1. 登塔验电作业时，应核对线路名称与作业票一致，防止登错杆。 2. 在停电线路工作地段，应先验电，验明线路无电压后，挂相应等级的接地线	4	
			高处坠落	1. 高处作业应正确使用安全带，作业人员在转移作业位置时不准失去安全保护。 2. 高处作业人员上下杆塔必须沿脚钉或爬梯攀登		
58	架线施工作业	跨越带电线路（或同塔扩建第二回，另一回不停电）架设的作业	高处坠落	1. 高处作业人员在转移作业位置时不得失去保护，手扶的构件必须牢固。 2. 高处作业人员上下杆塔必须沿脚钉或爬梯攀登	3 级：跨越 110kV 以下带电线路（或同塔扩建第二回，另一回不停电）作业；4 级：跨越 110kV 及以上带电线路（或同塔扩建第二回，另一回不停电）作业	应编制专项施工方案
			物体打击	1. 地面配合作业人员不得站在高处作业的正下方。 2. 紧线过程人员不得站在悬空导线、地线的垂直下方		
			触电	1. 跨越不停电电力线路，在架线施工前，施工单位应向运维单位书面申请该带电线路"退出重合闸"，许可后方可进行不停电跨越施工。 2. 施工期间若发生故障跳闸时，在未取得现场指挥同意前，不得强行送电。 3. 设置安全监护人且到岗履职，防止作业人员误登带电侧。 4. 施工期间使用各类绳索，尾端应采取固定措施，防止滑落、飘移至带电体。 5. 架线附件安装时，作业区间两端应装设保安接地线，作业点应增加个人保安接地线。 6. 接地线有放电间隙，地线附件安装前应采取接地措施		
59		钻越带电线路作业	触电	1. 钻越带电线路作业，作业人员或机械器具与带电线路风险控制值：110kV 不小于 5.5m、220kV 不小于 8m、500kV 不小于 11m、1000kV 不小于 17m。 2. 必须指派专职监护人。 3. 展放的导引绳、牵引绳从带电线路下方钻越，必须采取可靠的防止导引绳、牵引绳和导线弹跳措施	3	
60		挂绝缘子及放线滑车作业	高处坠落	1. 高处作业应正确使用安全带，作业人员在转移作业位置时不准失去安全保护。 2. 高处作业人员上下杆塔必须沿脚钉或爬梯攀登	4	
			物体打击	1. 绝缘子串及滑车的吊装必须使用专用卡具。 2. 起吊过程中，不得在起吊物下站人或通行		

续表

序号	作业类型	作业工序	风险类型	防控措施	风险等级	备注
61	架线施工	张力放线作业	机械伤害	1. 设置转向滑车,锚固必须可靠,不得超过其允许承载力。 2. 牵引绳的尾绳在线盘或绳盘上的盘绕圈数均不得少于6圈。 3. 运行时牵张机进出口前方不得有人通过。 4. 各转向滑车围成的区域内侧禁止有人	3	编制专项施工方案
			触电	1. 紧线作业区间两端装设接地线。 2. 在牵张机出线口作业点两侧应加装工作接地线		
62		牵引绳和导地线换盘作业	物体打击	1. 换盘/换线轴要有专人指挥,吊件和起重臂下方严禁有人。 2. 禁止非操作人员进入操作室。 3. 起重作业应划定作业区域并设置相应的安全标志,禁止无关人员进入	4	
63		落地锚固作业	物体打击	1. 有专人负责指挥,导线、接地线和光缆应使用卡线器或其他专用工具,其规格应与线材规格匹配,不得代用。 2. 运行时牵引机、张力机进出口前方不得有人通过。 3. 紧线过程人员不得站在悬空导线、接地线的垂直下方。 4. 不得跨越即将升离地面的导线或地线	4	
64		前、后过轮临锚设置作业	高处坠落	1. 高处作业应正确使用安全带,作业人员在转移作业位置时不准失去安全保护。 2. 高处作业人员上下杆塔必须沿脚钉或爬梯攀登	4	
65		导地线升空作业	物体打击	1. 待升空的导线、地线上或内角侧不得站人。 2. 禁止直接用人力压线。 3. 压线滑车应设控制绳,压线钢丝绳回松应缓慢	4	
66		挂设保安接地线作业	高处坠落	附件安装前,作业人员应对个人防护用品及安全用具进行外观检查,禁止使用不合格产品	4	
			触电	附件安装作业点应装设个人保安接地线	4	
67	导地线附件安装作业	安装悬垂线夹和其他附件、拆除多轮滑车作业	高处坠落	1. 高处作业应正确使用安全带,作业人员在转移作业位置时不准失去安全保护。 2. 下导线时,安全绳或速差自控器必须拴在横担主材上。 3. 作业人员不得站在放线滑车上操作	3	
			物体打击	1. 工具或材料要放在工具袋内或用绳索绑扎。 2. 上下传递用绳索吊送,严禁高空抛掷		
68		耐张塔高空开断、高空压接和平衡挂线	高处坠落	1. 高处作业应正确使用安全带,作业人员在转移作业位置时不准失去安全保护。 2. 平衡挂线时,安全绳或速差自控器必须拴在横担主材上。	3	

序号	作业类型	作业工序	风险类型	防控措施	风险等级	备注
68		耐张塔高空开断、高空压接和平衡挂线	高处坠落	3. 高空锚线应有二道保护措施，二道保险绳应拴在铁塔横担处。 4. 作业人员不得站在放线滑车上操作	3	
			物体打击	1. 工具或材料要放在工具袋内或用绳索绑扎。 2. 上下传递用绳索吊送，严禁高空抛掷。 3. 切割导线时线头应扎牢，防止线头回弹伤人。 4. 液压泵操作人员与压钳操作人员密切配合，并注意压力指示，不得过载		
69	导地线附件安装作业	间隔棒安装作业	高处坠落	1. 高处作业应正确使用安全带，作业人员在转移作业位置时不准失去安全保护。 2. 安装间隔棒时，安全带挂在一根子导线上，后备保护绳挂在整相导线上	3	
			物体打击	1. 工具或材料要放在工具袋内或用绳索绑扎。 2. 上下传递用绳索吊送，严禁高空抛掷。 3. 使用飞车安装间隔棒时，前后刹车卡死（刹牢）方可进行工作		
70		跳线安装作业	高处坠落	1. 高处作业应正确使用安全带，作业人员在转移作业位置时不准失去安全保护。 2. 上下绝缘子，必须使用速差自控器或二道保险绳	3	
			物体打击	1. 工具或材料要放在工具袋内或用绳索绑扎。 2. 上下传递用绳索吊送，严禁高空抛掷。 3. 液压泵操作人员与压钳操作人员密切配合，并注意压力指示，不得过载		
71	线路防护工程作业	砌筑基面的砌筑挡土墙作业	物体打击	1. 作业人员正确使用防护用品。 2. 高处物料应堆放平稳，不得放置临边，并不可妨碍通行。 3. 严禁戴手套使用手锤或单手抡大锤	4	
72	线路拆旧工程作业	导线、接地线、光缆拆除作业	高处坠落	1. 高处作业应正确使用安全带，作业人员在转移作业位置时不准失去安全保护。 2. 高处作业人员上下杆塔必须沿脚钉或爬梯攀登	3	编制专项施工方案
			物体打击	1. 高处作业人员携带的工具应放在工具袋内。 2. 拆除旧导、接地线禁止带张力断线。 3. 注意旧线缺陷，必要时采取加固措施		
			触电	1. 拆除线路在登塔（杆）前必须先核对线路名称，再进行验电并挂设接地。 2. 与带电线路临近、平行、交叉时，应使用个人保安线		

序号	作业类型	作业工序	风险类型	防控措施	风险等级	备注
73	线路拆旧工程作业	杆塔拆除作业	高处坠落	1. 高处作业应正确使用安全带，作业人员在转移作业位置时不准失去安全保护。 2. 高处作业人员上下杆塔必须沿脚钉或爬梯攀登	3	编制专项施工方案
			物体打击	1. 高处作业人员携带的工具应放在工具袋内。 2. 分解吊拆杆塔前，不得拆除下部未拆解部分受力螺栓及地脚螺栓。 3. 吊拆杆塔时，待拆构件受力后，方准拆除连接螺栓		
			火灾	1. 作业点周围应清除干净易燃易爆物。 2. 在进行焊割操作的地方应配置适宜、足够的灭火设备		
74	中间验收作业	架线前杆塔转序验收作业	物体打击	1. 高处作业人员携带的工具应放在工具袋内。 2. 高处作业的下方不得同时有人作业，必须同时作业时，应做好防止落物伤人的措施，并设专人监护	4	
			高处坠落	1. 高处作业应正确使用安全带，作业人员在转移作业位置时不准失去安全保护。 2. 高处作业人员上下杆塔必须沿脚钉或爬梯攀登	4	
75	竣工投运前验收作业	竣工验收及消缺作业	触电	1. 检查杆塔永久接地是否可靠连接。 2. 验收及消缺工作段两端应挂工作接地线。 3. 在平行或邻近带电设备部位施工作业时，应加装的个人保安接地线。 4. 消缺工作必须在规定的区域进行，并采取误登杆塔措施	4	
			物体打击	1. 高处作业人员携带的力矩扳手应用绳索拴牢，套筒等工具应放在工具袋内。 2. 高处作业的下方不得同时有人作业，必须同时作业时，应做好防止落物伤人的措施，并设专人监护	4	
			高处坠落	1. 高处作业应正确使用安全带、速差器，作业人员在转移作业位置时不准失去安全保护。 2. 高处作业人员上下杆塔必须沿脚钉或爬梯攀登。 3. 下导线检查附件时，安全绳或速差自控器必须拴在横担主材上。 4. 500kV走线检查间隔棒时，安全带挂在一根子导线上，后备保护绳挂在整相导线上。 5. 使用软梯进行移动作业时，软梯上只准一人作业；作业人员到达梯头上进行作业和梯头开始移动前，应将梯头的封口可靠封闭，否则应使用保护绳防止梯头脱钩	4	

序号	作业类型	作业工序	风险类型	防控措施	风险等级	备注
76	线路参数测量作业	装、拆试验接线作业	触电	1. 装、拆试验接线应在接地保护范围内，戴绝缘手套，穿绝缘鞋。 2. 在绝缘垫上加压操作，悬挂接地线应使用绝缘杆。 3. 与带电设备保持足够安全距离（35kV不小于1.0m，110kV不小于1.5m，220kV不小于3.0m，500kV不小于5.0m，1000kV不小于9.5m）。 4. 更换试验接线前，应对测试设备充分放电。 5. 电缆参数测量前，应对被测电缆外护套充分放电	4	
77		登高装、拆试验接线	高处坠落	1. 使用两端装有防滑措施的梯子。 2. 单梯工作时，梯子与地面的斜角度约60°并专人扶持。 3. 高处作业应正确使用安全带，作业人员在转移作业位置时不准失去安全保护	4	

7.2 典型案例分析

【例7-1】 索运小车脱轨砸中作业人员。

（一）案例描述

××年4月30日，××工程公司在××特高压工程的工地运输采用索道运输作业。在进行G121铁塔材料的索道运输试运行时，索运小车空载返回至G122塔位小号侧支架处，距离小号侧方向3m处（承载索距地面4m，小车距地3m）。3名作业人员在索运小车下方装载链条葫芦等工器具，并钩挂到小车下方吊钩后，G122小号侧支架承力索鞍座突然断裂，承力索随即掉落并反弹，导致小车承载索翻落到地面，索运小车脱轨，3人被小车砸中，造成1死2伤事故。事故现场示意图如图7-23所示。

（二）原因分析

该案例是架空输电线路工地运输中索道运输作业类型，作业人员对"索道运输"作业工序中的"物体打击"人身伤害风险点辨识不到位，应执行"运输索道正下方左右各10m的范围为危险区域，设置明显醒目的警告标志，禁止非操作人员进入"的措施。同时，作业人员未佩戴安全帽违章作业。专业分包单位私自加工的承载索鞍座未经检验、试验即投入使用，索道的承力索鞍座存在质量缺陷断裂，在索道装置未经过使用单位验收合格就投入运输作业导致人身伤亡事故发生。

【例7-2】 抱杆倾倒杆上人员坠落。

（一）案例描述

××年8月6日，××工程公司在±800kV××直流线路工程施工，在×段的N0161

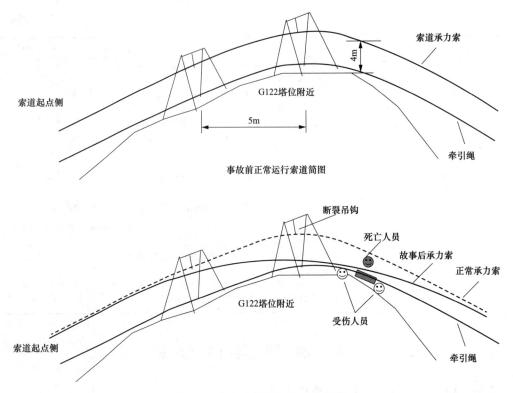

图 7-23 小车坠落事故现场示意图

号塔位进行抱杆组立，组立抱杆共 10 节，长 31m。事故前，已经完成了抱杆下部 5 节的组立工作（在第 5 节设有 4 根临时拉线、对角布置）。8 月 6 日 9 时 20 分，组立至第 8 节时，施工人员逐根将临时拉线从第 5 节向第 8 节移动，BC 腿临时拉线已移动至第 8 节。AD 腿临时拉线挂点仍在第 5 节。此时，有 3 人正在抱杆上作业，A 腿临时拉线与抱杆上部接头处被整齐切断（现场检查发现钢丝绳断裂处有锈蚀断股现象），抱杆向 C 腿方向倾倒，发生抱杆倾倒事故，造成 3 人死亡。事故现场示意图和现场实景照片如图 7-24、图 7-25 所示。

（二）原因分析

该案例是架空输电线路悬浮抱杆分解组立作业类型，作业人员对"提升抱杆"作业工序的"物体打击"人身伤害风险点辨识不到位。

施工中未执行《特殊地形抱杆组立措施》，临时拉线（钢丝绳）规格不符合要求，仅布置了单层拉线且采取了拉线逐根上移的施工方法。在组立超过 30m 的抱杆，使用正装法且违章操作、冒险作业，在不具备抱杆组立施工条件且无安全人员现场监护的情况下，擅自开展抱杆组立工作，造成物体打击及高处坠落人身伤害事故。

【例 7-3】 铁塔坍塌造成塔上人员坠落。

（一）案列描述

××年 5 月 14 日，××电力有限公司工作负责人王×带 24 名工人计划进行 8～15 号

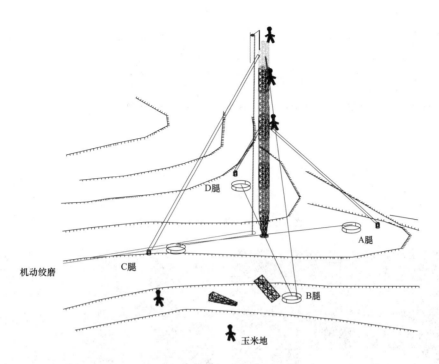

图 7-24　抱杆倾倒事故现场示意图

(a) 倒塔现场　　　　　　　　　　　　　(b) 锈蚀断股钢丝绳

图 7-25　抱杆倾倒事故现场照片

光缆架设和 9~15 号耐张段架线作业。8 时 37 分开始对 9~15 号区段导地线进行紧线和挂线，11 时 53 分开始进行 8~15 号区段光缆（左侧地线）架线，在 9 号塔左侧接地线支架悬挂放线滑车对光缆进行紧线施工。11 时 55 分左右，9 号塔整体向转角内侧坍塌，造成正在铁塔上进行紧线施工的高××等 4 人随塔坠落，当场死亡。现场施工段线路示意图如图 7-26 所示，倒塔塔脚的现场照片如图 7-27 所示。

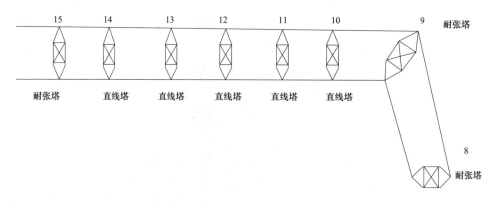

图 7-26　现场施工段线路示意图

(a) 地脚螺栓

(b) 倒塔塔脚

图 7-27　倒塔塔脚的现场照片

（二）原因分析

该案例是架空输电线路立塔架线作业类型，作业人员对架线施工前未将组立完成后拧紧螺帽及打毛丝扣作业工序的"高处坠落"人身伤害风险点辨识不到位。组立铁塔时使用的地脚螺栓与螺母不匹配，导致铁塔与地脚螺栓紧固力不足，在紧线时铁塔产生上拔力，造成铁塔整体倾覆。工序验收管理不严，未能执行铁塔组立分部工程已经转序验收并取得转序通知书，造成正在铁塔上进行紧线施工的高××等 4 人随塔坠落人身伤害事故。

7.3　实　训　习　题

一、单选题

1. 临时地锚设置规定：临时设置地锚，采用埋土地锚时，地锚绳套引出位置应开挖马道，马道与受力方向应（　　）。

A. 相反　　　　　　B. 一致　　　　　　C. 平行　　　　　　D. 垂直

2. 临时地锚设置规定：不得利用树木或外露岩石等承力大小不明物体作为（　　）受力钢丝绳的地锚。

A. 次要　　　　　　B. 一般　　　　　　C. 主要　　　　　　D. 其他

3. 索道架设完成后，需经（　　）和监理单位安全检查验收合格后才能投入试运行，索道试运行合格后，方可运行。

A. 使用单位　　　　B. 设计单位　　　　C. 业主单位　　　　D. 索道供应单位

4. 索道运行时发现有卡滞现象应（　　）。

A. 放慢速度　　　　　　　　　　　　　B. 加速通过

C. 停机检查　　　　　　　　　　　　　D. 增加人力，进行拖拽

5. 牵引设备卷筒上的钢索至少应缠绕（　　）圈。牵引设备的制动装置应经常检查，保持有效的制动力。

A. 4　　　　　　　　B. 5　　　　　　　　C. 3　　　　　　　　D. 2

6. 倒落式人字抱杆整体组立杆塔，起立抱杆用的制动绳锚在杆塔身上时，应在杆塔（　　）及时拆除。

A. 起立前　　　　　B. 起立至30°时　　C. 刚离地面后　　　D. 正直后

7. 倒落式人字抱杆整体组立杆塔，杆塔顶部吊离地面约（　　）mm 时，应暂停牵引，进行冲击试验。

A. 100　　　　　　　B. 200　　　　　　　C. 300　　　　　　　D. 500

8. 内悬浮外拉线抱杆分解组塔，承托绳与抱杆轴线间夹角不应大于（　　）。

A. 45°　　　　　　　B. 50°　　　　　　　C. 55°　　　　　　　D. 60°

9. 抱杆承托绳应绑扎在主材（　　）的上方。承托绳与主材连接处宜设置专门夹具，夹具的握着力应满足承托绳的承载能力。

A. 节点　　　　　　B. 水平材　　　　　C. 横隔面　　　　　D. 夹具

10. 内悬浮外拉线抱杆分解组塔，应视构件结构情况在其上、下部位绑扎控制绳，下控制绳宜使用（　　）。

A. 棕绳　　　　　　B. 钢丝绳　　　　　C. 尼龙绳　　　　　D. 纤维绳

11. 内悬浮外（内）拉线抱杆分解组塔，构件起吊过程中，下控制绳应随吊件的上升随之松出，保持吊件与塔架间距不小于（　　）mm。

A. 100　　　　　　　B. 80　　　　　　　C. 60　　　　　　　D. 50

12. 座地摇臂抱杆分解组塔，吊装构件前，抱杆顶部应向（　　）适度预倾斜。

A. 受力侧　　　　　B. 受力反侧　　　　C. 吊件侧　　　　　D. 拉线侧

13. 干臂抱杆组塔，抱杆应有良好的接地装置，接地电阻不得大于（　　）Ω。

A. 4　　　　　　　　B. 8　　　　　　　　C. 10　　　　　　　D. 20

14. 平臂抱杆组塔，起重小车行走到起重臂顶端，终止点距顶端应大于（　　）m。

A. 0.5　　　　　　B. 1　　　　　　C. 0.7　　　　　　D. 0.9

15. 起重机作业位置的地基应（　　），附近的障碍物应清除。

A. 平整　　　　　　B. 稳固　　　　　　C. 松软　　　　　　D. 清洁

16. 流动式起重机组塔，起重机及吊件、牵引绳索和拉绳与220kV带电体的垂直方向最小安全距离为（　　）m。

A. 4　　　　　　B. 5　　　　　　C. 6　　　　　　D. 3.5

17. 使用两台起重机抬吊同一构件时，起重机承担的构件质量应考虑不平衡系数，单台吊车不应超过其额定起吊质量的（　　）。

A. 85%　　　　　　B. 90%　　　　　　C. 95%　　　　　　D. 80%

18. 直升机组塔，应综合作业区域气象条件、直升机性能、紧急抛物处置时间、返场备份油料等因素，确定组塔（　　），并制订措施控制，避免超重。

A. 内载荷最大质量　B. 内载荷最小质量　C. 外载荷最小质量　D. 外载荷最大质量

19. 杆塔拆除，整体倒塔时应有专人指挥，设立（　　）倍倒杆距离警戒区，由专人巡查监护，明确倒杆方向。

A. 0.8　　　　　　B. 1　　　　　　C. 1.2　　　　　　D. 1.1

20. 跨越架架体的强度，应能在（　　）时承受冲击荷载。

A. 展放导引绳　　B. 展放牵引绳　　C. 发生断线或跑线　D. 紧线

21. 跨越架的中心应在线路中心线上，宽度应考虑施工期间牵引绳或导地线风偏后超出新建线路两边线各（　　）m且架顶两侧应设外伸羊角。

A. 1　　　　　　B. 1.5　　　　　　C. 2　　　　　　D. 1.8

22. 跨越架封顶杆距离高速公路路面的垂直安全距离应不小于（　　）m。

A. 5　　　　　　B. 6　　　　　　C. 7　　　　　　D. 8

23. 跨越架横担中心应设置在新架线路每相（极）（　　）的中心垂直投影上。

A. 导线　　　　　　B. 地线　　　　　　C. 导引绳　　　　　　D. 牵引绳

24. 可能接触带电体的跨越架绳索，使用前均应经（　　）测试并合格。

A. 绝缘　　　　　　B. 干燥　　　　　　C. 强度　　　　　　D. 拉力

25. 木质跨越架所使用的立杆有效部分的（　　）直径不得小于70mm，60～70mm的可双杆合并或单杆加密使用。

A. 平均　　　　　　B. 中间　　　　　　C. 大头　　　　　　D. 小头

26. 钢管跨越架宜用外径48～51mm的钢管，立杆和大横杆应错开搭接，搭接长度不得小于（　　）m。

A. 0.3　　　　　　B. 0.5　　　　　　C. 0.2　　　　　　D. 0.4

27. 人力放线领线人应由技工担任，并随时注意（　　）信号。

    A. 前后　　　　　　B. 前方　　　　　　C. 后方　　　　　　D. 上下

28. 机械牵引放线，牵引绳与导线、接地线（光缆）连接应使用（　　）或专用牵引头。

    A. U 形环　　　　　B. 专用连接网套　　C. 绳扣　　　　　　D. 卡线器

29. 牵张设备使用前应对设备的布置、锚固、接地装置以及机械系统进行全面检查，并做（　　）试验。

    A. 运转　　　　　　B. 接地　　　　　　C. 拉力　　　　　　D. 绝缘

30. 牵引机牵引卷筒槽底直径不得小于被牵引钢丝绳直径的（　　）倍。

    A. 10　　　　　　　B. 20　　　　　　　C. 25　　　　　　　D. 22

31. 网套夹持导线、接地线的长度不得少于导线、接地线直径的（　　）倍。

    A. 10　　　　　　　B. 20　　　　　　　C. 30　　　　　　　D. 25

32. 卡线器试验应（　　）试验一次，以 1.25 倍允许工作荷重进行 10min 静力试验。

    A. 每半年　　　　　B. 每年　　　　　　C. 每月　　　　　　D. 每季度

33. 飞行器展放初级导引绳，采用纤维绳作为初级导引绳时的安全系数应不小于（　　）。

    A. 3　　　　　　　　B. 4　　　　　　　　C. 5　　　　　　　　D. 3.5

34. 张力放线导线的尾线或牵引绳的尾绳在线盘或绳盘上的盘绕圈数均不得少于（　　）圈。

    A. 3　　　　　　　　B. 4　　　　　　　　C. 5　　　　　　　　D. 6

35. 分裂导线在完成地面临锚后应及时在操作塔设置（　　）。

    A. 过轮临锚　　　　B. 接地装置　　　　C. 通信装置　　　　D. 临时拉线

36. 装设接地线，接地线不得用（　　）连接，应使用专用夹具，连接应可靠。

    A. 焊接法　　　　　B. 缠绕法　　　　　C. 压接法　　　　　D. 螺栓法

37. 停电、不停电作业，工作票负责人和工作票签发人资格应经培训合格，并经线路（　　）审核备案。

    A. 业主单位　　　　B. 施工单位　　　　C. 监理单位　　　　D. 运维单位

38. 在邻近或交叉 500kV 交流带电电力线处作业的安全距离为（　　）m。

    A. 3　　　　　　　　B. 4　　　　　　　　C. 5　　　　　　　　D. 6

39. 在邻近或交叉其他带电电力线处作业时，作业的导地线应在作业地点设置（　　）措施。

    A. 二道保护　　　　B. 保险　　　　　　C. 接地　　　　　　D. 过轮临锚

40. 绝缘操作杆在操作额定电压为 220kV 的带电线路时，最短有效绝缘长度为（　　）m。

A. 1. 1   B. 1. 3   C. 2. 1   D. 2

41. 不停电跨越作业，导线、接地线、钢丝绳等通过跨越架时，应用（   ）作引渡。

A. 棕绳   B. 钢丝绳   C. 绝缘绳   D. 尼龙绳

42. 不停电跨越电力线电压等级为 330kV 时，跨越架架面（含拉线）与导线的水平距离最小为（   ）m。

A. 1. 5   B. 2. 5   C. 3   D. 5

43. 不停电跨越作业，跨越电气化铁路时，跨越架与接触网的最小安全距离，应满足（   ）kV 电压等级的有关规定。

A. 10   B. 35   C. 110   D. 220

二、 多选题

1. 索道架设应按（   ）因素精确计算索道架设弛度。

A. 索道设计运输能力   B. 选用的承力索规格

C. 支撑点高度和高差   D. 跨越物高度和索道档距

2. 山地铁塔地面组装时应遵守（   ）规定。

A. 塔材顺斜坡堆放

B. 选料应由下往上搬运，不得强行拽拉

C. 山坡上的塔片垫物应稳固且应有防止构件滑动的措施

D. 组装管形构件时，构件间未连接前应采取防止滚动的措施

3. 塔上组装，下列规定正确的是（   ）。

A. 塔片就位时应先高侧后低侧

B. 多人组装同一塔段（片）时，应由一人负责指挥

C. 高处作业人员应站在塔身外侧

D. 需要地面人员协助操作时，应经现场指挥人下达操作指令

4. 整体组立杆塔，（   ）应在同一垂直面上，不得偏移。

A. 总牵引地锚出土点   B. 制动系统中心

C. 抱杆顶点   D. 杆塔中心

5. 倒落式人字抱杆整体组立杆塔，关于抱杆支立做法正确的是（   ）。

A. 支立在松软土质处时，其根部应有防沉措施

B. 支立在松软土质处时，其根部应有防滑措施

C. 支立在坚硬或冰雪冻结的地面上时，其根部应有防滑措施

D. 支立在坚硬或冰雪冻结的地面上时，其根部应有防沉措施

6. 杆塔拆除应根据现场地形、交跨情况确定拆塔方案，并应遵守（　　）规定。

A. 分解拆除铁塔时，应按照组塔的逆顺序操作

B. 先将待拆构件受力后，方准拆除连接螺栓

C. 整体倒塔时明确倒杆方向

D. 先将原永久拉线解开

7. 钢管跨越架所使用的钢管，如出现（　　）等情况不得使用。

A. 弯曲严重　　　B. 磕瘪变形　　　C. 表面有锈迹　　　D. 裂纹或脱焊

8. 使用导线、接地线连接网套时应遵守（　　）规定。

A. 网套应与所夹持的导线、接地线规格相匹配

B. 网套夹持导线、接地线的长度不得少于导线、接地线直径的 20 倍

C. 网套末端应用铁丝绑扎，绑扎不得少于 15 圈

D. 发现有断丝者不得使用

9. 抗弯连接器出现（　　）时，严禁使用。

A. 裂纹　　　　　B. 变形　　　　　C. 磨损严重　　　　D. 连接件拆卸不灵活

10. 关于旋转连接器使用，正确的是（　　）。

A. 横销不得拧紧，应留有一定裕度　　　B. 与钢丝绳或网套连接时应安装滚轮

C. 不应直接进入牵引轮或卷筒　　　D. 不宜长期挂在线路中

11. 牵引过程中发生（　　）跳槽、走板翻转或平衡锤搭在导线上等情况时，应停机处理。

A. 导引绳　　　B. 牵引绳　　　C. 导线　　　D. 拉线

12. 导引绳、牵引绳或导线临锚时，下列做法正确的是（　　）。

A. 其临锚张力不得小于对地距离为 3m 时的张力

B. 其临锚张力不得小于对地距离为 5m 时的张力

C. 应满足对被跨越物距离的要求

D. 应在松张力后进行临锚

13. 使用液压机压接作业时，以下正确的是（　　）。

A. 放入顶盖时，应使顶盖与钳体完全吻合

B. 压接钳活塞起落时，人体不得位于压接钳上方

C. 液压泵操作人员应与压接钳操作人员密切配合

D. 宜用溢流阀卸荷

14. 导线、接地线升空作业应遵守（　　）规定。

A. 应与紧线作业密切配合并逐根进行

B. 升空场地在山沟时，升空的钢丝绳应有足够长度

C. 宜用人力压线

D. 压线滑车应设控制绳

15. 紧线过程中监护人员行为应遵守（　　）规定。

A. 在悬空导线、接地线的垂直下方监护

B. 不得跨越将离地面的导线或接地线

C. 监视行人不得靠近牵引中的导线或接地线

D. 传递信号应及时、清晰，不得擅自离岗

16. 以下关于平衡挂线正确的做法是（　　）。

A. 高处断线时，作业人员站在放线滑车上操作应防失稳晃动

B. 割断后的导线应通过滑车将导线松落至地面

C. 割断后的导线需要临锚过夜时，必须锚固牢靠

D. 高空锚线应有二道保护措施

17. 装、拆接地线时，以下操作顺序正确的有（　　）。

A. 装设接地线时，先接接地端，后接导线或接地线端

B. 装设接地线时，先接导线或接地线端，后接接地端

C. 拆除时的顺序相反

D. 拆除时的顺序相同

18. 为预防电击，附件安装时的接地应遵守（　　）规定。

A. 施工的线路上有高压感应电时，应在作业点两侧加装工作接地线

B. 地线附件安装前，应采取接地措施

C. 附件安装完毕后，应随即拆除所有接地线

D. 在 330kV 及以上电压等级的运行区域作业，应采取防静电感应措施

19. 跨越带电线路，施工前应按线路施工图中交叉跨越点断面图，对（　　）、地形等情况进行复测。

A. 跨越点交叉角度

B. 被跨越不停电电力线路架空地线在交叉点的对地高度

C. 下导线在交叉点的对地高度

D. 导线边线间宽度

20. 跨越带电线路，（　　）等均应采取接地保护措施。

A. 跨越档相邻两侧杆塔上的放线滑车　　B. 牵张设备

C. 机动绞磨　　　　　　　　　　　　D. 绝缘子串

21. 停电与不停电作业，绝缘绳、网每次使用前，应进行检查，有（　　）时禁止使用。

A. 严重磨损   B. 断股   C. 污秽   D. 受潮

22. 跨越不停电线路架线施工应在良好天气下进行，遇（　　）、雪、霜，相对湿度大于85%或5级以上大风天气时，应停止作业。

A. 雷电   B. 雨   C. 雾   D. 4级风

23. 停电跨越作业，工作票由设备运维单位签发，也可由（　　）签发人实行双签发，具体签发程序按照安全协议要求执行。

A. 调度单位   B. 设备运维单位   C. 施工单位   D. 监理单位

24. 在同杆塔架设有多层电力线挂设接地线时，应（　　）。

A. 先挂低压，后挂高压   B. 先挂高压，后挂低压

C. 先挂下层，后挂上层   D. 先挂上层，后挂下层

25. 停电跨越作业结束，作业负责人应报告工作许可人，报告的内容包括（　　）。

A. 施工方案   B. 该线路上某处作业已经完工

C. 线路改动情况   D. 作业人员已全部撤离

三、 判断题

（　　）1. 林区、草地施工现场，可指定区域吸烟及使用明火。

（　　）2. 施工人员必须正确配用个人劳动保护及安全防护用品。

（　　）3. 高处作业攀登无爬梯或无脚钉的电杆需徒手进行攀爬，多人上下同一杆塔时应逐个进行。

（　　）4. 利用索道载人，应减慢牵引速度。

（　　）5. 人力运输时重大物件不得直接用肩扛运。多人抬运物件时应设专人指挥，口令步伐一致，同起同落。

（　　）6. 索道运输时山坡下方的装、卸料处应设置安全挡板。

（　　）7. 铁塔组立及电杆组立过程，应及时与接地装置连接。

（　　）8. 分片组装铁塔时，所带辅材应紧固。辅材挂点螺栓的螺帽应露扣，辅材自由端朝上时应与相连构件进行临时捆绑固定。

（　　）9. 杆塔组立钢丝绳与金属构件绑扎处，应衬铁件。

（　　）10. 紧线施工，牵引地锚距紧线杆塔的水平距离应满足作业指导书规定。锚桩布置与受力方向相反，并埋设可靠。

电力沟道和隧道工程

电力沟道和隧道施工部分涉及沟槽开挖、主体结构施工、附属工程施工、沟槽回填、龙门架安装和拆除、竖井开挖、围岩（土）加固、隧道支护开挖、竖井和隧道二衬施工、竖井和隧道防水作业施工、竖井回填、始发及接收井施工、竖井防水施工、盾构机安装和拆除施工、盾构机区间掘进施工、沟道和隧道竣工投运前验收十六大类。

8.1　关键风险与防控措施

8.1.1　沟槽开挖

沟槽开挖施工如图 8-1 所示，其风险主要集中在普通沟槽（深度大于 5m 深基槽）开挖、锚喷加固两个工序环节。

8.1.1.1　普通沟槽开挖作业

在普通沟槽开挖作业工序环节存在机械伤害、高处坠落、坍塌三类人身安全风险。

（1）机械伤害风险。主要防控措施为：①挖方作业时，相邻作业人员保持一定间距，防止相互磕碰；②人机配合作业时，作业人员与机械设备保持安全距离；③使用机械挖槽时，指挥人员在机械工作半径以外，并设专人监护。

图 8-1　沟槽开挖施工

（2）高处坠落风险。主要防控措施为：①设置供作业人员上下基坑的安全通道（梯子）；②挖土区域设警戒线，各种机械、车辆严禁在开挖的基础边缘 2m 内行驶、停放；③沟槽边或基坑边缘设安全防护围栏，防止人员不慎坠入，夜间增设警示灯。

（3）坍塌风险。主要防控措施为：①土方堆放在距槽边 1m 以外，堆放高度不得超过 1.5m；②垂直坑壁边坡条件下弃土堆底至基坑顶边距离不小于 3m，软土场地的基坑边则不应在基坑边堆土；③认真做好地面排水、边坡渗导水以及槽底排水措施，基坑顶部按规范要求设置截水沟。

在深度不小于 5m 深基槽开挖作业，要严格按照批准且经专家论证通过后的施工方案实施，应分层开挖，边开挖、边支护，严禁超挖。

8.1.1.2 锚喷加固作业

在锚喷加固作业工序环节存在触电人身安全风险。

主要防控措施为：①使用插入式振捣器振实混凝土时，电力缆线的引接与拆除必须由电工操作；②作业中，振动器操作人员应保护好缆线完好，如发现漏电征兆，必须停止作业，交电工处理。

8.1.2 主体结构施工

主体结构施工风险主要集中在防水施工和防水保护层施工、钢筋模板作业、混凝土浇筑 3 个工序环节。

8.1.2.1 防水施工和防水保护层施工作业

在防水施工和防水保护层施工作业工序环节存在火灾人身安全风险。

主要防控措施为：①防水层的原材料应分别储存在通风并温度符合规定的库房内，严禁将易燃、易爆和相互接触后能引起燃烧、爆炸的材料混合在一起；②保持良好的通风条件，采取强制通风措施；③作业现场严禁烟火，配置灭火器，当需明火时，需开具动火作业票，并配专人跟踪检查、监控。

8.1.2.2 钢筋模板作业施工作业

在钢筋模板作业工序环节存在物体打击、高处坠落两类人身安全风险。

（1）物体打击风险。主要防控措施为：①焊工必须持证上岗，必须佩戴安全帽或穿戴防护面罩、绝缘手套、绝缘鞋等；②上下传递钢筋时，上下方人员不得站在同一竖直位置上；③井内垂直运输应使用吊装带，检查防脱装置是否齐全有效。

（2）高处坠落风险。主要防控措施为：①吊车司机和起重人员必须持证上岗，配合吊装的作业人员，应由掌握起重知识和有实践经验的人员担任；②遇有 6 级以上的大风时，禁止露天进行起重工作，当风力达到 5 级以上时，受风面积较大的物体不宜吊起。

8.1.2.3 混凝土浇筑

在混凝土浇筑作业工序环节存在触电人身安全风险。

主要防控措施为：①使用插入式振捣器振实混凝土时，电力缆线的引接与拆除必须由电工操作；②作业中，振动器操作人员应保护好缆线完好，如发现漏电征兆，必须停止作业，交电工处理。

8.1.3 附属工程施工

附属工程施工作业如图 8-2 所示，其风险主要集中在安装电缆支架和爬梯，接地极、接地线安装，通风亭和通风、排水、照明施工三个工序环节。

图 8-2　附属工程施工作业

8.1.3.1　安装电缆支架和爬梯施工作业

在安装电缆支架和爬梯作业工序环节存在触电人身安全风险。

主要防控措施为：①施工中，应定期检查电源线路和设备的电器部件，确保用电安全；②电缆支架、爬梯都应有良好的接地；③焊接设备应有完整的保护外壳，一、二次接线柱外应有防护罩，在现场使用的电焊机应防雨、防潮、防晒，并备有消防用品。

8.1.3.2　接地极、接地线安装施工作业

在接地极、接地线安装作业工序环节存在触电人身安全风险。

主要防控措施为：①施工中，应定期检查电源线路和设备的电器部件，确保用电安全；②接地安装应符合设计要求；③焊接时开具动火作业票。焊接设备应有完整的保护外壳，一、二次接线柱外应有防护罩，在现场使用的电焊机应防雨、防潮、防晒，并备有消防用品。

8.1.3.3　通风亭和通风、排水、照明施工作业

在通风亭和通风、排水、照明施工等作业工序环节存在触电、物体打击两类人身安全风险。

（1）触电风险。主要防控措施为：①振捣器由专人操作；②电力缆线的引接与拆除由电工操作。

（2）物体打击风险。主要防控措施为：①正确佩戴安全帽；②工具要放在工具袋内或用绳索绑扎；③上下传递工具、材料用绳索吊送，禁止上下抛掷物品。

8.1.4　沟槽回填

沟槽回填现场照片如图 8-3 所示，其风险主要集中在分层回填夯实作业工序环节，存在触电人身安全风险。

主要防控措施为：①配电系统及电动机具按规定采用接零或接地保护；②施工中，定期检查电源线路和设备的电器部件，确保用电安全；③处理机械故障时，必须使设备断电。

8.1.5　龙门架安装和拆除

龙门架安装、拆除现场照片如图 8-4 所示，其风险主要集中在龙门架安装、龙门架拆除两个工序环节。

图 8-3　沟槽回填现场照片

8.1.5.1　龙门架安装

在龙门架安装作业工序环节存在物体打击、起重伤害两类人身安全风险。

（1）物体打击风险。主要防控措施为：①工具或材料要放在工具袋内或用绳索绑扎，严禁浮搁在构架，上下传递用绳索吊送，严禁高空抛掷；②龙门架组立过程中，吊件垂直下方和受力钢丝绳内角侧严禁站人。

（2）起重伤害风险。主要防控措施为：①在高压线下吊装作业要保证安全距离，吊

图 8-4　龙门架安装、拆除现场照片

装施工范围进行警戒；②吊装作业区域设置安全标志，起重作业设专人指挥；③起吊过程中在伸臂及吊物的下方，任何人员不得通过或停留，龙门架体禁止与锁口圈梁有连接点。

8.1.5.2　龙门架拆除

在龙门架拆除作业工序环节存在物体打击、起重伤害两类人身安全风险。

（1）物体打击风险。主要防控措施为：①拆除过程中，吊件垂直下方和受力钢丝绳内角侧严禁站人；②工具或材料要放在工具袋内或用绳索绑扎，严禁浮搁在构架，上下传递用绳索吊送，严禁高空抛掷。

（2）起重伤害风险。主要防控措施为：①在高压线下吊装作业要保证安全距离，吊装施工范围进行警戒；②在吊车回转半径内禁止人员穿行；③禁止夜间施工，遇大风、雷雨天气严禁施工。

8.1.6　竖井开挖

竖井开挖现场照片如图 8-5 所示，其风险主要集中在竖井开挖及支护作业工序环节，

图 8-5 竖井开挖现场照片

存在高处坠落、坍塌两类人身安全风险。

（1）高处坠落风险。主要防控措施为：①规范设置供作业人员上下基坑的安全通道（梯子），基坑边缘按规范要求设置安全护栏；②挖土区域设警戒线，严禁各种机械、车辆在开挖的基础边缘 2m 内行驶、停放。

（2）坍塌风险。主要防控措施为：①土方开挖必须经计算确定放坡系数，应对称、分层、分块开挖，每层开挖高度不得大于设计规定，随挖随支护，每一分层的开挖，宜遵循先开挖周边、后开挖中部的顺序；②基坑顶部按规范要求设置挡水墙、截水沟；③弃土堆高不大于1m，一般弃土堆底至基坑顶边距离不小于1.2m，垂直坑壁边坡时不小于3m，不得在软土场地的基坑边堆土；④开挖过程中应加强观察和监测，当发现地层渗水，井壁土体松散等现象时，应立即停止施工，经加固处理后方可继续施工。

8.1.7 围岩（土）加固

围岩（土）加固作业风险主要集中在全断面（半断面）注浆加固作业工序环节，存在高处坠落人身安全风险。

主要防控措施为：规范设置供作业人员上下竖井的安全通道（梯子），竖井边缘按规范要求设置安全护栏。

8.1.8 隧道支护开挖

隧道支护开挖作业风险主要集中在马头门开挖及支护、隧道开挖及支护、有限空间作业三个作业工序环节。

8.1.8.1 马头门开挖及支护

在马头门开挖及支护作业工序环节存在塌方人身安全风险。

主要防控措施为：①马头门开启应按顺序进行，同一竖井、联络通道内的马头门不得同时施工，一侧隧道掘进15m后，方可开启另一侧马头门；②在地下水位较高且透水性好的地层施工时，做好挡水、止水、降水、排水措施；③开挖过程中，施工人员发现危险，应立即停止作业，并撤离至安全地带，经处理确认安全后方可继续作业。

8.1.8.2 隧道开挖及支护

在隧道开挖及支护作业工序环节存在塌方人身安全风险。

主要防控措施：每循环开挖长度应按设计图纸要求进行，严禁超挖、欠挖，严格控制开挖步距。

8.1.8.3 有限空间作业

在有限空间作业工序环节存在中毒和窒息人身安全风险。

主要防控措施为：①进入有限空间作业前，必须申请办理好进出申请单；②应在作业入口处设专责监护人，监护人员应事先与作业人员规定明确的联络信号，并与作业人员保持联系，作业前和离开时应准确清点人数；③有限空间作业应坚持"先通风、再检测、后作业"的原则，作业前应进行风险辨识，分析有限空间内气体种类并进行评估监测，做好记录，出入口应保持畅通并设置明显的安全警示标志，夜间应设警示红灯；④每2h（小时）进行一次有毒有害气体检测并填写检测记录，检测人员进行检测时，应采取相应的安全防护措施，防止中毒窒息等事故发生；⑤在有限空间作业场所，应配备安全和抢救器具，如防毒面罩、呼吸器具、通信设备、梯子、绳缆以及其他必要的器具和设备。

8.1.9 竖井和隧道二衬施工

竖井和隧道二衬施工作业风险主要集中在竖井和隧道二衬作业施工、有限空间作业两个作业工序环节。

8.1.9.1 竖井和隧道二衬作业施工

在竖井和隧道二衬作业施工作业工序环节存在触电、物体打击两类人身安全风险。

8.1.9.1.1 触电风险

主要防控措施为：①泵车在电力架空线路周边作业时，必须与电力线路保持足够的安全距离；②混凝土振捣器要有可靠的接零或保护接地，必须设漏电保护开关，振捣操作工必须戴绝缘手套，穿绝缘鞋，并设专人配合。

8.1.9.1.2 物体打击风险

主要防控措施为：①钢筋吊运时，应采用两道绳索捆绑牢固，起吊设专人指挥；②提升用钢丝绳必须每天检查一次，每隔6个月试验一次。

8.1.9.2 有限空间作业

人身安全风险和主要防控措施同8.1.8.3隧道支护开挖的有限空间作业。

8.1.10 竖井和隧道防水作业施工

竖井和隧道防水作业施工如图8-6所示，其风险主要集中在钢筋和模板作业、混凝土浇筑施工两个作业工序环节。

8.1.10.1 钢筋和模板作业

在钢筋和模板作业施工作业工序环节存在物体打击人身安全风险。

图 8-6　竖井和隧道防水作业施工

主要防控措施为：①上下传递钢筋时，作业人员站位必须安全，上下方人员不得站在同一竖直位置上，竖井内垂直运输应使用吊装带，其防脱装置配备齐全有效；②模板向沟内搬运时，应用抱杆吊装和绳索溜放，不得直接将其翻入坑内，上下人员应配合一致，防止模板倾倒产生砸伤事故。

8.1.10.2　混凝土浇筑施工

在混凝土浇筑施工作业工序环节存在触电人身安全风险。

主要防控措施为：①使用插入式振捣器振实混凝土时，振捣器应设专人操作，电力缆线的引接与拆除必须由电工操作；②作业中，振动器操作人员应保护好缆线完好，如发现漏电征兆，必须停止作业，交电工处理。

8.1.11　竖井回填

竖井回填作业风险主要集中在分层回填夯实作业工序环节，存在触电、起重伤害两类人身安全风险。

8.1.11.1　触电风险

主要防控措施为：①配电系统及电动机具按规定采用接零或接地保护；②施工中，定期检查电源线路和设备的电器部件，确保用电安全；③处理机械故障时，必须将设备断电。

8.1.11.2　起重伤害风险

主要防控措施为：吊装盖板时，必须有专人指挥，严禁任何人在已吊起的构件下停留或穿行，对已吊起的盖板不准长时间停在空中。

8.1.12　始发及接收井施工

始发及接收井施工作业风险主要集中在始发井及接收井开挖及支护，中隔板、顶板施工两个作业工序环节。

8.1.12.1　始发井及接收井开挖及支护

在始发井及接收井开挖及支护作业工序环节存在高处坠落、机械伤害、坍塌三类人身安全风险。

（1）高处坠落风险。主要防控措施为：①设置供作业人员上下基坑的安全通道（梯子）；②基坑边缘按规范要求设置安全护栏；③夜间增设警示灯。

（2）机械伤害风险。主要防控措施为：①挖方作业时，相邻作业人员保持一定间距，防止相互磕碰，人机配合作业时，作业人员与机械设备保持安全距离；②使用机械挖槽时，指挥人员在机械工作半径以外，并设专人监护。

（3）坍塌风险。主要防控措施为：①基坑顶部按规范要求设置挡水墙、截水沟；②土方开挖过程中必须观测基坑周边土质是否存在裂缝及渗水等异常情况，适时进行监测；③一般土质条件下弃土堆底至基坑顶边距离≥2m，弃土堆高≤1.5m，垂直坑壁边坡条件下弃土堆底至基坑顶边距离≥3m，软土场地的基坑边则不应在基坑边堆土；④人工挖土时，根据土质及沟槽深度放坡，开挖过程中或敞露期间采取防止沟壁塌方措施，土方开挖后及时进行支护作业。

8.1.12.2　中隔板、顶板施工

在中隔板、顶板施工作业工序环节存在物体打击人身安全风险。

主要防控措施为：①上下传递钢筋时，作业人员站位必须安全，上下方人员不得站在同一竖直位置上，竖井内垂直运输应使用吊装带，检查防脱装置是否齐全有效；②模板向沟内搬运时，应用抱杆吊装和绳索溜放，不得直接将其翻入坑内，上下人员应配合一致，防止模板倾倒产生砸伤事故。

8.1.13　竖井防水施工

竖井防水施工作业风险主要存在火灾人身安全风险。

主要防控措施为：①防水层的原材料，应分别储存在通风并温度符合规定的库房内，严禁将易燃、易爆和相互接触后能引起燃烧、爆炸的材料混合在一起；②保持良好的通风条件，采取强制通风措施；③作业现场严禁烟火，配置一定数量的灭火器，当需明火时，必须开具动火作业票，必须有专人跟踪检查、监控。

8.1.14　盾构机安装和拆除施工

盾构机安装和拆除施工作业风险主要存在起重伤害、物体打击两类人身安全风险。

8.1.14.1　起重伤害风险

主要防控措施为：①吊装机械需有年检合格证，吊装前应对钢索进行检查。吊装时设专人指挥、信号统一；②当长料在吊篮中立放时，应采取防滚落措施，散料应装箱或

装笼；③严禁超载使用；④钢丝绳与铁件绑扎处应衬垫物体，受力钢丝绳的内角侧严禁站人，在吊车回转半径内禁止人员穿行。

8.1.14.2 物体打击风险

主要防控措施为：高处作业设立稳固的操作平台，严禁利用绳索或拉线上下构架或下滑，严禁高处向下或低处向上抛扔工具、材料。

8.1.15 盾构机区间掘进施工

盾构机区间掘进施工作业风险主要集中在土方开挖及出土、管片安装两个作业工序环节。

8.1.15.1 土方开挖及出土

在土方开挖及出土作业工序环节存在中毒人身安全风险。

主要防控措施为：①隧道内必须配有足够的照明设施；②隧道内通风采用大功率、高性能风机，用风管送风至开挖面，按规定检测隧道内有毒、有害、可燃气体及氧气含量，如发现存在有害气体的迹象，及时反应，采取相应措施。

8.1.15.2 管片安装

在管片安装作业工序环节存在机械伤害人身安全风险。

主要防控措施为：①管片拼装时，拼装机旋转范围内严禁站人；②电葫芦操作人员配备通信设备与井下人员通信，吊斗配置防脱钩装置。

8.1.16 沟道和隧道竣工投运前验收

沟道和隧道竣工投运前验收作业风险主要存在高处坠落、中毒和窒息两类人身安全风险。

8.1.16.1 高处坠落风险

主要防控措施为：①使用专用工具开启工井井盖、电缆沟盖板及电缆隧道人孔盖，同时注意所立位置，防止滑脱；②井下应设置梯子，上下隧道扶好抓牢；③隧道内照明设施配备充足，检查人员配备应急照明设备。

8.1.16.2 中毒和窒息风险

主要防控措施为：①进入有限空间作业前，应在入口处设专责监护人，监护人员应事先与验收人员规定明确的联络信号，并与作业人员保持联系，进入前和离开时应准确清点人数；②有限空间作业应坚持"先通风、再检测、后作业"的原则，作业前应进行风险辨识，分析有限空间内气体种类并进行评估监测，做好记录，出入口应保持畅通并设置明显的安全警示标志，夜间应设警示红灯；③检测人员进行检测时，应采取相应的安全防护措施，防止中毒窒息等事故发生；④在有限空间作业中，应保持通风良好，禁止用纯氧进行通风换气。

综合上述的 16 类 30 项电力沟道、隧道施工作业风险及防控措施见表 8-1。

表 8-1　　　　　　　　电力沟道、隧道施工作业风险及防控措施

序号	作业类型	作业工序	风险类型	防控措施	风险等级	备注
1	沟槽开挖	普通沟槽开挖	机械伤害	1. 挖方作业时，相邻作业人员保持一定间距，防止相互磕碰。人机配合作业时，作业人员与机械设备保持安全距离。 2. 当使用机械挖槽时，指挥人员在机械工作半径以外，并设专人监护	4	
			高处坠落	1. 设置供作业人员上下基坑的安全通道（梯子）。 2. 挖土区域设警戒线，各种机械、车辆严禁在开挖的基础边缘 2m 内行驶、停放。 3. 沟槽边或基坑边缘设安全防护围栏，防止人员不慎坠入，夜间增设警示灯		
			坍塌	1. 土方堆放在距槽边 1m 以外，堆放高度不得超过 1.5m。 2. 垂直坑壁边坡条件下，弃土堆底至基坑顶距离不小于 3m，软土场地的基坑边则不应在基坑边堆土。 3. 认真做好地面排水、边坡渗导水以及槽底排水措施，基坑顶部按规范要求设置截水沟		深度超过 5m（含 5m）深基槽开挖应编制专项施工方案
2		深度大于等于 5m 深基槽开挖	机械伤害	1. 挖方作业时，相邻作业人员保持一定间距，防止相互磕碰。人机配合作业时，作业人员与机械设备保持安全距离。 2. 当使用机械挖槽时，指挥人员在机械工作半径以外，并设专人监护	3	
			高处坠落	1. 设置供作业人员上下基坑的安全通道（梯子）。 2. 挖土区域设警戒线，各种机械、车辆严禁在开挖的基础边缘 2m 内行驶、停放。 3. 沟槽边或基坑边缘设安全防护围栏，防止人员不慎坠入，夜间增设警示灯		
			坍塌	1. 制订专项施工方案，如深度超过 5m（含 5m）深基槽开挖必须经专家论证审查通过。严格按照批准且经专家论证通过后的施工方案实施，应分层开挖，边开挖、边支护，严禁超挖。 2. 土方堆放在距槽边 1m 以外，堆放高度不得超过 1.5m。 3. 垂直坑壁边坡条件下弃土堆底至基坑顶边距离不小于 3m，软土场地的基坑边则不应在基坑边堆土。 4. 认真做好地面排水、边坡渗导水以及槽底排水措施，基坑顶部按规范要求设置截水沟		

序号	作业类型	作业工序	风险类型	防控措施	风险等级	备注
3	沟槽开挖	锚喷加固	触电	1. 施工中设置专用电源，接地可靠且定期检查电源线路和设备的电器部件，及时更换破损导线。 2. 处理机械故障时，必须使设备断电、停风	3	
			高处坠落	1. 进入现场的喷射人员要按规定佩戴安全帽、防尘面具以及高空作业的安全带等劳动保护用品。 2. 喷射混凝土施工用的工作台架牢固可靠，并设置安全栏杆		
4		防水施工、防水保护层施工	火灾	1. 防水层的原材料应分别储存在通风且温度符合规定的库房内，严禁将易燃、易爆和相互接触后能引起燃烧、爆炸的材料混合在一起。 2. 保持良好的通风条件，采取强制通风措施。 3. 作业现场严禁烟火，配置灭火器，当需明火时，开具动火作业票，有专人跟踪检查和监控	4	
5	主体结构施工	钢筋模板作业	物体打击	1. 焊工必须持证上岗，必须佩戴安全帽或穿戴防护面罩、绝缘手套、绝缘鞋等。 2. 上下传递钢筋时，上下方人员不得站在同一竖直位置上。 3. 井内垂直运输应使用吊装带，检查防脱装置是否齐全有效	4	
			高处坠落	1. 吊车司机和起重人员必须持证上岗。配合吊装的作业人员，应由掌握起重知识和有实践经验的人员担任。 2. 遇有 6 级以上的大风时，禁止露天进行起重工作；当风力达到 5 级以上时，受风面积较大的物体不宜吊起		
6		混凝土浇筑	触电	1. 使用插入式振捣器振实混凝土时，电力电缆线的引接与拆除必须由电工操作。 2. 作业中，振动器操作人员应保护好缆线完好，如发现漏电征兆，必须停止作业，交电工处理	4	
7	附属工程施工	安装电缆支架和爬梯	触电	1. 施工中，应定期检查电源线路和设备的电器部件，确保用电安全。 2. 电缆支架全长都应有良好的接地。 3. 爬梯应有良好的接地。 4. 焊接设备应有完整的保护外壳，一、二次接线柱外应有防护罩，在现场使用的电焊机应防雨、防潮、防晒，并备有消防用品	4	
8		接地极、接地线安装	触电	1. 施工中，应定期检查电源线路和设备的电器部件，确保用电安全。 2. 接地安装应符合设计要求。 3. 焊接时开具动火作业票。焊接设备应有完整的保护外壳，一、二次接线柱外应有防护罩，在现场使用的电焊机应防雨、防潮、防晒，并备有消防用品	4	

序号	作业类型	作业工序	风险类型	防控措施	风险等级	备注
9	附属工程施工	通风亭和通风、排水、照明施工	触电	专人操作振捣器。电工操作电力缆线的引接与拆除	4	
			物体打击	1. 正确佩戴安全帽。 2. 工具要放在工具袋内或用绳索绑扎。 3. 上下传递工具、材料用绳索吊送，禁止上下抛掷物品		
10	沟槽回填	分层回填夯实	触电	1. 配电系统及电动机具按规定采用接零或接地保护。 2. 施工中，定期检查电源线路和设备的电器部件，确保用电安全。 3. 处理机械故障时，必须使设备断电	5	
11	龙门架安装和拆除	龙门架安装	物体打击	1. 工具或材料要放在工具袋内或用绳索绑扎，严禁浮搁在构架，上下传递用绳索吊送，严禁高空抛掷。 2. 组立过程中，吊件垂直下方和受力钢丝绳内角侧严禁站人	3	
			起重伤害	1. 在高压线下吊装作业要保证安全距离，吊装施工范围进行警戒。 2. 吊装作业区域设置安全标志，起重作业设专人指挥。 3. 起吊过程中在伸臂及吊物的下方，任何人员不得通过或停留，龙门架体禁止与锁口圈梁有连接点		
12		龙门架拆除	物体打击	1. 拆除过程中，吊件垂直下方和受力钢丝绳内角侧严禁站人。 2. 工具或材料要放在工具袋内或用绳索绑扎，严禁浮搁在构架，上下传递用绳索吊送，严禁高空抛掷	3	
			起重伤害	1. 在高压线下吊装作业要保证安全距离，吊装施工范围进行警戒。 2. 在吊车回转半径内禁止人员穿行。 3. 禁止夜间施工。遇大风、雷雨天气严禁施工		
13	竖井开挖	竖井开挖及支护	高处坠落	1. 规范设置供作业人员上下基坑的安全通道（梯子），基坑边缘按规范要求设置安全护栏。 2. 挖土区域设警戒线，严禁各种机械、车辆在开挖的基础边缘 2m 内行驶、停放	4	
			坍塌	1. 土方开挖必须经计算确定放坡系数，应对称、分层、分块开挖，每层开挖高度不得大于设计规定，随挖随支护；每一分层的开挖，宜遵循先开挖周边、后开挖中部的顺序。 2. 基坑顶部按规范要求设置挡水墙、截水沟。 3. 弃土堆高不大于 1m。一般弃土堆底至基坑顶边距离不小于 1.2m，垂直坑壁边坡时不小于 3m，不得在软土场地的基坑边堆土。 4. 开挖过程中应加强观察和监测。当发现地层渗水、井壁土体松散等现象时，应立即停止施工，经加固处理后方可继续施工		

序号	作业类型	作业工序	风险类型	防控措施	风险等级	备注
14	围岩（土）加固	全断面（半断面）注浆加固	高处坠落	规范设置供作业人员上下竖井的安全通道（梯子），竖井边缘按规范要求设置安全护栏	4	
15		马头门开挖及支护	塌方	1. 马头门开启应按顺序进行，同一竖井、联络通道内的马头门不得同时施工。一侧隧道掘进15m后，方可开启另一侧马头门。 2. 在地下水位较高且透水性好的地层施工时，做好挡水、止水、降水、排水措施。 3. 开挖过程中，施工人员发现危险，应立即停止作业，并撤离至安全地带，经处理确认安全后方可继续作业	3	应编制专项施工方案
16		隧道开挖及支护	塌方	每循环开挖长度应按设计图纸要求进行，严禁超挖、欠挖，严格控制开挖步距	3	
17	隧道支护开挖	有限空间作业	中毒和窒息	1. 进入有限空间作业前，必须申请办理好进出申请单。 2. 应在作业入口处设专责监护人。监护人员应事先与作业人员规定明确的联络信号，并与作业人员保持联系，作业前和离开时应准确清点人数。 3. 有限空间作业应坚持"先通风、再检测、后作业"的原则，作业前应进行风险辨识，分析有限空间内气体种类并进行评估监测，做好记录。出入口应保持畅通并设置明显的安全警示标志，夜间应设警示红灯。 4. 每2h（小时）进行一次有毒有害气体检测并填写检测记录。检测人员进行检测时，应采取相应的安全防护措施，防止中毒窒息等事故发生。 5. 在有限空间作业场所，应配备安全和抢救器具，如防毒面罩、呼吸器具、通信设备、梯子、绳缆以及其他必要的器具和设备	4	
18	竖井和隧道二衬作业施工		触电	1. 泵车在电力架空线路周边作业时，必须与周边电力线缆保持安全距离。 2. 混凝土振捣器要有可靠的接零或保护接地，必须设漏电保护开关，振捣操作工必须戴绝缘手套，穿绝缘鞋，并设专人配合		
			物体打击	1. 钢筋吊运时，应采用两道绳索捆绑牢固，起吊设专人指挥。 2. 提升用钢丝绳必须每天检查一次，每隔6个月试验一次		
19	竖井和隧道二衬施工	有限空间作业	中毒和窒息	1. 进入有限空间作业前，必须申请办理好进出申请单。 2. 应在作业入口处设专责监护人。监护人员应事先与作业人员规定明确的联络信号，并与作业人员保持联系，作业前和离开时应准确清点人数。 3. 有限空间作业应坚持"先通风、再检测、后作业"的原则，作业前应进行风险辨识，分析有限空间内气体种类并进行评估监测，做好记录。出入口应保持畅通并设置明显的安全警示标志，夜间应设警示红灯。	4	

序号	作业类型	作业工序	风险类型	防控措施	风险等级	备注
19	竖井和隧道二衬施工	有限空间作业	中毒和窒息	4. 每2h（小时）进行一次有毒有害气体检测并填写检测记录。检测人员进行检测时，应采取相应的安全防护措施，防止中毒窒息等事故发生。 5. 在有限空间作业场所，应配备安全和抢救器具，如防毒面罩、呼吸器具、通信设备、梯子、绳缆以及其他必要的器具和设备	4	
20	竖井和隧道防水作业施工	钢筋作业模板作业	物体打击	1. 上下传递钢筋时，作业人员站位必须安全，上下方人员不得站在同一竖直位置上。竖井内垂直运输应使用吊装带，检查防脱装置是否齐全有效。 2. 模板向沟内搬运时，应用抱杆吊装和绳索溜放，不得直接将其翻入坑内，上下人员应配合一致，防止模板倾倒产生砸伤事故	4	
21		混凝土浇筑施工	触电	1. 使用插入式振捣器振实混凝土时，振捣器应设专人操作，电力缆线的引接与拆除必须由电工操作。 2. 作业中，振动器操作人员应保护好缆线完好，如发现漏电征兆，必须停止作业，交电工处理		
22	竖井回填	分层回填夯实	触电	1. 配电系统及电动机具按规定采用接零保护或接地保护。 2. 施工中，定期检查电源线路和设备的电器部件，确保用电安全。 3. 处理机械故障时，必须使设备断电	5	
			起重伤害	吊装盖板时，必须有专人指挥，严禁任何人在已吊起的构件下停留或穿行，对已吊起的盖板不准长时间停在空中		
23	始发及接收井施工	始发井及接收井开挖及支护	高处坠落	规范设置供作业人员上下坑的安全通道（梯子），基坑边缘按规范要求设置安全护栏，夜间增设警示灯	3	应编制专项施工方案
			机械伤害	1. 挖方作业时，相邻作业人员保持一定间距，防止相互磕碰。人机配合作业时，作业人员与机械设备保持安全距离。 2. 当使用机械挖槽时，指挥人员在机械工作半径以外，并设专人监护		
			坍塌	1. 基坑顶部按规范要求设置挡水墙、截水沟。 2. 土方开挖过程中必须观测基坑周边土质是否存在裂缝及渗水等异常情况，适时进行监测。 3. 一般土质条件下弃土堆底至基坑顶边距离不小于2m，弃土堆高不大于1.5m，垂直壁边坡条件下弃土堆底至基坑顶边距离不小于3m，软土场地的基坑边则不应在基坑边堆土。 4. 人工挖土时，根据土质及沟槽深度放坡，开挖过程中或敞露期间采取防止沟壁塌方措施。土方开挖后及时进行支护作业		

序号	作业类型	作业工序	风险类型	防控措施	风险等级	备注
24	始发及接收井施工	中隔板、顶板施工	物体打击	1. 上下传递钢筋时，作业人员站位必须安全，上下方人员不得站在同一竖直位置上。竖井内垂直运输应使用吊装带，检查防脱装置是否齐全有效。 2. 模板向沟内搬运时，应用抱杆吊装和绳索溜放，不得直接将其翻入坑内，上下人员应配合一致，防止模板倾倒产生砸伤事故	3	
25	竖井防水施工	防水作业	火灾	1. 防水层的原材料，应分别储存在通风并温度符合规定的库房内，严禁将易燃、易爆和相互接触后能引起燃烧、爆炸的材料混合在一起。 2. 保持良好的通风条件，采取强制通风措施。 3. 作业现场严禁烟火，配置一定数量的灭火器，当需明火时，必须开具动火作业票，必须有专人跟踪检查、监控	4	
26	盾构机安装和拆除施工	盾构机安装	起重伤害	1. 吊装机械需有年检合格证，吊装前应对钢索进行检查。吊装时设专人指挥、信号统一。 2. 当长料在吊篮中立放时，应采取防滚落措施，散料应装箱或装笼。 3. 严禁超载使用。 4. 钢丝绳与铁件绑扎处应衬垫物体，受力钢丝绳的内角侧严禁站人，在吊车回转半径内禁止人员穿行	3	
			物体打击	高处作业设立稳固的操作平台，严禁利用绳索或拉线上下构架或下滑，严禁高处向下或低处向上抛扔工具和材料		
27	盾构机安装和拆除施工	盾构机拆除	起重伤害	1. 吊装时设专人指挥、信号统一。 2. 当长料在吊篮中立放时，采取防滚落措施，散料应装箱或装笼，严禁超载使用。 3. 钢丝绳与铁件绑扎处应衬垫物体，受力钢丝绳的内角侧严禁站人，在吊车回转半径内禁止人员穿行	3	
			物体打击	高处作业设立稳固的操作平台，严禁利用绳索或拉线上下构架或下滑，严禁高处向下或低处向上抛扔工具和材料		
28	盾构机区间掘进施工	土方开挖及出土	中毒	1. 隧道内必须配有足够的照明设施。 2. 隧道内通风采用大功率、高性能风机，用风管送风至开挖面，按规定检测隧道内有毒、有害、可燃气体及氧气含量。如发现存在有害气体的迹象，及时反应，采取相应措施	3	
29		管片安装	机械伤害	1. 管片拼装时，拼装机旋转范围内严禁站人。 2. 电葫芦操作人员配备通信设备与井下人员通信，吊斗配置防脱钩装置		

续表

序号	作业类型	作业工序	风险类型	防控措施	风险等级	备注
30	沟道和隧道竣工投运前验收	隧道验收	高处坠落	1. 使用专用工具开启工井井盖、电缆沟盖板及电缆隧道人孔盖，同时注意所立位置，防止滑脱。 2. 井下应设置梯子，上下隧道扶好抓牢。 3. 隧道内照明设施配备充足，检查人员配备应急照明设备	4	
			中毒和窒息	1. 进入有限空间作业前，应在入口处设专责监护人。监护人员应事先与验收人员规定明确的联络信号，并与作业人员保持联系，进入前和离开时应准确清点人数。 2. 有限空间作业应坚持"先通风、再检测、后作业"的原则，作业前应进行风险辨识，分析有限空间内气体种类并进行评估监测，做好记录。出入口应保持畅通并设置明显的安全警示标志，夜间应设警示红灯。 3. 检测人员进行检测时，应采取相应的安全防护措施，防止中毒窒息等事故发生。 4. 在有限空间作业中，应保持通风良好，禁止用纯氧进行通风换气		

8.2 典型案例分析

【例 8-1】 沟道坍塌造成沟底施工人员被埋。

（一）案例描述

2006 年 4 月 10 日下午，建筑施工单位使用挖掘机开始开挖某火电厂二期扩建项目的雨水管道土方工程，开挖约 1h（小时）收工。4 月 11 日上午继续开挖，机械开挖的同时，三名民工在沟底进行人工清基工作，在发现两侧土方有坍塌危险时，即想办法进行支护，11 时 45 分北侧土方出现坍塌，将沟底 3 人中的 1 人掩埋，其他 2 人及时躲避并大声呼救，附近现场 4 人跳下进行救援，但开挖的沟道随即出现了第二次塌方，将其中 3 人全部埋入土方中。事故共造成 4 人死亡，3 人轻伤。

（二）原因分析

该作业是沟槽开挖作业，在该作业环节中存在坍塌的人身安全风险。针对以上风险主要采取的防控措施有：土方堆放在距槽边 1m 以外，堆放高度不得超过 1.5m，垂直坑壁边坡条件下弃土堆底至基坑顶边距离不小于 3m，软土场地的基坑边则不应在基坑边堆土。在该起案例中，施工单位没有执行《施工组织设计》中关于土方开挖的有关技术措施，将应运往指定的弃土超高堆于沟壑一侧，以至沟壁承压失稳坍塌。开挖过程中没有设专人观察两侧沟壁变化情况，发现土型异常后没有及时停止施工撤离现场，盲目安排进行支护，以上因素共同导致开挖的隧道坍塌后人员伤亡。

【例 8-2】 沟槽回填中发生触电事故。

（一）案例描述

某施工队承接某电缆隧道土方工程，该工程在隧道沟槽回填作业前曾发生大量涌水，因此隧道内湿度较大。回填作业过程中作业人员发现施工电动机使用异常，电工在检查悬挂于隧道一侧的动力电缆时发生触电事故，事故共造成 1 人死亡。

（二）原因分析

该作业是沟槽回填作业，在该作业环节中存在触电的人身安全风险。针对以上风险主要采取的防控措施有：配电系统及电动机具按规定采用接零或接地保护；施工中，定期检查电源线路和设备的电器部件，确保用电安全；处理机械故障时，必须使设备断电。在该起案例中，施工单位对现场施工安全管理不严，对人员安全教育不到位，未定期组织开展配电系统及设备电气部件的用电安全检查，电工在湿度相对较大的情况下，盲目对挂于隧道的动力电缆（因潮湿漏电）进行用电检修，没有第一时间断开总电源，导致隧道回填时的触电事故。

8.3 实 训 习 题

一、单选题

1. 土方堆放在距槽边（　　）以外，堆放高度不得超过（　　）。

A. 1m，1m　　　　B. 0.5m，1m　　　　C. 1m，1.5m　　　　D. 1m，2m

2. 垂直坑壁边坡条件下弃土堆底至基坑顶边距离（　　），软土场地的基坑边则不应在基坑边堆土。

A. 不小于 1m　　　B. 不小于 1.5m　　　C. 不小于 2m　　　D. 不小于 3m

3. 混凝土运输车辆应设专人指挥，指挥人员必须站位于车辆（　　）。

A. 左侧　　　　　B. 右侧　　　　　　C. 侧面　　　　　　D. 前面

4. 在高压线下吊装作业要保证安全距离，吊装施工范围进行（　　）。

A. 围栏　　　　　B. 警戒　　　　　　C. 专人看护　　　　D. 戒严

5. 起吊过程中在伸臂及吊物的下方，任何人员不得（　　），龙门架体禁止与锁口圈梁有连接点。

A. 滞留　　　　　B. 通过　　　　　　C. 离开　　　　　　D. 通过或停留

6. 隧道支护开挖，马头门开启应按顺序进行，同一竖井、联络通道内的马头门（　　）同时施工。

A. 可以　　　　　B. 不得　　　　　　C. 必须　　　　　　D. 应该

7. 隧道支护开挖，一侧隧道掘进（　　）后，方可开启另一侧马头门。

A. 5m　　　　　B. 10m　　　　　C. 15m　　　　　D. 20m

8. 在有限空间作业中，应（　　）人及以上为一组开展工作。

A. 2　　　　　B. 3　　　　　C. 4　　　　　D. 5

9. 有限空间作业应保持通风良好，每（　　）小时进行一次有毒有害气体检测。

A. 0.5　　　　　B. 1　　　　　C. 2　　　　　D. 3

10. 隧道支护开挖，严禁超挖、欠挖，严格控制开挖（　　）。

A. 步距　　　　　B. 深度　　　　　C. 高度　　　　　D. 宽度

11. 竖井和隧道二衬施工，钢筋吊运时，应采用（　　）绳索捆绑牢固，起吊设专人指挥。

A. 一道　　　　　B. 两道　　　　　C. 三道　　　　　D. 四道

12. 电气设备外壳良好接地，在潮湿的工井内使用电气设备时，操作人员（　　）。

A. 使用绝缘垫　　B. 穿绝缘靴　　　C. 戴绝缘手　　　D. 使用安全工器具

13. 竖井和隧道二衬施工，提升用钢丝绳必须（　　）；钢丝绳锈蚀严重或外层钢丝松断时，必须更换。

A. 每小时检查一次　B. 每天检查一次　C. 每天检查二次　D. 每周检查一次

14. 单梯工作时，梯与地面的斜角度约（　　），并专人扶持。

A. 30°　　　　　B. 45°　　　　　C. 60°　　　　　D. 90°

15. 竖井和隧道防水作业施工，防水层的原材料应分别储存在（　　）的库房内。

A. 通风　　　　　　　　　　　B. 通风并温度符合规定

C. 恒温恒湿　　　　　　　　　D. 封闭

16. 严禁将易燃、易爆和相互接触后能引起燃烧、爆炸的材料（　　）。

A. 单独存放　　　B. 混合存放　　　C. 隔离存放　　　D. 分区存放

17. 混凝土浇筑施工，指挥人员必须站位于车辆（　　）。

A. 前面　　　　　B. 侧面　　　　　C. 后面　　　　　D. 里面

18. 顶管施工，当使用机械挖槽时，指挥人员应在机械（　　），并设专人监护。

A. 工作半径以内　B. 工作半径以外　C. 侧面　　　　　D. 前面

19. 顶管顶进时，顶铁范围应设置（　　）。

A. 警戒　　　　　B. 围栏　　　　　C. 标识牌　　　　D. 警示灯

20. 顶管顶进时，顶铁范围内（　　）。

A. 设置围栏　　　B. 专人看护　　　C. 严禁站人　　　D. 开展工作

21. 顶管施工，土方开挖必须经计算确定（　　），分层开挖，必要时采取支护措施。

A. 开挖深度　　　B. 放坡系数　　　C. 开挖宽度　　　D. 开挖面积

22. 隧道验收，设置供作业人员上下基坑的安全通道（梯子），基坑边缘按规范要求设置安全护栏，夜间（　　）。

    A. 增设照明灯   B. 增设警示牌   C. 增设警示灯   D. 增设警示带

23. 隧道内照明设施配备充足，检查人员配备（　　）。

    A. 照明灯   B. 手电筒   C. 应急照明设备   D. 头灯

二、多选题

1. 沟槽开挖，认真做好（　　）、（　　）以及（　　），基坑顶部按规范要求设置截水沟。

    A. 地面排水   B. 边坡渗导水   C. 槽底排水措施   D. 护坡

2. 施工中，设置专用电源，接地可靠且定期（　　）和（　　），及时更换破损导线。

    A. 检查电源线路   B. 设备的电器部件   C. 设备接地   D. 配电箱

3. 锚喷加固应设置供作业人员上下工作台架的（　　），工作台架牢固可靠，并设置（　　）。

    A. 安全通道   B. 通道   C. 安全栏杆   D. 缆风绳

4. 起吊过程中在（　　）下方，任何人员不得（　　），龙门架体禁止与锁口圈梁有连接点。

    A. 伸臂及吊物的   B. 吊物   C. 通过或停留   D. 停留

5. 竖井开挖及支护，认真做好（　　）、（　　）以及（　　），基坑顶部按规范要求设置截水沟。

    A. 地面排水   B. 边坡渗导水   C. 槽底排水措施   D. 护坡

6. 在地下水位较高且透水性好的地层施工时，做好（　　）措施。

    A. 挡水   B. 止水   C. 降水   D. 排水

7. 开挖过程中，施工人员发现危险，应（　　），并（　　），经处理确认安全后方可继续作业。

    A. 立即停止作业   B. 报告上级   C. 撤离至安全地带   D. 保护现场

8. 在有限空间作业中，应配备防毒面罩、呼吸器具、通信设备及绳缆等必要的安全和抢救器具。

    A. 配备防毒面罩   B. 呼吸器具   C. 通信设备   D. 绳缆

9. 基坑顶部按规范要求设置（　　）。

    A. 挡水墙   B. 截水沟   C. 排水沟   D. 围栏

10. 接地极、接地线焊接作业人员应佩戴（　　）。

    A. 防护镜   B. 电焊手套   C. 防护服   D. 胶鞋和口罩

三、判断题

（　　）1. 挖土区域设警戒线，各种机械、车辆严禁在开挖的基础边缘 1m 内行驶、停放。

（　　）2. 沟槽边或基坑边缘设安全防护围栏，防止人员不慎坠入，夜间增设照明灯。

（　　）3. 垂直坑壁边坡条件下弃土堆底至基坑顶边距离不小于 3m，软土场地的基坑边则在基坑边 1m 外可堆土。

（　　）4. 认真做好地面排水、边坡渗导水以及槽底排水措施。基坑顶部按规范要求设置安全围栏。

（　　）5. 处理机械故障时，必须使设备断电、停风。

（　　）6. 混凝土运输车辆应设专人指挥，指挥人员必须站位于车辆侧面。

（　　）7. 使用射钉枪时要压紧垂直作用在工作面上，不得用手掌推压钉管，射钉枪口不得对向人。

（　　）8. 使用插入式振捣器振实混凝土时，电力缆线的引接与拆除必须由工作负责人操作。

（　　）9. 焊机的电源应具有漏电保护功能。

（　　）10. 焊机金属外壳应可靠接地。

（　　）11. 焊接作业时，应戴电焊手套，使用绝缘夹钳，并站在绝缘垫上。

（　　）12. 接地极、接地线安装，禁止触碰未充分冷却的焊件。

（　　）13. 电气设备外壳良好接地，在潮湿的工井内使用电气设备时，操作人员穿工作服。

（　　）14. 高处作业人员应全程使用安全带，移动时可临时解开保护。

（　　）15. 起吊过程中在伸臂及吊物的下方，任何人员不得通过或停留，龙门架体禁止与锁口圈梁有连接点。

（　　）16. 在高压线下吊装作业只要保证安全距离就可直接开展吊装施工。

（　　）17. 土方堆放在距槽边 1m 以外，堆放高度不得超过 1m。

（　　）18. 马头门开启应按顺序进行，同一竖井、联络通道内的马头门可同时施工。

（　　）19. 一侧隧道掘进 15m 后，方可开启另一侧马头门。

（　　）20. 开挖过程中，施工人员发现危险，应立即向上级汇报，经上级同意后方可继续作业。

（　　）21. 竖井和隧道二衬施工，提升用钢丝绳必须每 2h（小时）检查一次；钢丝绳锈蚀严重或外层钢丝松断时，必须更换。

（　　）22. 热爬机停用时及时切断电源。

（　　）23.隧道验收，设置供作业人员上下基坑的安全通道（梯子），基坑边缘按规范要求设置安全护栏，夜间增设照明灯。

（　　）24.当使用机械挖槽时，只要指挥人员在机械工作半径以外，可不设专人监护。

（　　）25.隧道内照明设施配备充足，检查人员可不佩戴应急照明设备。

电缆线路工程

电缆线路部分涉及人身安全风险的基建施工作业类型有电缆敷设施工、站内工作、电缆附件安装施工、电缆试验、电缆切改施工、电缆线路竣工投运前验收六大类。

9.1　关键风险与防控措施

9.1.1　电缆敷设施工

电缆敷设施工作业如图9-1所示,作业风险主要集中在装卸电缆盘施工作业、有限空间作业、动火作业、电气焊工作、占路施工、直埋电缆、隧道敷设、排管敷设、水下敷设、桥架敷设、电缆登塔和引上敷设11个工序环节。

(a) 电缆引出方式　　　　　　　　　　(b) 电缆敷设

图 9-1　电缆敷设施工作业

9.1.1.1　装卸电缆盘施工作业

该作业主要存在机械伤害人身安全风险。

主要防控措施为:①起吊物应绑牢,吊钩钢丝绳应保持垂直,严禁偏拉斜吊;②起吊前,要检查起吊设备、制动装置是否正常;③重物吊离地面约100mm时应暂停起吊并进行全面检查,确认良好后方可正式起吊;④吊物下方不得有人逗留。

9.1.1.2 有限空间作业

有限空间作业如图 9-2 所示，主要存在中毒和窒息人身安全风险。

主要防控措施为：①应保持通风良好，每 2h（小时）进行一次有毒有害气体检测；②应配备防毒面罩、呼吸器具、通信设备及绳缆等必要的安全和抢救器具；③在有限空间作业中，应两人及以上为一组开展工作。

9.1.1.3 动火作业

动火作业如图 9-3 所示，主要存在火灾安全风险。

图 9-2　有限空间作业　　　　　　　图 9-3　动火作业

主要防控措施为：①动火作业应有专人监护；②动火作业前应清除动火现场及周围的易燃物品，配备足够适用的消防器材；③动火作业间断或终结后，应清理现场，确认无残留火种后，方可离开。

9.1.1.4 电气焊工作

电气焊工作业如图 9-4 所示，主要存在火灾、触电两类人身安全风险。

(a) 电弧焊作业　　　　　　　　　　(b) 气焊作业

图 9-4　电气焊作业

（1）火灾风险。主要防控措施：①气瓶存放应在通风良好的场所，禁止靠近热源或在烈日下曝晒；②乙炔瓶和氧气瓶严禁进入电缆隧道；③气瓶不得与带电物体接触。

（2）触电风险。主要防控措施：①焊机的电源应具有漏电保护功能；②焊机金属外壳应可靠接地；③焊接作业时，应戴电焊手套，使用绝缘夹钳，并站在绝缘垫上。

9.1.1.5 占路施工

占路施工作业工序环节主要存在机械伤害人身安全风险。

主要防控措施为：①派专人指挥交通；②设置道路施工警示牌、告示牌、防撞桶，防撞桶应放在离施工区域 30m 以外；③施工区域用安全警示带、警示锥筒进行围挡；夜间施工安装红色闪光警示灯、导向灯、箭头指示灯；④施工道路上人员应穿反光标志服。

9.1.1.6 直埋电缆

直埋电缆作业如图 9-5 所示，主要存在坍塌、触电两类人身安全风险。

（1）坍塌风险。主要防控措施为：①遇有土方松动、裂纹、涌水等情况应及时加设支撑，临时支撑要搭设牢固，严禁用支撑代替上下扶梯；②直埋电缆施工，开挖深度超过 1.5m 的沟槽，设置安全防护围栏；超过 1.5m 以上深度要进行放坡处理；③超过 1.5m 的沟槽，搭设上下通道，危险处设红色标志灯。

（2）触电风险。主要防控措施为：①设置专用电源，应接地可靠；②定期检

图 9-5　直埋电缆作业

查电源线路和设备的电器部件，及时更换破损导线；③电气设备外壳良好接地，在潮湿的工井内使用电气设备时，操作人员穿绝缘靴。

9.1.1.7 隧道敷设

隧道电缆敷设作业如图 9-6 所示，主要存在中毒和窒息、物体打击两类人身安全风险。

（1）中毒和窒息风险。主要防控措施为：①应保持通风良好，每 2h（小时）进行一次有毒有害气体检测；②应配备防毒面罩、呼吸器具、通信设备及绳缆等必要的安全和抢救器具；③在有限空间作业中，应两人及以上为一组开展工作。

（2）物体打击风险。主要防控措施为：①电缆通过孔洞时，出口侧的人员不得在正面接引；②操作电缆盘人员要注意电缆盘有无倾斜现象，应防止电缆突然崩出伤人；③井口上下用绳索传送工器具、材料，并系牢稳，严禁上下抛物；④上下运送质量较大的工器具时，应有专人负责和指挥。

(a) 内拐弯设电缆输送机

(b) 每隔2~3m设滑车

图 9-6　隧道电缆敷设作业

9.1.1.8　排管敷设

排管电缆敷设作业如图 9-7 所示，主要存在机械伤害、物体打击两类人身安全风险。

(a) 排管沟开挖

(b) 排管敷设

图 9-7　排管电缆敷设作业

（1）机械伤害风险。主要防控措施为：①电缆敷时，设备应布置在安全的位置，电缆盘应有刹车装置，并设专人监护；②电缆展放敷设过程中，入口处应采取措施防止电缆被卡，不得伸手，防止被带入孔中；③人工展放电缆、穿孔或穿导管时，作业人员手握电缆的位置应与孔口保持安全距离。

（2）物体打击风险。主要防控措施为：①正确佩戴安全帽；②工具要放在工具袋内或用绳索绑扎；③上下传递工具、材料用绳索吊送，禁止上下抛掷物品。

9.1.1.9　水下敷设

水下电缆敷设作业如图 9-8 所示，主要存在机械伤害、淹溺两类人身安全风险。

（1）机械伤害风险。主要防控措施为：①电缆敷设时，应在电缆盘处配有可靠的制动装置，应防止电缆敷设速度过快及电缆盘倾斜、偏移；②用机械牵引电缆时，作业人员不得站在牵引钢丝绳内角侧。

(a) 驳船敷设

(b) 水下电缆检查

图 9-8　水下电缆敷设作业

（2）淹溺风险。主要防控措施为：①作业人员必须穿着救生衣；②水底电缆施工应制订专门的施工方案、通航方案，并执行相应的安全措施。

9.1.1.10　桥架敷设

桥架敷设作业工序环节主要存在高处坠落、物体打击两类人身安全风险。

（1）高处坠落风险。主要防控措施为：①高空桥架应使用钢质材料，并设置围栏，铺设操作平台；②高处作业要正确使用安全带，作业人员在转移作业位置时不准失去安全保护；③要使用两端装有防滑套的合格梯子；④单梯工作时，梯子与地面的斜角度约60°，并专人扶持。

（2）物体打击风险。主要防控措施为：①正确佩戴安全帽；②工具要放在工具袋内或用绳索绑扎；③上下传递工具、材料用绳索吊送，禁止上下抛掷物品。

9.1.1.11　电缆登塔和引上敷设

电缆登塔和引上敷设作业如图 9-9 所示，主要存在高处坠落、物体打击两类人身安全风险。

(a) 电缆引上敷设

(b) 电缆登塔敷设

图 9-9　电缆登塔和引上敷设作业

（1）高处坠落风险。主要防控措施为：高处作业要正确使用安全带，作业人员在转移作业位置时不准失去安全保护。

图 9-10　工作平台

（2）物体打击风险。主要防控措施为：①正确佩戴安全帽；②工具要放在工具袋内或用绳索绑扎；③上下传递工具、材料用绳索吊送，禁止上下抛掷物品；④电缆敷设完毕后应及时将电缆在终端塔上用固定金具连续固定好。

9.1.2　电缆站内作业

工作平台如图 9-10 所示，作业风险主要集中在搭工作平台、运行设备区电缆工作两个工序环节。

9.1.2.1　搭工作平台

搭工作平台作业工序环节主要存在高处坠落、触电两类人身安全风险。

（1）高处坠落风险。主要防控措施为：①搭、拆工作平台时需专人指挥、专人监护，工作平台要有防倒塌措施；②高处作业要正确使用安全带，作业人员在转移作业位置时不准失去安全保护；③设置供作业人员上下工作台架的安全通道（梯子）；④工作台架应牢固可靠，并设置安全栏杆。

（2）触电风险。主要防控措施为：①焊接作业时，应戴电焊手套、使用绝缘夹钳，并站在绝缘垫上；②电焊机的电源应具有漏电保护功能，其金属外壳应可靠接地。

9.1.2.2　运行设备区电缆工作

运行设备区电缆工作作业如图 9-11 所示，主要存在触电人身安全风险。

主要防控措施为：①工作前认真核对电缆线路名称及编号，在指定地点工作，严禁超范围工作，严禁乱动无关设备，设专人监护；②严格按安全规定要求保持与带电部位的安全距离；在运行设备区域内工作，严禁跨越、移动安全遮挡；③电缆穿入带电的盘柜前，电缆端头应做绝缘包扎处理，严防电缆触及带电部位及运行设备；④接用施工临时电源，应事先征得站内值班人员的许可，从指定电源屏（箱）接出。

图 9-11　运行设备区电缆工作作业

9.1.3　电缆附件安装施工

电缆附件安装施工，作业风险主要集中在调直电缆、电缆接头制作两个工序环节。

9.1.3.1　调直电缆

调直电缆作业工序环节主要存在触电、火灾两类人身安全风险。

（1）触电风险。主要防控措施为：①搭接临时电源时，应两人进行；②使用加热设备前应检查接线是否正确；③加热器加油时，应先停机，断开电源后，方可进行加油工作；④在潮湿的工井内使用电气设备时，操作人员穿绝缘靴。

（2）火灾风险。主要防控措施为：①每个加热点应设两个灭火器到位；②加热现场四周不应有易燃物，严禁人员在加热区域内吸烟；③每个加热点应设两名看护人员 24h（小时）看护，看护人员随时巡查现场，看护人员严禁在加热棚中滞留取暖；④加热现场要求油机分离，设专门区域放置加热用柴油。

9.1.3.2　电缆接头制作

电缆接头制作作业如图 9-12 所示，主要存在物体打击、机械伤害两类人身安全风险。

(a) 电缆起吊

(b) 剥切电缆

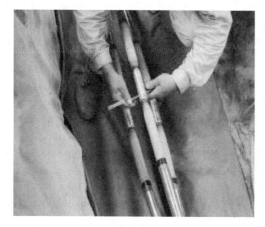

(c) 电缆芯制作

(d) 接头密封及机械保护

图 9-12　电缆接头制作作业

（1）物体打击风险。主要防控措施为：①正确佩戴安全帽；②工具要放在工具袋内或用绳索绑扎；③上下传递工具、材料用绳索吊送，禁止上下抛掷物品；④在电缆终端施工区域下方应设置围栏，禁止无关人员在作业地点下方通行；⑤进行电缆终端瓷质绝缘子吊装时，应采取可靠的绑扎方式，防止瓷质绝缘子倾斜碰伤。

（2）机械伤害风险。主要防控措施为：①压接时，人员要注意头部远离压接点，保持 300mm 以上距离；②装卸压接工具时，应防止砸伤或碰伤手脚。

图 9-13　电缆试验

9.1.4　电缆试验

电缆试验如图 9-13 所示，作业风险主要集中在电缆外护套试验、电缆绝缘耐压试验两个工序环节。

9.1.4.1　电缆外护套试验

电缆外护套试验作业工序环节主要存在触电、物体打击、高处坠落、中毒和窒息四类人身安全风险。

（1）触电风险。主要防控措施为：①搭接临时电源时应两人进行，更换试验接线必须先断开电源；②电缆耐压试验前，应对设备充分放电，并测量绝缘电阻；③作业人员应戴好绝缘手套并穿绝缘靴或站在绝缘垫上，高压试验设备及被试设备的外壳应可靠接地；④被试电缆两端及试验操作应设专人监护，并保持通信畅通。加压端应做好安全措施，防止人员误入试验场所，另一端应设置围栏并挂上警告标识牌。

（2）物体打击风险。主要防控措施为：①正确佩戴安全帽；②工具要放在工具袋内或用绳索绑扎；③上下传递工具、材料用绳索吊送，禁止上下抛掷物品；④工井、电缆沟作业前，施工区域设置标准路栏和警示牌，夜间施工使用警示灯。

（3）高处坠落风险。主要防控措施为：高处作业要正确使用安全带，作业人员在转移作业位置时不准失去安全保护。

（4）中毒和窒息风险。主要防控措施为：①应保持通风良好，每 2h（小时）进行一次有毒有害气体检测；②应配备防毒面罩、呼吸器具、通信设备及绳缆等必要的安全和抢救器具；③在有限空间作业中，应两人及以上为一组开展工作。

9.1.4.2　电缆绝缘耐压试验

电缆绝缘耐压试验作业如图 9-14 所示，主要存在触电、物体打击、高处坠落三类人身安全风险。

（1）触电风险。主要防控措施为：①电缆试验过程中，作业人员应戴好绝缘手套并穿绝缘靴或站在绝缘垫上；②加压前确认无关人员退出试验现场后方可加压。

（2）物体打击风险。主要防控措施为：①正确佩戴安全帽；②工具要放在工具袋内或用绳索绑扎；③上下传递工具、材料用绳索吊送，禁止上下抛掷物品。

（3）高处坠落风险。主要防控措施为：高处作业要正确使用安全带，作业人员在转移作业位置时不准失去安全保护。

图 9-14　电缆绝缘耐压试验作业

9.1.5　电缆切改施工

电缆切改施工作业风险主要集中在电缆切改、电缆核相两个工序环节。

9.1.5.1　电缆切改

电缆切改作业工序环节主要存在触电、中毒和窒息、物体打击三类人身安全风险。

（1）触电风险。主要防控措施为：①开始断电缆以前，核对铭牌，并与电缆走向图纸核对相符；②电缆切改前，用接地的带绝缘柄铁钎或安全刺锥钉入电缆芯确证无电后，方可作业；③扶绝缘柄的人应戴绝缘手套并站在绝缘垫上，并采取防灼伤措施（如防护面具等）；④使用远控电缆割刀开断电缆时，刀头应可靠接地，周边其他作业人员应临时撤离，远控操作人员应与刀头保持足够的安全距离。

（2）中毒和窒息风险。主要防控措施为：①在有限空间作业中，应两人及以上为一组开展工作；②应保持通风良好，每 2h（小时）进行一次有毒有害气体检测；③应配备防毒面罩、呼吸器具、通信设备及绳缆等必要的安全和抢救器具。

（3）物体打击风险。主要防控措施为：①正确佩戴安全帽；②工具要放在工具袋内或用绳索绑扎；③上下传递工具、材料用绳索吊送，禁止上下抛掷物品。

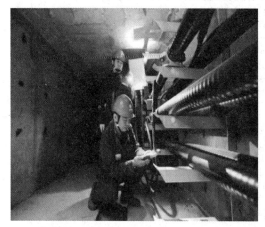

图 9-15　电缆核相作业

9.1.5.2　电缆核相

电缆核相作业如图 9-15 所示，主要存在触电人身安全风险。

主要防控措施为：①电缆核相前认真核对电缆双重标号，检查电缆线路应无人工作，检查相位是否正确；②在指定区域内工作，严禁超范围工作，施工人员严禁触动与工作无关的设备。

9.1.6 电缆线路竣工投运前验收

电缆线路竣工投运前验收作业风险主要集中在电缆设备现场检查工序环节（见图9-16），主要存在触电人身安全风险。

(a) 电缆接头检查　　　　　　　　　　　(b) 电缆本体检查

图 9-16　电缆设备现场检查

主要防控措施为：①进入带电区域内工作时，严禁超范围工作及走动，严禁乱动无关设备及安全用具；②在运行设备区域内，要有监护人监护。

综合上述的6类20项电缆线路工程施工作业风险及防控措施见表9-1。

表 9-1　　　　　　　　　　电缆线路工程施工人身安全关键风险及防控措施

序号	作业类型	作业工序	风险类型	防控措施	对应基建风险等级	备注
1	电缆敷设施工	装卸电缆盘施工作业	机械伤害	1. 起吊物应绑牢，吊钩钢丝绳应保持垂直，严禁偏拉斜吊。 2. 起吊前，要检查起吊设备、制动装置是否正常。 3. 重物吊离地面约100mm时应暂停起吊并进行全面检查，确认良好后方可正式起吊。 4. 吊物下方不得有人逗留	4	
2		有限空间作业	中毒和窒息	1. 应保持通风良好，每2h（小时）进行一次有毒有害气体检测。 2. 应配备防毒面罩、呼吸器具、通信设备及绳缆等必要的安全和抢救器具。 3. 在有限空间作业中，应两人及以上为一组开展工作	4	
3		动火作业	火灾	1. 动火作业应有专人监护。 2. 动火作业前应清除动火现场及周围的易燃物品，配备足够适用的消防器材。 3. 动火作业间断或终结后，应清理现场，确认无残留火种后，方可离开	4	
4		电气焊工作	火灾	1. 气瓶应存放在通风良好的场所，禁止靠近热源或在烈日下曝晒。 2. 乙炔气瓶和氧气瓶严禁进入电缆隧道。 3. 气瓶不得与带电物体接触	4	

序号	作业类型	作业工序	风险类型	防控措施	对应基建风险等级	备注
4		电气焊工作	触电	1. 焊机的电源应具有漏电保护功能。 2. 焊机金属外壳应可靠接地。 3. 焊接作业时，应戴电焊手套、使用绝缘夹钳，并站在绝缘垫上	4	
5		占路施工	机械伤害	1. 派专人指挥交通。 2. 设置道路施工警示牌、告示牌、防撞桶，防撞桶应放在离施工区域30m以外。 3. 施工区域用安全警示带、警示锥筒进行围挡。 4. 夜间施工安装红色闪光警示灯、导向灯、箭头指示灯。 5. 施工道路上人员应穿反光标志服	5	
6		直埋电缆	坍塌	1. 遇有土方松动、裂纹、涌水等情况应及时加设支撑，临时支撑要搭设牢固，严禁用支撑代替上下扶梯。 2. 直埋电缆施工，开挖深度超过1.5m的沟槽，设置安全防护围栏，超过1.5m以上深度要进行放坡处理。 3. 超过1.5m的沟槽，搭设上下通道，危险处设红色标志灯	4	
			触电	1. 设置专用电源，应接地可靠。 2. 定期检查电源线路和设备的电器部件，及时更换破损导线。 3. 电气设备外壳良好接地，在潮湿的工井内使用电气设备时，操作人员穿绝缘靴	4	
7	电缆敷设施工	隧道敷设	中毒和窒息	1. 应保持通风良好，每2h（小时）进行一次有毒有害气体检测。 2. 应配备防毒面罩、呼吸器具、通信设备及绳缆等必要的安全和抢救器具。 3. 在有限空间作业中，应两人及以上为一组开展工作	4	
			物体打击	1. 电缆通过孔洞时，出口侧的人员不得在正面接引。 2. 操作电缆盘人员要注意电缆盘有无倾斜现象，应防止电缆突然崩出伤人。 3. 井口上下用绳索传送工器具、材料，并系牢稳，严禁上下抛物。 4. 上下运送质量较大的工器具时，应有专人负责和指挥	4	
8		排管敷设	机械伤害	1. 电缆敷设时，设备应布置在安全的位置，电缆盘应有刹车装置，并设专人监护。 2. 电缆展放敷设过程中，入口处应采取措施防止电缆被卡，不得伸手，防止被带入孔中。 3. 人工展放电缆、穿孔或穿导管时，作业人员手握电缆的位置应与孔口保持安全距离	4	
			物体打击	1. 正确佩戴安全帽。 2. 工具要放在工具袋内或用绳索绑扎。 3. 上下传递工具、材料用绳索吊送，禁止上下抛掷物品	4	
9		水下敷设	机械伤害	1. 电缆敷设时，应在电缆盘处配有可靠的制动装置，应防止电缆敷设速度过快及电缆盘倾斜、偏移。 2. 用机械牵引电缆时，作业人员不得站在牵引钢丝绳内角侧	4	

序号	作业类型	作业工序	风险类型	防控措施	对应基建风险等级	备注
9	电缆敷设施工	水下敷设	淹溺	1. 作业人员必须穿着救生衣。 2. 水底电缆施工应制订专门的施工方案、通航方案，并执行相应的安全措施	4	
10		桥架敷设	高处坠落	1. 高空桥架应使用钢质材料，并设置围栏、铺设操作平台。 2. 高处作业要正确使用安全带，作业人员在转移作业位置时不准失去安全保护。 3. 要使用两端装有防滑套的合格梯子，单梯工作时，梯与地面的斜角度约60°，并专人扶持	4	
			物体打击	1. 正确佩戴安全帽。 2. 工具要放在工具袋内或用绳索绑扎。 3. 上下传递工具、材料用绳索吊送，禁止上下抛掷物品	4	
11		电缆登塔和引上敷设	高处坠落	高处作业要正确使用安全带，作业人员在转移作业位置时不准失去安全保护	4	
			物体打击	1. 正确佩戴安全帽。 2. 工具要放在工具袋内或用绳索绑扎。 3. 上下传递工具、材料用绳索吊送，禁止上下抛掷物品。 4. 电缆敷设完毕后应及时将电缆在终端塔上用固定金具连续固定好	4	
12	站内工作	搭工作平台	高处坠落	1. 搭、拆工作平台时需专人指挥、专人监护，工作平台要有防倒塌措施。 2. 高处作业要正确使用安全带，作业人员在转移作业位置时不准失去安全保护。 3. 设置供作业人员上下工作台架的安全通道（梯子）。 4. 工作台架应牢固可靠，并设置安全栏杆	4	
			触电	1. 焊接作业时，应戴电焊手套，使用绝缘夹钳，并站在绝缘垫上。 2. 焊机的电源应具有漏电保护功能，焊机金属外壳应可靠接地	4	
13		运行设备区电缆工作	触电	1. 工作前认真核对电缆线路名称及编号，在指定地点工作，严禁超范围工作及走动，严禁乱动无关设备，设专人监护。 2. 严格按安全规定要求保持与带电部位的安全距离。 3. 在运行设备区域内工作，严禁跨越、移动安全遮拦。 4. 电缆穿入带电的盘柜前，电缆端头应做绝缘包扎处理，严防电缆触及带电部位及运行设备。 5. 接用施工临时电源，应事先征得站内值班人员的许可，从指定电源屏（箱）接出，不得乱拉乱接	4	

序号	作业类型	作业工序	风险类型	防控措施	对应基建风险等级	备注
14	电缆附件安装施工	调直电缆	触电	1. 搭接临时电源时，应两人进行。 2. 使用加热设备前应检查接线是否正确。 3. 加热器加油时，应先停机，断开电源后，方可进行加油工作。 4. 在潮湿的工井内使用电气设备时，操作人员穿绝缘靴	5	
			火灾	1. 每个加热点应设两个灭火器到位。 2. 加热现场四周不应有易燃物，严禁人员在加热区域内吸烟。 3. 每个加热点应设两名看护人员24h（小时）看护，看护人员随时巡查现场，看护人员严禁在加热棚中滞留取暖。 4. 加热现场要求油机分离，设专门区域放置加热用柴油	5	
15		电缆接头制作	物体打击	1. 正确佩戴安全帽。 2. 工具要放在工具袋内或用绳索绑扎。 3. 上下传递工具、材料用绳索吊送，禁止上下抛掷物品。 4. 在电缆终端施工区域下方应设置围栏，禁止无关人员在作业地点下方通行。 5. 进行电缆终端瓷质绝缘子吊装时，应采取可靠的绑扎方式，防止瓷质绝缘子倾斜	4	
			机械伤害	1. 压接时，人员要注意头部远离压接点，保持300mm以上距离。 2. 装卸压接工具时，应防止砸伤或碰伤手脚	4	
16	电缆试验	电缆外护套试验	触电	1. 接临时电源时两人进行。 2. 更换试验接线必须先断开电源。 3. 电缆耐压试验前，应对设备充分放电，并测量绝缘电阻。 4. 作业人员应戴好绝缘手套并穿绝缘靴或站在绝缘垫上，高压试验设备及被试设备的外壳应可靠接地。 5. 被试电缆两端及试验操作应设专人监护，并保持通信畅通（加压端应做好安全措施，防止人员误入试验场所，另一端应设置围栏并挂上警告标识牌	4	
			物体打击	1. 正确佩戴安全帽。 2. 工具要放在工具袋内或用绳索绑扎。 3. 上下传递工具、材料用绳索吊送，禁止上下抛掷物品。 4. 工井、电缆沟作业前，施工区域设置标准路栏和警示牌，夜间施工使用警示灯	4	
			高处坠落	高处作业要正确使用安全带，作业人员在转移作业位置时不准失去安全保护	4	
			中毒和窒息	1. 应保持通风良好，每2h（小时）进行一次有毒有害气体检测。 2. 应配备防毒面罩、呼吸器具、通信设备及绳缆等必要的安全和抢救器具。 3. 在有限空间作业中，应两人及以上为一组开展工作	4	

序号	作业类型	作业工序	风险类型	防控措施	对应基建风险等级	备注
17	电缆试验	电缆绝缘耐压试验	触电	1. 电缆试验过程中，作业人员应戴好绝缘手套并穿绝缘靴或站在绝缘垫上。 2. 加压前确认无关人员退出试验现场后方可加压	3	
			物体打击	1. 正确佩戴安全帽。 2. 工具要放在工具袋内或用绳索绑扎。 3. 上下传递工具、材料用绳索吊送，禁止上下抛掷物品	3	
			高处坠落	高处作业要正确使用安全带，作业人员在转移作业位置时不准失去安全保护	3	
18	电缆切改施工	电缆切改	触电	1. 开始断电缆以前，核对铭牌，并与电缆走向图纸核对相符。 2. 电缆切改前，用接地的带绝缘柄铁钎或安全刺锥钉入电缆芯确认无电后，方可作业。 3. 扶绝缘柄的人应戴绝缘手套并站在绝缘垫上，并采取防灼伤措施（如防护面具等）。 4. 使用远控电缆割刀开断电缆时，刀头应可靠接地，周边其他作业人员应临时撤离，远控操作人员应与刀头保持足够的安全距离	3	
			中毒和窒息	1. 在有限空间作业中，应两人及以上为一组开展工作。 2. 应保持通风良好，每2h（小时）进行一次有毒有害气体检测。 3. 应配备防毒面罩、呼吸器具、通信设备及绳缆等必要的安全和抢救器具	3	
			物体打击	1. 正确佩戴安全帽。 2. 工具要放在工具袋内或用绳索绑扎。 3. 上下传递工具、材料用绳索吊送，禁止上下抛掷物品	3	
19		电缆核相	触电	1. 电缆核相前认真核对电缆双重标号，检查电缆线路应无人工作，检查相位是否正确。 2. 在指定区域内工作，严禁超范围工作，施工人员严禁触动与工作无关的设备	4	
20	电缆线路竣工投运前验收	电缆设备现场检查	触电	1. 进入带电区域内工作时，严禁超范围工作及走动，严禁乱动无关设备及安全用具。 2. 在运行设备区域内，要有监护人监护	4	

9.2 典型案例分析

【例9-1】 电缆故障抢修发生触电事故。

（一）案例描述

××供电公司配电工区电缆运行班进行电缆故障抢修，在确认两侧做好停电措施后，对西侧电缆进行绝缘刺锥破坏测试验明无电，完成此条电缆的抢修工作。作业人员在没有对东侧电缆进行验电的情况下（事故电缆投运时为同路双条，后经改造分为两路单条，上级电源变电站及调度模拟图板双重编号未变更，主观认为两条电缆同路双条并接），即开始此条电缆的抢修工作。16 时 34 分，王×在割破电缆绝缘后发生触电，同时伤及共同工作的李×，经抢救无效，造成一人死亡事故。

（二）原因分析

该案例是电缆切改作业类型，作业人员对"切割电缆作业"工序环节中"触电"人身伤害风险点辨识不到位，作业人员在进行电缆开断抢修作业以前，未核对铭牌，并与电缆走向图纸核对相符，在进行电缆开断抢修作业过程中，未能预先辨识开断电缆存在高压触电和电缆剩余电流触电的危险情况，未确切证实电缆无电后，再进行开断，导致作业人员割破带电电缆触电死亡的人身事故。

【例 9-2】 电缆中间接头制作发生触电事故。

（一）案例描述

8 月 19 日，某 110kV 变电站的 10kV 河桥Ⅱ线 314 线路发生单相接地，经检查是出线隔离开关处的电缆损坏，需停电处理。经现场勘查，决定拆开电缆头将电缆放到地面再进行电缆中间接头制作。

8 月 21 日，工作负责人龙×持电力电缆第一种工作票，负责电缆中间接头制作。12 时 30 分，完成现场安全措施经调度许可开工作业；18 时 20 分，电缆中间接头工作结束后，工作负责人龙×带人去变电站恢复间隔内电缆接线；18 时 22 分，龙×在变电站控制室向调度员汇报工作完成；18 时 25 分，龙×办理工作票终结并返还电缆作业现场，没有向现场其他人员说明工作票已经终结的事，此时，工作班成员王×准备进行隔离开关与电缆接头搭接工作；18 时 29 分，调度下令河桥Ⅱ线 314 线路由检修转冷备用再由冷备用转运行；18 时 42 分，线路恢复送电导致电缆搭接作业人员王×触电死亡。

（二）原因分析

该作业是运行设备区电缆工作，在该作业环节中存在触电的人身安全风险。在运行区电缆作业应注意工作前认真核对设备名称、编号，在指定地点工作，严禁超范围工作及走动，设专人监护。现场工作负责人龙×对设备区电缆工作工序环节中"触电"人身伤害风险点辨识不到位，没有按照相关规定，在指定地点工作，超出工作范围擅自进入站内作业，现场也没有设置专人进行工作监护，工作班成员电缆搭接过程没有专人监护。同时龙×办理工作票终结后没有向现场其他人员说明，导致线路恢复送电后，工作班成员王×依旧在进行电缆搭接作业时触电身亡。

9.3 实 训 习 题

一、单选题

1. 进入隧道作业，为避免中毒和窒息，以下说法错误的是（　　）。

A. 应保持通风良好，每2h（小时）进行一次有毒有害气体检测

B. 应配备防毒面罩、呼吸器具、通信设备及绳缆等必要的安全和抢救器具

C. 应保持通风良好，每1h（小时）进行一次有毒有害气体检测

D. 在有限空间作业中，应两人及以上为一组开展工作

2. 电缆登塔和引上敷设，说法错误的是（　　）

A. 正确佩戴安全帽

B. 工具要放在工具袋内或用绳索绑扎

C. 上下传递工具、材料用绳索吊送，禁止上下抛掷物品

D. 电缆敷设完毕前应及时将电缆在终端塔上用固定金具连续固定好

3. 电缆盘占道施工过程中，设置道路施工警示牌、告示牌、防撞桶，防撞桶应放在离施工区域（　　）m以外。

A. 30　　　　　　B. 25　　　　　　C. 20　　　　　　D. 15

4. 电缆接头压接作业过程中，对接头压接时，人员要注意头部远离压接点，保持（　　）mm以上距离。

A. 200　　　　　B. 250　　　　　C. 300　　　　　D. 350

5. 在进行焊接作业时，为避免触电，以下做法错误的是（　　）。

A. 焊接作业时，应戴电焊手套，使用绝缘夹钳，并站在绝缘垫上

B. 焊机金属外壳应可靠接地

C. 焊机的电源应具有漏电保护功能

D. 气瓶存放应在通风良好的场所，禁止靠近热源或在烈日下曝晒

6. 关于电缆终端头制作过程的安全措施中，错误的是（　　）。

A. 工具要放在工具袋内或用绳索绑扎

B. 进行电缆终端瓷质绝缘子吊装时，应采取可靠的绑扎方式，防止瓷质绝缘子倾斜

C. 上下传递工具、材料用绳索吊送，禁止上下抛掷物品

D. 在电缆终端施工区域下方应设置围栏，禁止任何人在作业地点下方通行

7. 通过排管敷设方式进行电缆敷设时，说法错误的是（　　）

A. 电缆敷设时，设备应布置在安全的位置，电缆盘应有刹车装置，并设专人监护

B. 用机械牵引电缆时，作业人员不得站在牵引钢丝绳外角侧

C. 电缆展放敷设过程中，入口处应采取措施防止电缆被卡，不得伸手，防止被带入孔中

D. 人工展放电缆、穿孔或穿导管时，作业人员手握电缆的位置应与孔口保持安全距离

8. 在电缆隧道内进行电缆外护套护层试验时应保持通风良好，每（　　）小时进行一次有毒有害气体检测。

A. 1　　　　　　B. 1.5　　　　　C. 2　　　　　　D. 2.5

9. 电缆核相前认真核对电缆（　　），检查电缆线路应无人工作，检查相位是否正确。

A. 名称　　　　　　B. 编号　　　　　　C. 双重名称　　　　D. 双重标号

10. 电缆设备检查和设备抢修过程中，进入带电区域内工作时，严禁超范围工作及走动，严禁乱动无关（　　）。

A. 设备及安全用具　B. 仪器及设备　　　C. 仪器及安全用具　D. 安全用具

11. 在电缆隧道内作业中，应（　　）人及以上为一组开展工作。

A. 1　　　　　　　B. 2　　　　　　　C. 3　　　　　　　D. 4

12. 运行设备区电缆头制作时，应确保人身安全，以下说法错误的是（　　）。

A. 在运行设备区域内工作、严禁跨越、移动安全遮挡

B. 工作前认真核对路名、开关号，在指定地点工作，严禁超范围工作及走动，严禁乱动无关设备，由工作负责人进行监护

C. 电缆穿入带电的盘柜前，电缆端头应做绝缘包扎处理，电缆穿入时盘上应有专人接引，严防电缆触及带电部位及运行设备

D. 接用施工临时电源，应事先征得站内值班人员的许可，从指定电源屏（箱）接出，不得乱拉乱接

13. 在电缆加热调直过程中，为了避免发生火灾，每个加热点应设（　　）个灭火器。

A. 1　　　　　　　B. 2　　　　　　　C. 3　　　　　　　D. 4

14. 桥架敷设的电缆作业，上下桥架及作业时，说法错误的是（　　）。

A. 高空桥架应使用钢质材料，并设置围栏，铺设操作平台

B. 要使用两端装有防滑套的合格梯子，单梯工作时，梯子与地面的斜角度约 60°，并专人扶持

C. 高处作业要正确使用安全带，作业人员在转移作业位置时不准失去安全保护

D. 上下传递工具、材料用绳索吊送，可上下抛掷物品

15. 在开断电缆以前，应与电缆走向图纸核对相符，并使用专用仪器（如感应法）确切证实电缆无电后，用（　　）钉入电缆芯后，方可工作。

A. 带绝缘柄的铁钎　　　　　　　　　B. 接地的铁钎

C. 接地的带绝缘柄铁钎　　　　　　　D. 接地的带手柄铁钎

16. 进入电缆井、电缆隧道前，应先用吹风机排除浊气，再用（　　）检查井内或隧道内的易燃易爆及有毒气体的含量是否超标，并做好记录。

A. 气体检测仪　　B. 仪表　　　　　　C. 小动物　　　　　D. 明火

17. 使用远控电缆割刀开断电缆时，刀头应（　　），周边其他施工人员应临时撤离，远控操作人员应与刀头保持足够的安全距离，防止弧光和跨步电压伤人。

A. 可靠绝缘　　　B. 可靠接地　　　　C. 装设护套　　　　D. 垂直向下

18. 电缆直埋敷设施工前应先查清（   ），再开挖足够数量的样洞和样沟，摸清地下管线分布情况，以确定电缆敷设位置及确保不损坏运行电缆和其他地下管线。

　　A. 图纸　　　　　　B. 电缆运行记录　　C. 历史资料　　　　D. 电缆出厂资料

19. 电缆线路在进入电缆工井、控制柜、开关柜等处的电缆孔洞，应用（   ）严密封闭。

　　A. 防火材料　　　B. 绝缘材料　　　　B. 防潮材料　　　　　D. 密封材料

20. 电缆试验结束，应对被试电缆进行（   ），并在被试电缆上加装临时接地线，待电缆尾线接通后才可拆除。

　　A. 短路　　　　　B. 开路　　　　　　C. 接地　　　　　　　D. 充分放电

21. 电缆耐压试验前，加压端应做好安全措施，防止人员误入试验场所，另一端应（   ）。如另一端是上杆的或是锯断电缆处，应派人看守。

　　A. 设置围栏　　　　　　　　　　　B. 挂上警告标识牌

　　C. 设置围栏并挂上警告标示牌　　　D. 派人看守

22. 氧气瓶和乙炔气瓶的放置地点不准靠近热源，应距明火（   ）m 以外。

　　A. 5　　　　　　　B. 8　　　　　　　C. 9　　　　　　　　D. 10

23. 在重点防火部位和存放易燃易爆物品的场所附近及存有易燃物品的容器上使用电、气焊时，应严格执行动火工作的有关规定，按有关规定填用（   ），备有必要的消防器材。

　　A. 电力线路第一种工作票　　　　　B. 动火工作票

　　C. 电力线路第二种工作票　　　　　D. 带电作业工作票

二、多选题

1. 关于电缆盘吊装，以下说法正确的是（   ）。

　　A. 重物吊离地面约 80mm 时应暂停起吊并进行全面检查，确认良好后方可正式起吊

　　B. 起吊前，要检查起吊设备、制动装置是否正常

　　C. 吊物下方不得有人逗留

　　D. 起吊物应绑牢，吊钩钢丝绳应保持垂直，严禁偏拉斜吊

2. 开挖沟槽直埋电缆作业中，应注意（   ）。

　　A. 遇有土方松动、裂纹、涌水等情况应及时加设支撑，临时支撑要搭设牢固，严禁用支撑代替上下扶梯

　　B. 直埋电缆施工，开挖深度超过 1.5m 的沟槽，设置安全防护围栏，超过 1.5m 以上深度要进行放坡处理

　　C. 超过 1.5m 的沟槽，搭设上下通道，危险处设红色标志灯

　　D. 直埋电缆施工开挖深度超过 2m 的沟槽，设置安全防护围栏，超过 1.5m 以上深度要进行放坡处理

3. 在进行隧道敷电缆设作业过程中（　　　）。

A. 操作电缆盘人员要注意电缆盘有无倾斜现象，应防止电缆突然崩出伤人

B. 电缆通过孔洞时，出口侧的人员应在正面接引

C. 井口上下用绳索传送工器具、材料，并系牢稳，严禁上下抛物

D. 上下运送质量较大的工器具时，应有专人负责和指挥

4. 搭工作平台的高处作业时，应注意（　　　）

A. 高处作业要正确使用安全带，作业人员在转移作业位置时不准失去安全保护

B. 搭、拆工作平台时需专人指挥、专人监护，工作平台要有防倒塌措施

C. 设置供作业人员上下工作台架的安全通道（梯子）

D. 工作台架应牢固可靠，并设置安全栏杆

5. 通过对电缆本体加热来实现调直电缆，这一过程要注意（　　　）。

A. 接临时电源时，可一人进行

B. 加热设备使用前应检查接线是否正确，暖风机和篷布不可接触，至少保持150mm

C. 加热器加油时，应先停机，断开电源后，方可进行加油工作

D. 在潮湿的工井内使用电气设备时，操作人员应穿绝缘靴

6. 电缆运行过程中需要对电缆外护套进行护层试验时（　　　）。

A. 接临时电源时可一人进行

B. 更换试验接线必须先断开电源

C. 被试电缆两端及试验操作由工作负责人监护，并保持通信畅通（加压端应做好安全措施，防止人员误入试验场所；另一端应设置围栏并挂上警告标识牌）

D. 电缆耐压试验前，应对设备充分放电，并测量绝缘电阻

7. 在电缆线路作业时，如需要切割电缆时，应注意（　　　）。

A. 开始断电缆以前，核对铭牌，并与电缆走向图纸核对相符

B. 电缆切改前，用带绝缘柄的铁钎或安全刺锥钉入电缆芯确证无电后，方可作业

C. 扶绝缘柄的人应戴绝缘手套并站在绝缘垫上，并采取防灼伤措施（如防护面具等）

D. 使用远控电缆割刀开断电缆时，刀头应可靠绝缘，周边其他作业人员应临时撤离，远控操作人员应与刀头保持足够的安全距离

8. 使用携带型火炉或喷灯时，不准在（　　　）附近以及在电缆夹层、隧道、沟洞内对火炉或喷灯加油及点火。

A. 带电导线　　　　　　　　　　B. 带电设备

C. 变压器、油断路器（开关）　　D. 施工车辆

9. 电缆隧道应有充足的照明，并有（　　　）措施。

A. 防火　　　　　B. 防窒息　　　　C. 防水　　　　D. 通风

10. 安全帽使用前，应检查帽壳、（　　）等附件完好无损。使用时，应将下颏带系好，防止工作中前倾后仰或其他原因造成滑落。

A. 帽衬　　　　　　B. 帽箍　　　　　　C. 顶衬　　　　　　D. 下颏带

11. 挖掘出的电缆或接头盒，如下面需要挖空时，应采取（　　）等悬吊保护措施。

A. 电缆悬吊应每1~1.5m吊一道

B. 接头盒悬吊应平放，不准使接头盒受到拉力

C. 若电缆接头无保护盒，则应在该接头下垫上加宽加长木板，方可悬吊

D. 电缆悬吊时，不准用铁丝或钢丝等

12. 电缆线路工程中风险类别有（　　）。

A. 机械伤害　　　B. 中毒和窒息　　　C. 触电　　　　D. 高处坠落

E. 物体打击　　　F. 火灾

三、判断题

（　　）1. 动火作业应有专人监护，动火作业时应清除动火现场及周围的易燃物品，配备足够、适用的消防器材。

（　　）2. 水底电缆施工应制订专门的施工方案、通航方案，并执行相应的安全措施。作业人员如果熟悉水性可不穿救生衣。

（　　）3. 上下传递工具、材料用绳索吊送，禁止上下抛掷物品，工具要放在工具袋内或用绳索绑扎。

（　　）4. 在运行设备区域内工作，工作需要时可跨越、移动安全遮挡。

（　　）5. 工井、电缆沟作业前，施工区域设置标准路栏，夜间施工使用警示灯。

（　　）6. 高处作业要正确使用安全带，作业人员在转移作业位置时不准失去安全保护。

（　　）7. 进行搭工作平台焊机的电源应具有短路保护功能，焊机金属外壳应可靠绝缘。

（　　）8. 电缆敷设时，应在电缆盘处配有可靠的制动装置，应防止电缆敷设速度过快及电缆盘倾斜、偏移。

（　　）9. 电缆试验过程中，作业人员应戴好绝缘手套并穿绝缘靴或站在绝缘垫上。

（　　）10. 焊接作业工序环节中主要存在火灾、触电两类人身安全风险。

（　　）11. 在进行高处作业时，除有关人员外，不准他人在工作地点的下面通行或逗留，工作地点下面应有专人留守，防止落物伤人。

（　　）12. 利用高空作业车、带电作业车、叉车、高处作业平台等进行高处作业，高处作业平台应处于稳定状态，短距离移动车辆时，作业平台上允许载人。

（　　）13. 在使用电气工具工作中，因故离开工作场所或暂时停止工作以及遇到临时停电时，应关闭电气工具开关。

10

小型分散作业的安全管控

　　电网企业有一种特殊的现场作业，作业人员少（2～3人）、作业时间短、计划性不强等特点的作业项目，通常称为小型分散作业。这类工作还多为临近带电（或带电）作业，临时性、随机性大，作业环境复杂多变，作业现场的安全措施经常被删减或变更，因此这类作业现场安全风险较大，人身伤害事故时有发生，是企业生产安全管理的难点。基建专业涉及人身安全风险的小型分散作业主要工作类型有竣工线路消缺、参数测量、运输装卸、土建施工、金具加工五大类。

10.1　作业关键风险与防控措施

10.1.1　竣工线路消缺

　　竣工线路消缺施工作业如图10-1所示，作业风险主要集中在线路杆塔消缺、导线上及附件消缺两个工序环节。

10.1.1.1　杆塔消缺

　　杆塔消缺施工作业工序环节主要存在高处坠落、物体打击两类人身安全风险。

　　（1）高处坠落风险。主要防控措施为：①正确使用安全带，作业人员在转移作业位置时不准失去安全保护；②高处作业人员上下杆塔必须沿脚钉或爬梯攀登，下导线时，安全绳或速差自控器必须拴在横担

图10-1　竣工线路消缺（螺栓紧固）施工作业

主材上；③风力大于5级时，严禁上杆（塔）作业。

　　（2）物体打击风险。主要防控措施是应戴安全帽并扣紧下颚带，禁止上下抛掷物品。

10.1.1.2　导线上及附件消缺

　　导线上及附件消缺作业工序环节主要存在高处坠落、物体打击、触电三类人身安全

风险。

(1) 高处坠落风险。主要防控措施为：①高处作业应正确使用安全带，作业人员在转移作业位置时不准失去安全保护；②下导线时，安全绳或速差自控器必须拴在横担主材上；③在多分裂导线作业，安全带挂在一根子导线上，后备保护绳挂在整相导线上。

(2) 物体打击风险。主要防控措施是应戴安全帽，扣紧下颚带，禁止上下抛掷物品。

(3) 触电风险。主要防控措施为：①登杆前核对线路双重名称，与带电设备保持足够安全距离（20/35kV 不小于 1.0m，110kV 不小于 1.5m，220kV 不小于 3.0m，500kV 不小于 5.0m，1000kV 不小于 9.5m）；②禁止使用其他导线作为接地线或短路线；③在绝缘架空地线上作业时，应挂设接地线或个人保安线。

10.1.2 参数测量

线路参数测量施工作业如图 10-2 所示，作业风险主要集中在线路参数测量工序环节，存在触电、高处坠落两类人身安全风险。

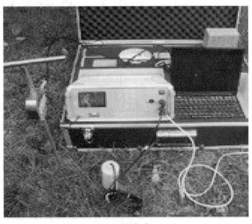

(a) 现场测量　　　　　　　　　　　　　　　　(b) 测量仪表

图 10-2　线路参数测量施工作业

(1) 触电风险。主要防控措施为：①装、拆试验接线应在接地保护范围内，戴绝缘手套，穿绝缘鞋，在绝缘垫上加压操作，悬挂接地线应使用绝缘杆；②与带电设备保持足够安全距离（35kV 不小于 1.0m，110kV 不小于 1.5m，220kV 不小于 3.0m，500kV 不小于 5.0m，1000kV 不小于 9.5m）；③更换试验接线前，应对测试设备充分放电；④电缆参数测量前，应对被测电缆外护套充分放电。

(2) 高处坠落风险。主要防控措施为：①应使用两端装有防滑措施的梯子；②单梯工作时，梯与地面的斜角度约 60°，并专人扶持；③高处作业应正确使用安全带，作业人员在转移作业位置时不准失去安全保护。

10.1.3 运输装卸

运输装卸施工作业如图 10-3 所示，作业风险主要集中在材料运输装卸工序环节，存在物体轧伤人身安全风险。

主要防控措施为：①人力运输所用的抬运工具应牢固可靠，使用前应进行检查；②人力抬运时，应绑扎牢靠，两人或多人运输时应同肩、同起、同落。

10.1.4 土建施工

土建施工作业如图 10-4 所示，作业风险主要集中在坑、杆洞、电缆沟、电缆工井开挖工序环节，存在淹溺、

图 10-3 运输装卸施工作业

坍塌、物体打击、中毒和窒息、高处坠落、机械伤害六类人身安全风险。

(a) 电缆沟（电缆隧道）基坑开挖   (b) 杆洞开挖

图 10-4 土建施工作业

（1）淹溺风险。主要防控措施为：①现场开挖前，注意地下标志，并与市政部门联系明确水管埋深，并取得市政部门同意；②在开挖到水管填埋处，应设专人监护，并使用人工开挖；③若发生水管渗漏，人员应及时离开作业现场。

（2）坍塌风险。主要防控措施为：①坑上要设专人监护人，坑深超过 1.5m 时，上下坑应设梯子；②严禁采取掏洞的方法掏挖基坑，任何人不得在坑内休息；③在使用挡土板和支撑开挖时，应经常检查挡土板有无变形或断裂现象，更换支撑应先装后拆；④土方开挖过程中注意基坑周边土质是否存在裂缝及渗水等异常情况。

（3）物体打击风险。主要防控措施为：①基坑开挖全过程均应正确佩戴安全帽；②传递物件需使用绳索传递，禁止向基坑内抛掷；③挖坑、沟时，应及时清除坑口附近

的浮土、石块，在堆置物堆起的斜坡上不得放置工具、材料等器物。

（4）中毒和窒息风险。主要防控措施为：进入深基坑、孔洞前，应先通风排除浊气，再用气体检测仪检查坑洞内的易燃易爆及有毒气体的含量是否超标。

（5）高处坠落风险。主要防控措施为：①在杆洞周边应设置安全围栏和警示标识牌；②若需过夜，则需在围栏上悬挂警示红灯。

（6）机械伤害风险。主要防控措施为：①使用风炮时严禁将出气口指向人员；②风炮使用人员不能靠身体加压、硬打、死打，以防风炮整体逆转伤人；③使用风炮时，须扶住抓紧，以防脱落砸伤作业人员。

10.1.5 金具加工

金具加工施工作业作业风险主要集中在切割及焊接工序环节（见图 10-5），主要存在火灾、灼烫、容器爆炸、触电四种人身安全风险。

图 10-5　切割与焊接施工作业现场

（1）火灾风险。主要防控措施为：①作业前应检查气管无泄漏，作业环境无易燃物；②现场配置灭火器。

（2）灼烫风险。主要防控措施为：①要穿好全棉长袖工作服，焊接时要使用面罩或护目镜；②无关人员严禁进入焊接作业区域；③戴好纱手套。

（3）容器爆炸风险。主要防控措施是氧气瓶与乙炔气瓶应垂直固定放置，两者间距离不小于 5m。

（4）触电风险。主要防控措施是电焊机外壳应可靠接地，并使用有剩余电流动作保护器（漏电保护器）的电源。

综合上述的 5 类 6 项基建专业小型分散作业风险及防控措施见表 10-1。

表 10-1 基建专业小型分散作业人身安全关键风险及防控措施

序号	作业类型	作业工序	风险类别	防控措施	对应基建风险等级	备注
1		杆塔消缺	高处坠落	1. 高处作业要正确使用安全带，作业人员在转移作业位置时不准失去安全保护。 2. 高处作业人员上下杆塔必须沿脚钉或爬梯攀登。 3. 风力大于 5 级时，严禁上杆（塔）作业	4	
			物体打击	应戴安全帽，扣紧下颚带，禁止上下抛掷物品	4	
2	竣工线路消缺	导线上及附件消缺	高处坠落	1. 高处作业应正确使用安全带，作业人员在转移作业位置时不准失去安全保护。 2. 下导线时，安全绳或速差自控器必须拴在横担主材上。 3. 在多分裂导线作业，安全带挂在一根子导线上，后备保护绳挂在整相导线上	4	
			物体打击	应戴安全帽，扣紧下颚带，禁止上下抛掷物品	4	
			触电	1. 登杆前核对线路双重名称，与带电设备保持足够安全距离（20/35kV 不小于 1.0m，110kV 不小于 1.5m，220kV 不小于 3.0m，500kV 不小于 5.0m，1000kV 不小于 9.5m）。 2. 禁止使用其他导线作接地线或短路线。 3. 在绝缘架空地线上作业时，应挂设接地线或个人保安线	4	
3	参数测量	线路参数测量	触电	1. 装、拆试验接线应在接地保护范围内，戴绝缘手套，穿绝缘鞋，在绝缘垫上加压操作，悬挂接地线应使用绝缘杆。 2. 与带电设备保持足够安全距离（35kV 不小于 1.0m，110kV 不小于 1.5m，220kV 不小于 3.0m，500kV 不小于 5.0m，1000kV 不小于 9.5m）。 3. 更换试验接线前，应对测试设备充分放电。 4. 电缆参数测量前，应对被测电缆外护套充分放电	4	
			高处坠落	1. 应使用两端装有防滑措施的梯子。 2. 单梯工作时，梯子与地面的斜角度约 60°，并专人扶持。 3. 高处作业应正确使用安全带，作业人员在转移作业位置时不准失去安全保护	4	
4	运输装卸	材料运输装卸	机械伤害	1. 人力运输所用的抬运工具应牢固可靠，使用前应进行检查。 2. 人力抬运时，应绑扎牢靠，两人或多人运输时应同肩、同起、同落	4	
5	土建施工	坑、杆洞、电缆沟、电缆工井开挖	触电	1. 现场开挖前，注意地下电缆标志，并与设备运维部联系明确电缆埋深及填埋方式，并取得设备运维单位同意。 2. 在开挖到电缆填埋处，应设专人监护，并使用人工开挖	4	
			淹溺	1. 现场开挖前，注意地下电缆标志，并与市政部门联系明确水管埋深，并取得市政部门同意。 2. 在开挖到水管埋处，应设专人监护，并使用人工开挖。 3. 若发生水管渗漏，人员应及时离开作业现场	4	

续表

序号	作业类型	作业工序	风险类别	防控措施	对应基建风险等级	备注
5	土建施工	坑、杆洞、电缆沟、电缆工井开挖	坍塌	1. 坑上要设专人监护人，坑深超过1.5m时，上下坑应设梯子。 2. 严禁采取掏洞的方法掏挖基坑，任何人不得在坑内休息。 3. 在使用挡土板和支撑开挖时应经常检查挡土板有无变形或断裂现象，更换支撑应先装后拆。 4. 土方开挖过程中注意基坑周边土质是否存在裂缝及渗水等异常情况	3	
			物体打击	1. 基坑开挖全过程均应正确佩戴安全帽。 2. 传递物件需使用绳索传递，禁止向基坑内抛掷。 3. 挖坑、沟时，应及时清除坑口附近的浮土、石块，在堆置物堆起的斜坡上不得放置工具、材料等器物	4	
			中毒和窒息	进入深基坑、孔洞前，应先通风排除浊气，再用气体检测仪检查坑洞内的易燃易爆及有毒气体的含量是否超标	3	
			高处坠落	1. 在杆洞周边应设置安全围栏和警示标识牌。 2. 若需过夜，则需在围栏上悬挂警示红灯	4	
			机械伤害	1. 使用人员严禁将出气口指向人员。 2. 使用人员不能靠身体加压，硬打、死打，以防风炮整体逆转伤人。 3. 使用风炮时，须扶住抓紧，以防脱落砸伤作业人员	4	
6	金具加工	切割及焊接	火灾	1. 作业前，检查气管无泄漏，作业环境无易燃物。 2. 现场配置灭火器	4	
			灼烫	1. 要穿好全棉长袖工作服，焊接时要使用面罩或护目镜。 2. 无关人员严禁进入焊接作业区域。 3. 戴好纱手套	4	
			容器爆炸	氧气瓶与乙炔气瓶应垂直固定放置，两者间距离不小于5m	3	
			触电	电焊机外壳应可靠接地，并使用有漏保的电源	4	

10.2 典型案例分析

【例10-1】 基坑开挖作业过程造成2人中毒死亡。

（一）案例描述

××年7月3日，××公司组织施工人员进行杆塔基坑基础开挖作业，该公司雇佣的劳务工刘某、马某某、王某某进行N6262号塔基开挖作业。16时18分刘某电话告知王某某N6262号塔基工地出事了，抓紧过来。王某某随即赶到，发现刘某和马某某在N6262号塔工地直径3m、深9m的D腿基坑中，底部刘某蹲着从后面抱着马某某。刘某让王某某找粗绳救人，王某某找到粗绳后再喊刘某，刘某没有回应。当即组织人员将坑内两名人员救援上地面，并送当地医院抢救，7月4日8：00左右，两人抢救无效死亡。

（二）原因分析

该起案例是基建专业杆洞、电缆沟、电缆工井开挖的小型分散作业项目，两名劳务人员对"深基坑、孔洞开挖"工序环节中"有害气体中毒，缺氧窒息"的"中毒和窒息"人身伤害风险点辨识不到位，两名劳务人员进入深基坑、孔洞前，未先通风排除浊气，未用气体检测仪检查井内或隧道内的易燃易爆及有毒气体的含量是否超标，造成有害气体中毒、缺氧窒息而死亡。

【例 10-2】 线路杆塔基础人工土方开挖施工违章操作致伤。

（一）案例描述

××年 4 月 16 日，××省电力安装公司××500kV 线路工程 88 号塔位土石方开挖施工。基础形式设计为人工挖孔桩，桩径 1.2m，桩深 8m。现场由施工人员蔡某和王某某负责 B 腿施工，蔡某在坑下作业，用铁皮桶装土，王某某在坑口用绳子提升。18 日中午12 时，挖坑深度约为 6.5m，蔡某从坑内上来吃午饭，让王某某拉住绳子，自己沿坑壁上事先挖好的台阶顺绳子往上爬，因坑口的王某某脚下打滑，绳子脱手碰翻了放置在距坑边约 0.5m 处的铁皮桶，铁皮桶掉入坑内砸中了坑内的蔡某，造成蔡某受伤。

（二）原因分析

该起案例是基建专业杆塔杆洞、电缆沟、电缆工井开挖的小型分散作业项目，两名作业人员对"开挖孔洞"工序环节中"堆土、工具砸伤"的"物体打击"人身伤害风险点辨识不到位，王某某铁皮桶未及时转移，距离坑口过近，铁皮桶掉入坑内砸中了坑内的蔡某，造成蔡×受伤。

10.3　实　训　习　题

一、单选题

1. 线路参数测量登高装、拆试验接线时，梯子与地面的夹角不应大于（　　）。

A. 45°　　　　　　B. 50°　　　　　　C. 55°　　　　　　D. 60°

2. 在杆塔上补材、补螺栓、防松罩和螺栓紧固作业风力大于（　　）时，严禁上杆（塔）作业。

A. 4 级　　　　　　B. 5 级　　　　　　C. 6 级　　　　　　D. 7 级

3. 线路参数测量应使用两端装有（　　）措施的梯子，并专人扶持。

A. 防滑　　　　　　B. 防护　　　　　　C. 防坠落　　　　　　D. 防开裂

4. 在导线上及附件更换金具、螺栓和开口销等下导线时，安全绳或（　　）必须拴在横担主材上。

A. 攀登自锁器　　　　B. 速差自控器　　　　C. 安全带　　　　D. 缓冲器

5. 在多分裂导线作业,安全带挂在一根子导线上,后备保护绳挂在(　　)导线上。

　　A. 整根　　　　　　B. 整条　　　　　　C. 整相　　　　　　D. 全部

6. 进入电缆隧道、沟道、工井勘测,电缆沟的盖板开启后,应自然通风一段时间,经(　　)后方可下井。

　　A. 监护人员许可　　B. 工作负责人允许　　C. 测试合格　　　　D. 检查无误

7. 井口应设置围栏及(　　),以防行人、车辆及物体落坑伤人。

　　A. 盖板　　　　　　B. 指示灯　　　　　　C. 标识牌　　　　　D. 警示标志

8. 气割时,氧气瓶与乙炔气瓶应垂直固定放置,两者间距离不小于(　　)m。

　　A. 4　　　　　　　 B. 5　　　　　　　　 C. 6　　　　　　　　D. 7

9. 现场开挖前,注意地下电缆标志,并与设备运维部联系明确电缆埋深及填埋方式,并取得(　　)同意。

　　A. 承包单位　　　　B. 设备运维单位　　　C. 主管部门　　　　D. 市政部门

10. 在开挖到电缆填埋处,应设(　　),并使用人工开挖。

　　A. 专人监护　　　　B. 围栏　　　　　　　C. 专人管理　　　　D. 警示标志

11. 坑上要设专人监护,坑深超过(　　)时,上下坑应设梯子。

　　A. 1m　　　　　　　B. 1.2m　　　　　　　C. 1.5m　　　　　　D. 2m

12. 挖坑、沟时,应及时清除(　　)的浮土、石块。

　　A. 坑口附近　　　　B. 坑内　　　　　　　C. 四周　　　　　　D. 目视范围内

13. 在杆洞周边应设置安全围栏和警示标识牌,若需过夜,则需在围栏上悬挂警示(　　)。

　　A. 红灯　　　　　　B. 标志　　　　　　　C. 标语　　　　　　D. 频闪灯

14. 氧气瓶与乙炔气瓶应(　　)放置,两者间距离不小于5m。

　　A. 水平　　　　　　B. 垂直固定　　　　　C. 倾斜固定　　　　D. 稍微倾斜

二、多选题

1. 线路参数测量登高装、拆试验接线应在接地保护范围内,戴(　　),穿(　　),在(　　)上加压操作,悬挂接地线应使用绝缘杆。

　　A. 绝缘手套　　　　B. 绝缘鞋　　　　　　C. 绝缘垫　　　　　D. 绝缘靴

2. 导线上及附件消缺在临近带电体、绝缘子以下等作业时,登杆前核对线路双重名称,与带电设备保持(　　)安全距离。

　　A. 20/35kV 不小于 1.0m　　　　　　　　B. 110kV 不小于 1.5m

　　C. 220kV 不小于 2.5m　　　　　　　　　D. 500kV 不小于 5.0m

3. 导线上及附件消缺在绝缘架空地线上作业时,应挂设(　　)或(　　)。

A. 接地线　　　　B. 保安接地线　　C. 个人保安线　　D. 二道保护绳

4. 在导线上及附件更换（　　）和开口销等下导线时，安全绳或速差自控器必须拴在横担主材上。

A. 金具　　　　　B. 螺帽　　　　　C. 耐张线夹　　　D. 螺栓

5. 基坑、杆洞、电缆沟、电缆工井开挖主要风险类别有（　　）。

A. 触电　　　　　B. 淹溺　　　　　C. 坍塌　　　　　D. 物体打击

6. 切割及焊接，焊接或熔接时，灼烫的主要风险点描述有（　　）。

A. 焊渣、火星飞溅　　　　　　　B. 气瓶爆炸

C. 误碰热熔器加热体　　　　　　D、电弧耀伤严禁

7. 井盖、盖板等开启应使用专用工具，盖板应（　　），防止（　　）。

A. 水平放置　　　B. 倾斜放置　　　C. 倾倒伤人　　　D. 掉落伤人

8. 开启后井、沟后周边应设置（　　），工作结束后应及时恢复井、沟盖板。

A. 信号灯　　　　B. 安全围栏　　　C. 警示标识牌　　D. 专人监护

9. 人力抬运时，应绑扎牢靠，两人或多人运输时应（　　）。

A. 同肩　　　　　B. 同起　　　　　C. 同放　　　　　D. 同落

10. 现场开挖前，注意地下（　　），并与市政部门联系明确水管埋深，并取得（　　）同意。

A. 电缆标志　　　　　　　　　　B. 警示标志

C. 调度管理中心　　　　　　　　D. 设备运维管理单位

11. 在使用（　　）和支撑开挖时应经常检查挡土板有无变形或断裂现象，更换支撑应（　　）。

A. 模板　　　　　B. 挡土板　　　　C. 先装后拆　　　D. 先拆后装

12. 土方开挖过程中注意基坑（　　）是否存在（　　）等异常情况。

A. 周边环境　　　B. 周边土质　　　C. 裂缝　　　　　D. 渗水

13. 挖坑、沟时，应及时清除坑口附近的浮土、石块，在堆置物堆起的斜坡上不得放置（　　）等器物。

A. 工具　　　　　B. 材料　　　　　C. 设备　　　　　D. 无关物品

14. 使用风炮作业时，人员不能靠身体（　　），以防风炮整体逆转伤人。

A. 加压　　　　　B. 硬打　　　　　C. 发力　　　　　D. 死打

15. 气割作业前，检查气管无（　　），作业环境无（　　）。

A. 裂纹　　　　　B. 泄漏　　　　　C. 易燃物　　　　D. 易碎品

16. 电焊作业时要穿好（　　），焊接时要使用面罩或（　　）。

A. 全棉长袖工作服 B. 纱手套　　　　C. 护目镜　　　　D. 绝缘手套

17. 进行切割及焊接作业，焊接、熔接风险防控措施为（   ）。

A. 要穿好全棉长袖工作服，焊接时要使用面罩或护目镜

B. 无关人员严禁进入焊接作业区域

C. 戴好纱手套

D. 佩戴防毒面具

18. 土建工程，进行人工转运材料，物体轧伤的防控措施为（   ）。

A. 应设置多人指挥转运作业

B. 人力运输所用的抬运工具应牢固可靠，使用前应进行检查

C. 人力抬运时，应绑扎牢靠

D. 两人或多人运输时应同肩、同起、同落

19. 基坑、杆洞、电缆沟、电缆工井开挖，挖到电缆等地下管线的防控措施为（   ）。

A. 现场开挖前，注意地下电缆标志，并与设备产权单位联系明确电缆埋深及填埋方式，并取得设备产权单位同意

B. 现场开挖前，注意地下电缆标志，并与设备运维单位联系明确电缆埋深及填埋方式，取得设备运维单位同意

C. 在开挖到电缆填埋处，应设专人监护，并使用人工开挖

D. 在开挖到电缆填埋处，应设专人监护，并使用小型机械开挖

20. 基坑、杆洞、电缆沟、电缆工井开挖，坑壁塌方的防控措施为（   ）。

A. 坑上要设专人监护人，坑深超过 2.0m 时，上下坑应设梯子

B. 严禁采取掏洞的方法掏挖基坑，任何人不得在坑内休息

C. 在使用挡土板和支撑开挖时应经常检查挡土板有无变形或断裂现象，更换支撑应先装后拆

D. 土方开挖过程中注意基坑周边土质是否存在裂缝及渗水等异常情况

21. 使用风炮开挖基坑、杆洞、电缆沟、电缆工井时，应采取哪些防控措施防范风炮伤害？（   ）

A. 风炮应检验合格

B. 使用人员严禁将出气口指向人员

C. 使用人员不能靠身体加压、硬打、死打，以防风炮整体逆转伤人

D. 使用风炮时，须扶住抓紧，以防脱落砸伤作业人员

22. 切割及焊接作业主要风险点有（   ）。

A. 焊机漏电引起触电   B. 焊渣引起火灾

C. 误碰热熔器加热体   D. 气瓶爆炸

三、判断题

（　　）1. 在临近带电体、绝缘子以下等作业可使用其他导线作接地线或短路线。

（　　）2. 线路参数测量为防止残余电荷触电，在更换试验接线前，应对测试设备充分放电后方可作业。

（　　）3. 线路参数测量为防止残余电荷触电，电缆参数测量前，应对被测电缆外护套充分放电后方可作业。

（　　）4. 在杆塔上补材、补螺栓、防松罩和螺栓紧固等高处作业应正确使用安全带，作业人员在转移作业位置时不得失去安全保护。

（　　）5. 在多分裂导线作业，安全带挂在一根子导线上，后备保护绳挂在单相导线上。

（　　）6. 在杆塔上补材、补螺栓、防松罩和螺栓紧固等作业时，高处作业人员上下杆塔必须沿脚钉或防防滑梯攀登。

（　　）7. 进入电缆井或电缆隧道前，应先用吹风机排除浊气，再用气体检测仪检查有毒气体的含量是否超标。

（　　）8. 焊接、熔接要穿好全棉长袖工作服，焊接时要使用面罩或护目镜。

（　　）9. 无关人员未经允许不得进入焊接作业区域。

（　　）10. 电焊机外壳应可靠接地，并使用有空气开关的电源。

（　　）11. 人力运输所用的抬运工具应牢固可靠，使用前应进行检查。

（　　）12. 严禁采取掏洞的方法掏挖基坑，与工作无关人员不得在坑内休息。

（　　）13. 基坑开挖全过程均应正确佩戴安全帽。

（　　）14. 传递物件需使用绳索传递，在特殊情况下向基坑内抛掷。

（　　）15. 使用风炮时，须扶住抓紧，以防脱落砸伤作业人员。

（　　）16. 金属构件切割、焊接现场配置灭火器。

附录：习题答案

第4章　基建施工用电实训习题参考答案

一、单选题

1. C；2. A；3. A；4. C；5. B；6. C

二、多选题

1. BC；2. AC；3. BC；4. ABCD；5. ABCD

三、判断题

1. ×；2. √；3. √；4. ×；5. √；6. ×

第5章　变电站土建工程实训习题参考答案

一、单选题

1. C；2. C；3. C；4. A；5. D；6. A；7. D；8. C；9. D；10. D；11. C；12. B；
13. A；14. C；15. C；16. A；17. A；18. D；19. D；20. B；21. D；22. B；23. B

二、多选题

1. ABCD；2. ACD；3. ABD；4. ABCD；5. ACD；6. ABD；7. BCD；8. ABD；
9. AD；10. CD；11. ABC；12. BC

三、判断题

1. √；2. ×；3. ×；4. √；5. √；6. √；7. √；8. ×；9. √；10. ×；11. √；
12. √

第6章　变电站电气工程实训习题参考答案

一、单选题

1. B；2. A；3. D；4. B；5. A；6. A；7. D；8. C；9. D；10. C；11. B；12. B；
13. A；14. D；15. B；16. C；17. A；18. B；19. B；20. B；21. C；22. D；23. B；
24. C；25. B；26. B；27. C；28. D；29. B；30. B；31. B；32. A

二、多选题

1. ABC；2. ABCD；3. ABD；4. AD；5. BC；6. BC；7. ABD；8. ABD；
9. ABD；10. ABD；11. ABD；12. BC

三、判断题

1. ×；2. ×；3. √；4. √；5. ×；6. √；7. √；8. √；9. √；10. ×；11. ×；
12. ×；13. √；14. ×；15. ×；16. √；17. √；18. ×；19. ×；20. ×；21. √；
22. ×；23. ×；24. √；25. √；26. √；27. ×；28. ×；29. √；30. √；31. √；

32. ×；33. √；34. ×；35. √；36. ×；37. √；38. √；39. √；40. ×；41. ×；
42. √；43. ×；44. ×；45. ×；46. ×；47. √

第7章 架空输电线路工程实训习题参考答案

一、单选题

1. B；2. C；3. A；4. C；5. B；6. C；7. D；8. A；9. A；10. B；11. A；12. B；
13. A；14. B；15. B；16. C；17. D；18. D；19. C；20. C；21. C；22. D；23. A；
24. A；25. D；26. B；27. A；28. B；29. A；30. C；31. C；32. B；33. C；34. D；
35. A；36. B；37. D；38. D；39. C. 40. C；41. C；42. D；43. B

二、选择题

1. ABCD；2. CD；3. BD；4. ABCD；5. AC；6. ABC；7. ABD；8. AD；9. AB-
CD；10. BCD；11. ABC；12. BC；13. ABC；14. ABD；15. BCD；16. BD；17. AC；
18. ABD；19. ABCD；20. ABC；21. ABCD；22. ABC；23. BC；24. AC；25. BCD

三、判断题

1. ×；2. √；3. ×；4. ×；5. √；6. √；7. √；8. √；9. ×；10. √

第8章 电力沟道和隧道施工实训习题参考答案

一、单选题

1. C；2. D；3. C；4. B；5. D；6. B；7. C；8. A；9. C；10. A；11. B；12. B；
13. B；14. C；15. B；16. B；17. B；18. B；19. B；20. C；21. B；22. C；23. C

二、多选题

1. ABC；2. AB；3. AC；4. AC；5. ABC；6. ABCD；7. AC；8. ABCD；9. AB；
10. ABCD

三、判断题

1. ×；2. ×；3. ×；4. ×；5. √；6. √；7. √；8. ×；9. √；10. √；11. √；
12. √；13. ×；14. ×；15. √；16. ×；17. ×；18. ×；19. √；20. ×；21. ×；
22. √；23. ×；24. ×；25. ×

第9章 电缆线路工程实训习题参考答案

一、单选题

1. C；2. D；3. A；4. C；5. D；6. D；7. B；8. C；9. D；10. A；11. B；12. B；
13. B；14. D；15. . C；16. A；17. B；18. A；19. A；20. D；21. C；22. D；23. B

二、多选题

1. BCD；2. ABC；3. ACD；4. ABCD；5. CD；6. BD；7. AC；8. ABC；
9. ACD；10. ABCD；11. ABCD；12. ABCDEF

三、判断题

1. ×；2. ×；3. √；4. ×；5. ×；6. √；7. ×；8. √；9. √；10. √；11. ×；12. ×；13. ×

第 10 章 小型分散作业的安全管控实训习题参考答案

一、单选题

1. D；2. B；3. A；4. B；5. C；6. C；7. D；8. B；9. B；10. A；11. C；12. A；13. A；14. B

二、多选题

1. ABC；2. ABD；3. AC；4. AD；5. ABCD；6. AC；7. AC；8. BC；9. ABD；10. AD；11. BC；12. BCD；13. AB；14. ABD；15. BC；16. AC；17. ABC；18. BCD；19. BC；20. BCD；21. BCD；22. ABCD

三、判断题

1. ×；2. √；3. √；4. √；5. ×；6. ×；7. √；8. √；9. ×；10. ×；11. √；12. ×；13. √；14. ×；15. √；16. √

参 考 文 献

［1］ 宋守信，吴声声，陈明利编著. 电力安全风险管理［M］. 北京：中国电力出版社，2011.

［2］ 国家电网公司. 本质安全实践［M］. 北京：中国电力出版社，2018.

［3］ 孙慧玲. 电力企业安全生产风险管理研究［D］. 青岛：青岛理工大学，2017

［4］ 国家电网公司. 电力安全工作规程（电网建设部分）（试行）［S］. 北京：中国电力出版社，2016.

［5］ 国家电网公司. Q/GDW 1799. 1—2013 电力安全工作规程（变电部分）［S］. 北京：中国电力出版社，2013.

［6］ 国家电网公司. Q/GDW 1799. 2—2013 电力安全工作规程（线路部分）［S］. 北京：中国电力出版社，2013.

［7］ 国家电网公司.电力安全工作规程（配电部分）（试行）［S］.北京:中国电力出版社,2014.

［8］ 中国南方电网有限责任公司基建部编.中国南方电网有限责任公司基建安全事故事件典型案例选编.北京:中国电力出版社,2016.